INTERVENCIONES PSICOSOCIALES

Cronologías, contextos y realidades

Martha Silva Pertuz, Adriana Silva Silva,
Guillermo Staaden Mejía
(Compiladores)

INTERVENCIONES PSICOSOCIALES

Cronologías, contextos y realidades

Intervenciones psicosociales
Cronologías, contextos y realidades

Martha Silva Pertuz, Adriana Silva Silva, Guillermo Staaden Mejía
(Compiladores)

Editor: Dougglas Hurtado Carmona

© 2018, Copyright

ISBN (Print): 978-1-387-79960-2

ISBN (Ebook): 978-1-387-79959-6

Contacto:
Publicaciones Científicas
Universidad Metropolitana
publicacionescientificas@unimetro.edu.co

Portada: Adaptada por Yoveris Solano Arrieta Couple in surreal time and space with clocks Contenido: #198013488 © Autor: vectorfusionart. fotolia.com.

Contraportada: Adaptada por Yoveris Solano Arrieta de Object in the Dry Desert Contenido: #200225622 © Autor: underworld

COMITÉ CIENTÍFICO

MAYTE ZUBILLAGA PÁEZ.
Psicóloga. Magíster en Desarrollo Educativo y Social. Doctorada en Consejería. Estudiante de Doctorado en Ciencias de la Educación Universidad Cuauhtémoc de México. Licenciada en Teología. Candidata al Doctorado en Divinidades. Docente investigadora programa de Psicología de la Fundación Universitaria del Área Andina Sede Valledupar. Miembro del Cuerpos de Docentes y Coordinadores de la Facultad de Psicología de la Universidad Internacional Cristiana en la Florida, plataforma de la Educación Superior Universitaria de la Provincia Católica de Rito Anglicano. Exrectora Colegios Públicos y Privados en la ciudad de Barranquilla. Ciudadana Digital Internacional por ICDL. Conferencista y Ponente.

ANTONIO RUDAS MUÑOZ
Ingeniero forestal, Especialista en Gestión Integral y Ordenamiento de Cuencas Hidrográfica, Especialista en Gestión Ambiental, Magister en Desarrollo Sostenible y Medio Ambiente. Profesional investigador, con experiencia en la formulación y evaluación de proyectos, en realización de cartografía temática, inventarios forestales, planes de establecimiento y aprovechamiento forestal e identificación taxonómica de especies vegetales, manejo integral de cuencas hidrográficas, definición del uso y aptitud biofísica de suelos, procesamiento e interpretación de información climática, manejo de equipos especializados, balances hídricos, estudios de impacto ambiental y planes de manejo ambiental, estudios de riesgos naturales, planes de ordenamiento y de desarrollo territorial, con conocimientos en sistemas y manejo de computadores

MIGUEL HUMBERTO ARTEL ALCÁZAR
Psicólogo, egresado Universidad Simón Bolívar. Especialista en Pedagogía de las Ciencias. Magister en Psicología-Universidad Simón Bolívar, Docente-investigador programa de Psicología-USB, experiencia clínica y experiencia en intervenciones comunitarias.

FABIÁN PEÑA MENDIVIL
Psicólogo, egresado Universidad Simón Bolívar, Magister en Psicología-Universidad Simón Bolívar, Docente escalafonado. Con experiencia en el área clínica y educativa

ILIANA MARÚN TORRES
Psicóloga y Magíster en Desarrollo Social de la Universidad del Norte. Investigadora en el área de la Psicología Social. Directora de varias fundaciones y ONG en el sector social.

Contenido

Salud mental y recursos psicológicos en mujeres víctimas de violencia de pareja radicadas en la Ciudad de Barranquilla 87

PARTE II - Realidades Familiares y Sociales

Reconstrucción de memoria histórica: Yolombó 109

Afectaciones psicológicas presentes en las víctimas del conflicto armado del departamento del Cesar. 121

PARTE III - Reflexiones psicosociales desde diversas perspectivas

El psicoanalista en la institución: entre el oro y el cobre 221

¿Unicidad del sujeto hablante?... 237

(Polifonía enunciativa y multiplicidad de voces en el narrador de la novela "el otoño del patriarca" de gabriel garcía márquez). 237

Reintroducir la Prhónesis en el acto de la clínica psicológica... 249

LISTADO DE AUTORES

Prólogo

En Colombia desde diversos ámbitos y atendiendo a las dinámicas y circunstancias socio-políticas, culturales, económicas y axiológicas actuales, se observa que, desde hace unos tres lustros, la demanda por los servicios y las acciones de "atención", "intervención", "acompañamiento psicosocial" están a la orden del día.

El surgimiento y consolidación de éstos, así como de ofertas para la cualificación profesional desde los variados programas de pregrado, posgrados (maestrías y doctorados), redes académico-investigativas y otras formas de intercambios humanos en pro que la persona individual y colectivamente dignifique, funcionalice e interactúe lo más saludablemente posible y con el mejor y mayor sentido vital, son los objetivos teleológicos de múltiples alternativas gubernamentales –y no gubernamentales-, mediadas por los cimientos de las políticas públicas (o de la construcción de éstas) para las multifacéticas y. caleidoscópicas posibilidades de la interactividad existencial.

Suele ser cada día más frecuente en el contexto nacional, la región Caribe colombiana en particular, desde donde se compila, edita y publica el presente libro, la aparición o visibilización de organizaciones y profesionales preocupados por desarrollar acciones psicosociales. De estas, unas son nuevas y otras con períodos de existencia considerable; suelen tener en su misión u objetivos prioritarios, indagar, para actuar lo más contextualmente posible, acerca de los referentes, características y dinamismos de los tiempos, espacios y realidades donde discurre la vida de los semejantes.

Otras experiencias abordan, desde sus gestiones y posibilidades, procesos de la vida cotidiana, otras han estado dedicadas a la defensa de los derechos humanos en todas sus manifestaciones, así como a promover el desarrollo humano (con el propósito de prevenir la alteración y disfuncionalidad interactiva), acudiendo a la construcción o conformación de equipos interdisciplinarios en sus instituciones / entidades para aproximarse a comprender y abordar diversos tipo de acciones, en muchos casos respetando las estructuras, funciones, dinámicas y formas de autoorganización de los colectivos humanos.

En la Acción y el Enfoque Psicosocial de la Intervención en Contextos Sociales: ¿Podemos pasar de la moda a la precisión Teórica, Epistemológica y Metodológica?, se pregunta Villa Gómez (2012, p. 350/1), respondiendo a las demandas para el abordaje / intervención que se han suscitado en el Estado y en-desde las distintas comunidades, asociaciones y sistemas abiertos que conforman el tejido social.

Pregunta que debe (mos) hacerse (nos) cada quien cuando se aproxima dialógicamente a otro (s) ser (es) humano (s) en contexto (s), "no cayendo en paracaídas" para ajustar la(s) realidad(es) a lo teorizado desde diversas epistemologías, sino en un movimiento en sentido inverso, vale acotar, como desde estas se observa , se aproxima y se aporta a las personas y comunidades con actitud de respeto por sus esencias y formas de convivencia, organización y control social.

Reiterada la necesidad local, regional (en este caso del / en el Caribe Colombiano) y nacional, con problemáticas psicosociales de vieja data en el ámbito histórico, que permean los procesos de interacción social así como la salud mental de los habitantes en el país; muestran , requieren y exige la formación de un personal humano-profesional-laboral cualificado, motivado y con empatía que tenga las competencias necesarias que permitan / posibiliten el acercamiento proactivo y respetuoso a las situaciones y problemáticas psicosociales, dispuestos y con las herramientas, aptitudes y actitudes para desarrollar abordajes / intervenciones integrales, sistémicas y de amplio beneficio e impacto.

Desde una perspectiva, en lo posible, inter y transdisciplinaria, que favorezca el identificar las diversas aristas, causas, consecuencias y posibilidades de revertimiento a favor un cambio favorable de y en las problemáticas de los individuos y de los colectivos que constituyen el ethos social, propiciando unas dinámica positivas, proactivas y saludables en / entre las comunidades, incentivando el servicio y la autorrealización, acorde con los recursos físicos, psicológicos, sociales contextuales de quienes son beneficiarios de los abordajes, intervenciones y aportes psicosociales.

Por todo lo anterior, la investigación de carácter histórico, para comprender las dinámicas sociales presentes, será una ruta de acceso necesaria y posible. Los profesionales de las ciencias sociales, desde las instituciones y entidades, gremios o independientemente suelen ser motivados o requeridos desde ámbitos sociales, familiares, asociativos, sanitarios, educativos culturales y políticos, en los cuales las demandas del y al Estado.

Por parte de las organizaciones sociales de base y desde las ofertas y posibilidades de entidades y alternativas ofrecidas por la cooperación internacional, están otorgando un papel preponderante al trabajo psicosocial contextual como una forma de abordar algunas problemáticas, fenómenos y procesos, tanto de las víctimas de violencias entre las que se cuentan, las familiares, de género, las violencias políticas, así como de los excombatientes de todos los lados.

Igualmente para el abordaje de jóvenes, comunidades, mujeres, niños y niñas y el empoderamiento de todos estos protagonistas vitales, como agentes sociales, educativos y políticos que tributen a la transformación social o bien como beneficiarios de acciones del Estado y "del gobierno" que se inscriban en la denominación "psicosocial" a diversas realidades y contextos humanos.

Esta publicación, bajo la figura y trabajo de una compilación, organizada en tres partes y sus respectivos capítulos - a) Experiencias psicosociales en contextos; b) Realidades familiares y sociales y c) Realidades psicosociales desde diferentes perspectivas-, presentada, revisada y realimentada en escenarios y por pares investigativos, conocedores de las temáticas incluidas en el contenido del presente libro, son garantía de la visibilización, socialización y responsabilidad con que se ha acometido este proyecto editorial científico.

Martha Silva Pertuz,
Adriana Silva Silva,
Guillermo Staaden Mejía

PARTE I

Experiencias psicosociales y el contexto

"De nada serviría una concientización sobre la propia identidad y sobre los propios recursos si no se encuentran formas organizativas que lleven al ámbito de la confrontación social los intereses de las mayorías populares..." Ignacio Martín-Baró

Características de las prácticas pedagógicas de un grupo de madres comunitarias en Turbaco - Bolívar (Colombia)

Andrea García Puello, Liceth Romero López

Introducción

El objetivo general del estudio permitió describir las experiencias relacionadas con la práctica pedagógica de un grupo de once madres comunitarias en tránsito a maestras en los Centros de Desarrollo Infantil de la Estrategia de Cero a Siempre en el municipio de Turbaco Bolívar.

Esta investigación contrasta en los fundamentos teóricos, lineamientos técnicos y condiciones de calidad planteados por la política de Estado para el desarrollo integral de la primera infancia de Cero a Siempre en Colombia, según ley 1804 del 2 de agosto de 2016, con las experiencias de la práctica pedagógica de un grupo de madres comunitarias implementada durante los últimos 25 años de manera autodidacta.

Lo anteriormente señalado crea las bases para la formulación de programas de formación profesional en Atención Integral a la Primera Infancia, en consonancia con las necesidades existentes en la población objeto de estudio, teniendo en cuenta un saber construido a través de los años que ha sido mediado por el trabajo empírico de las madres comunitarias, quienes apostaron al cuidado y educación de niños y niñas de su entorno.

Orígenes y surgimiento de la política Pública de atención integral a la Primera infancia en Colombia.

El Instituto Colombiano de Bienestar Familiar (ICBF) es una entidad del gobierno Colombiano que ha jugado un papel protagónico en la atención integral a la primera infancia ya que es el organismo encargado de ejecutar las políticas de gobierno en materia de familia y atención integral a la primera infancia, en el desarrollo de esta tarea se ha apoyado en las madres comunitarias, mujeres estas encargadas de brindar cuidado y atención a niños, niñas y familias dentro de su propio entorno.

Inicialmente en los programas hogares comunitarios de bienestar familiar y hogares FAMI (Familia, Mujer E Infancia) hasta la migración actual a las modalidades de atención familiar, institucional y modalidad propia en nuestro país.

Acerca de Los recursos destinados en el país para el desarrollo de las modalidades de atención integral a la primera infancia son significativos "en el año 2008 el presupuesto anual del ICBF fue de aproximadamente de 427 millones de dólares lo que equivale cerca al 0.3% del Producto Interno Bruto del país". Bernal R., Camacho A. (2010)

En ese mismo sentido en el año 2007 algunos investigadores realizaron una evaluación de impacto de los hogares comunitarios del ICBF y demostraron la efectividad del programa en términos de nutrición y mejoras significativas en el desarrollo cognitivo y psicosocial de los niños, aunque persistieron altas tasas de prevalencia de enfermedades tales como Enfermedad Diarreica Aguda (EDA) y la Infección Respiratoria Aguda (IRA) en la población infantil. Bernal R, Camacho (2012) que constituyen dos de los principales problemas de salud en los menores de cinco años. Delgado d., cortes d., (2011)

En la misma línea de trabajo Rubio, Pinzón & Gutiérrez. (2010) Elaboraron un informe para el Banco Interamericano de Desarrollo (BID), centrado en exponer la situación de la primera infancia en el año 2010 con miras a lo que se planteaba en Colombia en el lapso 2011-2014, el cual permitió establecer que a la fecha no existían normatividades claras en relación a la articulación interinstitucional necesaria para el desarrollo de la política de atención a la primera infancia.

A manera de recomendaciones en el informe del BID se sugirió la estandarización de los procesos y la calidad del servicio, promoviendo acciones de supervisión y acompañamiento y la introducción del concepto de educación inicial con el reconocimiento del ICBF Y el Ministerio de Educación Nacional (MEN) como sus principales actores, ya que no se evidencio una efectiva mención de la educación inicial componente fundamental de la atención integral, brindando como alternativa de solución la inclusión en el Sistema General de Participaciones (SGP) lo que permitió transferencia de presupuesto nacional.

Según los fundamentos políticos técnicos y de gestión de la Estrategia de Cero a Siempre en el documento de cualificación del talento humano se enuncia que los procesos de cualificación están concebidos de la siguiente manera:

"Los destinatarios de la cualificación del talento humano son los grupos de: Planeadores, diseñadores y tomadores de decisión en torno a las políticas pública para la primera infancia; equipos técnicos de la instituciones y entidades que tienen bajo su responsabilidad la implementación de la política pública establecida para primera infancia; equipos de orientación directa o que operan los programas y servicios, personas que interactúan de manera cotidiana o esporádica con los niños, las niñas y sus familias, brindando un servicio específico en el marco de la atención integral; y equipos de entidades que apoyan la implementación de la política". Ministerio de Educación Nacional, (2014) P.13

En este orden de ideas y para el desarrollo de la Política Publica de atención Integral a la primera infancia en el informe de auditoría realizado por la contraloría general de la nación en el año 2014 se analiza el proceso de cualificación del talento humano y se evidencia que en el plan de desarrollo 2010-2014 se definieron términos como: Cualificación, Formación y Agente Educativo, concluyendo que los procesos de cualificación y formación están completamente definidos y con los agentes educativos no existe unificación del concepto por parte de las entidades responsables, no existe claridad en la consecución de las metas de cualificación propuestas, ni de los recursos destinados para tal fin.

"Creando confusión sobre quién realmente es el sujeto al que se debe dirigir esta formación y cualificación; ocasionando que el universo se amplíe de tal manera que no se tenga un dato real de cuántas personas se han cualificado o formado en el cuatrienio (2010-2014) y si son quiénes se deben beneficiar de estos programas". Contraloría General de la Republica de Colombia (2014)

Madres comunitarias y praxis pedagógica: una mirada a la educación inicial en Colombia.

La literatura actual nos demuestra que son muy pocas las investigaciones que se han realizado en Colombia relacionadas con el tránsito de Madres Comunitarias de los hogares comunitarios de ICBF a las modalidades de atención de la Estrategia de Cero a Siempre, fenómeno que se viene presentando en nuestro país desde el año 2010.

Algunos investigadores se han interesado en el tema del trabajo de las madres comunitarias al interior de los hogares comunitarios del ICBF, al considerar que "El Hogar comunitario es un lugar que posibilita un momento de tránsito entre la familia y la educación formal de los niños y las niñas de primera infancia". Zabala J., (2006)

Este tránsito por los hogares comunitarios de bienestar o la estrategia de cero a siempre en la actualidad están caracterizado por el interés de brindarles a los niños y niñas el cuidado y la atención que se ve disminuido por la ausencia de los padres. Al respecto el autor plantea que estos procesos son transformados con nuevas técnicas abordadas por las madres comunitarias, que en su práctica conservan los procesos relacionales de la madre y el entorno familiar pág.19

En términos de practica pedagógica se encontraron estudios como el de Blanco y Arias, 2016, - 10 quienes en convenio con el ICBF realizan un estudio de impacto de los programas de cualificación dirigido a un grupo de madres comunitarias, en el cual hacen referencia a las tres funciones que debe cumplir una madre comunitaria: "la función pedagógica, nutricional y psicosocial..

La pedagógica se relaciona con brindar las herramientas necesarias para el desarrollo de habilidades básicas, la nutricional está relacionada con la buena preparación de los alimentos, con requerimientos nutricionales adecuados para el desarrollo físico y mental y en el aspecto social debe garantizar los derechos de los niños y las niñas". Según Soto Pág. 41 -11 citado por Blanco & Arias, (2016)

Es importante resaltar que La función pedagógica es relevante en la medida que brinda herramientas teórico prácticas a los maestros para el trabajo con niños y niñas, con el fin de promover el desarrollo de habilidades básicas relacionadas con el aprendizaje y competencias para la vida.

En este sentido la función pedagógica de las madres comunitarias cobra un carácter más social que académico, teniendo en cuenta que en su mayoría los niños y niñas beneficiarios de la Estrategia de Cero a Siempre, pertenecen a poblaciones vulnerables que no tienen resueltas las necesidades básicas para sobrevivir, en donde el cuidado, la atención y la función maternal la suple la madre comunitaria como principal garantía de sobrevivencia de las generaciones de relevo de nuestro país.

Por otro lado López (2009) citado por Jaramillo L. (2014) en su estudio de caso realizado hogares comunitarios de ICBF trabaja la condición de las madres comunitarias durante el proceso del tránsito a la estrategia, y hace referencia a la importancia de la experiencia de las madres comunitarias en la educación inicial, resaltando la capacidad de lucha y su dignificación laboral, asimismo, hace énfasis en las representaciones sociales sobre la maternidad del grupo de madres comunitarias elegidas para este estudio, siguiendo a López el cual cita a Puyana (2000) el cual manifiesta:

"Las representaciones sociales sobre la maternidad son producto de una operación simbólica, basada en los valores culturales que determinan la forma como la sociedad interpreta la capacidad de la mujer para procrear hijos. A partir de esos simbolismos se establecen las cualidades femeninas articuladas a lo que el entorno espera de la maternidad. Las representaciones sociales cambian con las dinámicas sociales: mientras unas son apropiadas para reproducir las tradiciones dominantes, otras son el resultado de procesos de objetivación y anclaje" Pág. 91

En este sentido las representaciones sociales de las madres comunitarias acerca de la atención integral a la primera infancia están enmarcadas en la labor maternal, centrada en el cuidado, la educación y la alimentación de los niños y niñas tal y como lo demuestran recientes estudios realizados por instituciones de formación profesional en convenio con el ICBF, encaminados a evaluar el impacto de programas de profesionalización de las madres comunitarias, concluyendo que "el perfil de las madres comunitarias está sujeto a las modificaciones de visiones histórico-culturales de la infancia y el rol de los educadores". Soto & Casanova, (2009)

Desde la visión del ICBF, el perfil de la madre comunitaria coincide con las características de una persona que brinde atención humanizada a los infantes, responsable, poseedora de amor por la labor que desempeña, que tenga acogida en la comunidad, contribuya al cuidado, la protección y la educación de los niños y las niñas y desempeñe múltiples funciones   (Soto & Casanova, 2009a Pág. 49)

Desde las prácticas pedagógicas empíricas de las madres comunitarias de Turbaco, Bolívar hacia el rol de maestro en educación inicial en Colombia.

El análisis del discurso de este grupo de madres comunitarias permite evidenciar que las comprensiones de practica pedagógica en la primera infancia expresada en los relatos coinciden con lo que la literatura actualmente describe como elementos claves para trabajar con la primera infancia, al tener en cuenta aspectos neurobiológicos, desarrollo gestacional, experiencias infantiles a nivel emocional y social además del entorno y las relaciones intrafamiliares como determinantes de la estructura psíquica del sujeto.

En este sentido la práctica pedagógica de las madres comunitarias reconoce la importancia de comprender al niño como un ser de múltiples posibilidades en proceso de construcción, que depende en gran medida del cuidado y del afecto como garantía del desarrollo integral, razón por la cual se hace necesario que la práctica pedagógica se centre en estos aspectos.

Amparado en la legislación colombiana se dictan las políticas de calidad educativa basado en La resolución 5443 del 30 de junio de 2010 del Ministerio de Educación Nacional el cual expone las características de calidad que deben poseer los programas de formación profesional en educación en Colombia, dentro de estas características se establece el fortalecimiento de las competencias básicas del educador, tales como conocimientos disciplinares de la profesión, el desarrollo de las competencias profesionales de los educadores dentro de un marco ético enfocado a la transformación de las comunidades.

Ahora bien se entienden las competencias profesionales como todas las habilidades y destrezas que el educador debe poseer para realizar la labor docente, encontrando coherencia con lo planteado por las madres comunitarias en sus relatos quienes manifiestan la importancia de trabajar aspectos relacionados con el afecto, el cuidado, la atención o lugar maternal, y la creatividad como principal herramienta de trabajo en la primera infancia.

En cuanto a la relación existente entre las características de la práctica pedagógica y la formación profesional de las madres comunitarias se logró establecer que la formación profesional representa una necesidad para desarrollar los procesos de planeación y seguimiento al desarrollo de niños y niñas.

Es importante tener en cuenta que la evolución de la práctica pedagógica de las madres comunitarias se inició de manera voluntaria en su mayoría, cuando tomaron la decisión de desempeñar ese papel en la comunidad.

Aproximaciones Metodológicas

De acuerdo a las aproximaciones metodológicas el presente estudio se enfoca bajo el paradigma cualitativo holístico y naturalista, de carácter inductivo. Orientado en los estudios de Barreto, M. (2011). Con método etnográfico, lo que acredita su validez interna como criterio de rigor.

Estos resultados se evidenciaron a través: observación participativa, La triangulación, que es la observación permanente de espacio, tiempo y métodos través de entrevistas, grupos focales; que permitió relacionar las características de las categorías socio-demográficas, tales como edad, sexo, condición socioeconómica, nivel de formación académica con los imaginarios, percepciones, interacciones simbólicas y significativas del grupo.

Como unidad de estudio se representó en un grupo de once madres comunitarias en edades comprendidas entre 25 y 55 años de edad, que realizan el transito como maestras y auxiliares pedagógicas en los 9 Centros de Desarrollo Infantil del Municipio de Turbaco Bolívar, ubicados en sectores de estrato 1 y 2, estas madres comunitarias tienen a su cargo un total de 250 niños y niñas de los 1540 que asisten a los CDI de Turbaco.

Siguiendo con el procedimiento en el estudio Se realizó un acercamiento directo desprevenido y respetuoso en el desarrollo directo de sus prácticas pedagógicas de las madres comunitarias en el quehacer del grupo, sin intrusiones, ni preconcepciones de tipo pedagógico, didáctico o moral, para realizar una descripción evidente y realista de sus propias prácticas. Angrosino M., (2012)

En lo observacional se estudió las costumbres, intereses, necesidades y reflexiones en torno a su quehacer pedagógico, todo este proceso tuvo lugar en el ambiente natural y cotidiano de los CDI, se propuso construir un análisis de la practica pedagógica ejercida por las madres comunitarias, suspendiendo cualquier tipo de juicios, ideas, pensamientos, críticas, intereses o análisis de los comportamientos observados a partir de las teorías existentes o intereses personales.

Con el objetivo de comprender las costumbres, creencias, prácticas pedagógicas, conocimientos y comportamientos relacionados con la atención integral a la primera infancia en Colombia, se realizaron una serie de sesiones de grupos focales siguiendo a Prieto. R y March J. (2002),

De acuerdo a la organización en el contexto de estudio, el grupo de las 11 madres comunitarias en tránsito a los CDI, con uno de los investigadores, realizó la labor de moderador del grupo y un observador, encuentros con una duración de 70 minutos aproximadamente, grabados teniendo en cuenta los consentimientos informados de las participantes, en las que se evidenciaron las concepciones primera infancia, educación inicial, el perfil profesional del educador inicial, descripción de la práctica pedagógica y los elementos que a su consideración debería contener un programa de formación profesional en educación inicial.

Seguidamente se realizó un proceso de análisis del contenido del discurso, de tal forma que se lograra obtener una mirada profunda de lo expresado por las madres comunitarias en relación a su praxis pedagógica, según Santander P., (2011)

"El lenguaje no es transparente, los signos no son

inocentes, que la connotación va con la denotación, que el lenguaje muestra, pero también distorsiona y oculta, que a veces lo expresado refleja directamente lo pensado y a veces sólo es un indicio ligero, sutil, cínico".

La hermenéutica como método reconstructivo tal y como lo plantea Sayago, S., (2014) permitió hacer un análisis del giro discursivo del grupo para identificar las categorías comunes, y a partir de estas comprender la episteme propia del grupo de madres comunitarias relacionadas con las vivencias y experiencias diarias alrededor de la educación inicial.

Para efectos metodológicos el estudio se desarrolló en etapas sin dejar de reconocer que es un proceso cíclico inacabado propio de lo etnográfico.

Etapa 1

Identificación de las necesidades de las madres comunitarias, en relación a la formación profesional a través del análisis de hojas de vida y documentación de perfiles suministrados por los CDI.

Etapa 2

Acercamiento a la población de madres comunitarias en tránsito a maestras en los CDI. Con el consentimiento de los coordinadores generales, dirección del operador del contrato de aporte y de las madres comunitarias

Etapa 3

Diseño de las acciones para la recolección de la información, a través de consenso entre los investigadores diseños de libretos de grupos focales, guiones de entrevista y observación participante en los diarios de campo.

Etapa 4

Ejecución de grupos focales, entrevistas a profundidad, observación participante, grabaciones y análisis de documentos. Como instrumento de recolección de datos

Etapa 6

Interpretación y análisis del discurso.

Consideraciones Finales

Se logró develar los elementos intrincados en la categoría "practica pedagógica" hasta identificar una serie de características conformada por el conjunto de saberes construidos durante los años, las preguntas y la cotidianidad de las circunstancias que han rodeado la educación inicial ejercida durante los últimos 25 años por estas mujeres.

El análisis del discurso permitió identificar las principales características de la práctica pedagógica ejercida por ellas, estas son:

a)   Capacidad de buena observación por parte de las madres comunitarias

b)   Malicia indígena

c)   Afecto

d)   Lugar maternal

e)   Recursividad

f)   Resolución de conflictos de la familia y el niño.

La práctica pedagógica de estas madres comunitarias esta mediada por el uso del juego y la creatividad en el uso de materiales, la representación de narraciones, el juego dramático y el uso de material reciclable representa la principal fortaleza de su práctica, estas características se relacionan con lo que ellas denominada recursividad.

Así mismo el afecto y lo denominado como amor maternal, juega un papel primordial entendiéndose este como la importancia de hacerse cargo del cuidado de la salud del niño, velando por la asistencia a los controles médicos, el estado físico del niño, control de esfínteres, destete es decir todas las circunstancias que rodean al niño y su familia; la resolución de conflictos al interior de la familia representa un lugar clave teniendo en cuenta las condiciones de vulnerabilidad de la población que asiste a la estrategia de cero a siempre en Colombia, esta vulnerabilidad se traduce en maltrato físico, psicológico, abuso, negligencia y abandono

Estas circunstancias representan la principal ocupación del maestro de educación inicial, es precisamente aquí donde se pone en práctica la denominada "malicia Indígena" comprendida como la posibilidad de hacer interpretaciones de las situaciones que rodean a los niños especialmente cuando son víctimas de abuso sexual al interior de sus familias, esta malicia además les permite a las maestras prevenir situaciones de riesgo para la totalidad de los niños.

Las principales dificultades de la práctica pedagógica ejercida por las madres comunitarias corresponde a la elaboración escrita de la planeación pedagógica, ya que al momento de construir objetivos de manera adecuada presentan dificultades, en su mayoría utilizan verbos tales como concientizar, ayudar, lograr

Estos verbos indican acciones que se propone el maestro, sin tener en cuenta los intereses delos niños, sin embargo al contrastar la práctica pedagógica desarrollada al interior de las actividades con lo escrito en los planeadores se evidencia que es bastante creativa y que lo planteado en la planeación pedagógica es insuficiente para lo que se desarrolla al interior de la actividad, en su mayoría las madres comunitarias distinguen tres aspectos como los más dificultosos a la hora de desarrollar la actividades de la práctica pedagógica:

a) El uso intencionado del material didáctico para el desarrollo de actividades pedagógicas.

b) La planeación pedagógica esencialmente el desarrollo de objetivos, construcción de indicadores de logros, criterios de evaluación y procesos de evaluación.

c) El abordaje de la sexualidad infantil y sus manifestaciones dentro y fuera del CDI.

Los resultados de estas entrevistas permiten concluir que la práctica pedagógica de las madres comunitarias a lo largo de su desempeño ha estado mediada por la creatividad y la autonomía sin embargo con los procesos de tránsito a los CDI y de acuerdo a las exigencias de los lineamientos se evidencia que las herramientas metodológicas relacionadas con la producción escrita importante para la planeación pedagógica son insuficientes.

En este sentido, la resolución 5443 DEL 2010 Pág.1 plantea en el parágrafo perfil del educador una serie de características tales como: formación pedagógica, orientación de procesos de enseñanza aprendizaje acordes al contexto, para promover el desarrollo de las competencias, reconocimiento de la diversidad y autoevaluación.

Estas características coinciden en su totalidad con lo expresado por este grupo de madres comunitarias como "amor maternal" ya que le es conferido un lugar importante al afecto, empatía, valores, análisis de las interacciones familiares, cuidado y trabajo con la familia en la resolución de conflictos. Lo que plantea que las madres no se colocan en esta confrontación como ganancia de las madres con respecto a los niños.

El tránsito de las madres comunitarias de los hogares comunitarios de bienestar a los centros de desarrollo infantil en calidad de maestras es un fenómeno social por el cual atraviesa nuestro país, actualmente existen treinta mil madres comunitarias en tránsito a los centros de desarrollo infantil en Colombia y es claro que lo expuesto en los manuales operativos de atención integral a la primera infancia en Colombia no coincide con la realidad de la implementación de la estrategia de cero a siempre.

Especialmente en lo contemplado en la clasificación de los perfiles de talento humano del manual operativo atención integral en entorno institucional del ICBF 2014 específicamente en la clasificación del perfil y remuneración salarial de las madres comunitarias, lo cual ha desatado una lucha incansable de estas por alcanzar la remuneración correspondiente al perfil uno, ya que la única forma de acceder a este perfil es a través de la formación profesional en atención Integral a la Primera Infancia, Licenciatura en educación preescolar o educación inicial.

Finalmente, se considera de vital importancia diseñar programas de formación profesional en educación inicial, que tengan en cuenta estas aproximaciones y una perspectiva humana de la realidad colombiana en materia de atención Integral a la Primera Infancia de igual forma,

La comisión intersectorial de primera infancia en Colombia debe promover este tipo de estudios y tener en cuenta los resultados para reformular Los lineamientos técnicos de los manuales operativos de atención integral para la primera infancia en Colombia. ICBF (2014a) Pág. 73

Referencias

Ley 1804 Establece la política de estado para el desarrollo integral de la primera infancia de Cero a Siempre. Congreso de la República. Colombia. Bogotá, 2 de agosto de 2016 Recuperado de http://es.presidencia.gov.co/normativa/normativa/LEY%201804%20DEL%2002%20DE%20AGOSTO%20DE%202016.pdf

Bernal R. Camacho A., (2012). La política de primera infancia en el contexto de la equidad y movilidad social en Colombia. Universidad de los andes facultad de economía. Documento CEDE. Recuperado de http://www.deceroasiempre.gov.co/Prensa/CDocumentacionDocs/Politica-Primera-Infancia-Contexto-Equidad-Movilidad-Social-Colombia.pdf

Delgado D., Cortes D., (2011) IRA y EDA, un serio problema de salud pública: Conozca cómo prevenirlas. Revista del Observatorio de Salud Pública de Santander - Año 6, Número 3,pp 55-56

Bernal R. Camacho A., (2010) La importancia de los programas para la primera infancia en Colombia. Documentos Centro de Estudios sobre desarrollo económico. (CEDE). Universidad de los andes. Facultad de economía. Bogotá. Recuperado de https://economia.uniandes.edu.co/assets/archivos/Documentos_CEDE/dcede2010-20.pdf

Rubio, Pinzón y Gutiérrez (2010) Atención integral a la primera infancia en Colombia: estrategia de país 2011-2014. Banco interamericano de desarrollo. División de protección social y salud. Notas técnicas # 244. Recuperado de https://publications.iadb.org/bitstream/handle/11319/4951/Nota%20sectorial%3A%20Atenci%C3%B3n%20integral%20a%20la%20primera%20infancia%20en%20Colombia.pdf;sequence=1

Alta Consejería Presidencial para Programas Especiales (2013) Estrategia de atención Integral a la Primera Infancia. Fundamentos Políticos, Técnicos y de Gestión. Bogotá Colombia 2013. Recuperado de: http://www.deceroasiempre.gov.co/QuienesSomos/Documents/Fundamientos-politicos-tecnicos-gestion-de-cero-a-siempre.pdf

Ministerio de Educación Nacional, (2014) Cualificación del talento humano que trabaja con primera infancia, Documento No. 19, Bogotá. Recuperado de:

http://www.mineducacion.gov.co/1759/articles-
   341880_archivo_pdf_doc_19.pdf

Contraloría General de la Republica de Colombia (2014) Informe de
   auditoría política pública integral de desarrollo y protección social
   estratégica de atención integral a la primera infancia -de cero a siempre-
   plan nacional de desarrollo 2010-2014 "prosperidad para todos". Bogotá
   Colombia. Recuperado de:
   http://wp.presidencia.gov.co/sitios/dapre/oci/Documents/auditoria-
   externa-
   cgr/Informe%20Auditor%C3%ADa%20CGR%20Primera%20Infancia
   %202010-2014.pdf

Zabala J., (2006) Las madres comunitarias en Colombia. Investigación sobre
   la evaluación participativa. (Tesis doctoral) Universidad de Granada
   recuperado de https://hera.ugr.es/tesisugr/16131046.pdf

Blanco y Arias C., (2016) Rasgos individuales y académicos de madres
   comunitarias en cualificación. Revista horizontes pedagógicos Vol. 18(2)
   39-51.

Jaramillo L. (2014) La política de primera infancia y las madres comunitarias,
   Revista del Instituto de Estudios en Educación Universidad del Norte,
   N° 11 pp 86 – 101
   https://www.google.com.co/search?q=jaramillo%2Bla+politica+de+pri
   mera+infancia+y+las+madres+comunitarias+%2B+uninorte&rlz=1C1
   CHZL_esCO731CO735&oq=jaramillo%2Bla+politica+de+primera+inf
   ancia+y+las+madres+comunitarias+%2B+uninorte&aqs=chrome..69i5
   7.30364j0j8&sourceid=chrome&ie=UTF-8

López Noguera Fernando. El análisis de contenido como método de
   investigación. Universidad de Huelva. Revista de educación. 2002.
   Recuperado de
   http://rabida.uhu.es/dspace/bitstream/handle/10272/1912/b15150434
   .pdf

Soto. F., Casanova H. (2009.) Madres comunitarias el ser y el hacer, una
   construcción social. (Tesis de pregrado) Universidad Tecnológica De
   Pereira. Recuperado de
   http://repositorio.utp.edu.co/dspace/bitstream/handle/11059/1590/30
   54S718.pdf;jsessionid=66D345D42D7D33B6F87B5D0CAB829FDC?se
   quence=1

Resolución 5443. Ministerio De Educación Nacional. Definen:

características específicas de calidad de los programas de formación profesional en educación en el marco de las condiciones de calidad y se dictan otras disposiciones. 30 junio 2010. Bogotá Colombia. Recuperado de: http://www.mineducacion.gov.co/1759/articles-238090_archivo_pdf_resolucion_5443.pdf

Barreto, M. (2011). Consideraciones ético-metodológicas para la investigación en educación inicial. Revista Latinoamericana de Ciencias Sociales, Niñez y Juventud, 2 (9), pp. 635 - 648. Recuperado de http://www.scielo.org.co/pdf/rlcs/v9n2/v9n2a11.pdf

Angrosino M., (2012) Etnografía y observación participante en Investigación Cualitativa, Editorial: MORATA, Madrid – España . Recuperado de: https://books.google.com.co/books?id=N51yAgAAQBAJ&printsec=fr ontcover&dq=investiaci%C3%B2n+etnografica&hl=es&sa=X&ved=0a hUKEwi51orAitLTAhVGySYKHVViD3MQ6AEIIDAA#v=onepage& q=investiaci%C3%B2n%20etnografica&f=false

Prieto. R y March J. (2002), Paso a paso en el diseño de un estudio mediante grupos focales. Revista de atención primaria. 15 de abril de 2002. Pág. 104 -119 Recuperado de https://docenciampsphulp.files.wordpress.com/2013/11/paso_a_paso_ en_el_disec3b1o_de_un_estudio_mediante_grupos_focales2.pdf

Santander P., (2011) Por qué y cómo hacer Análisis de Discurso, Revista Cinta Moebio No.41 Santiago Set. 2011. Recuperado de http://dx.doi.org/10.4067/S0717-554X2011000200006

Sayago, S., (2014) El análisis del discurso como técnica de investigación cualitativa y cuantitativa en las ciencias sociales. Revista de Epistemología de Ciencias Sociales Escuela de periodismo. Pontificia Universidad Católica de Valparaíso. Recuperado de: http://www.facso.uchile.cl/publicaciones/moebio/49/sayago.html

Instituto Colombiano de Bienestar Familiar. ICBF (2015) Manual operativo servicio de educación inicial, cuidado y nutrición en el marco de la atención integral para la primera infancia- modalidad institucional, versión 1.0 Pág. 1-135 Republica de Colombia. Recuperado de http://www.juntosconstruyendofuturo.org/uploads/2/6/5/9/26595550 /anexo__7._manual_operativo_modalidad_institucional.pdf

El tratamiento penitenciario: Un beneficio social

Brenda Paola Pisciotti Ramirez

Antecedentes

En el marco de la Política Penitenciaria y del enfoque resocializador de la pena privativa de la libertad se ubica el concepto de tratamiento penitenciario como mecanismo de las autoridades penitenciarias para dar cumplimiento a los fines de las penas.

Este tratamiento está orientado a la preparación para la vida en libertad y se compone de actividades de diversas índoles. Éstas sirven para mantener ocupado el tiempo libre, evitando que se facilite el cumplimiento de la frase producida por la criminología según la cual las cárceles son escuelas del crimen, y para crear expectativa diferente al delinto preparando para una vida en libertad en la que se sepa hacer algo o se esté mejor preparado para hacer algo diferente del delito (Posada, 2013: 76).

La legislación colombiana ha contemplado dentro de la regulación de ejecución de la pena privativa de la libertad, que en su fin resocializador, ésta se desarrolla en el marco del tratamiento penitenciario. Según el artículo 10 de la Ley 65 de 1993, el tratamiento penitenciario tiene como finalidad "alcanzar la resocializador del infractor de la ley penal, mediante el examen de su personalidad y a través de la personalidad, el trabajo, el estudio, la formación espiritual, la cultura, el deporte y la recreación, bajo un espíritu humano y solidario".

Así mismo su objetivo, tal como lo dispone el artículo 142 del Código Penitenciario, "es preparar al condenado mediante su resocialización para la vida en libertad". En Colombia, el tratamiento penitenciario se encuentra reglamentado por la Resolución 7302 del 23 de Noviembre de 2005 del INPEC, y es definido como: "el conjunto de mecanismo de construcción grupal e individual, tendientes a influir en la condición de las personas, mediante el aprovechamiento del tiempo de condena como oportunidades, para que puedan contribuir y llevar a cabo su propio proyecto de vida, de manera tal que logren competencias para integrarse a la comunidad como seres creativos, productivos, autogestionarios, una vez recuperen su libertad".

De tal manera, el tratamiento penitenciario se orienta a restablecer distintas circunstancias de las personas privadas de la libertad que se entienden relacionadas con el delito, con el objetivo de que en libertad puedan tener herramientas que les permitan integrarse a la comunidad. El tratamiento se constituye como el mecanismo del sistema penitenciario para garantizar el fin resocializador de la pena en la fase de ejecución de esta.

Métodos

La resocialización en el contexto penitenciario se encuentra arraigada en dos creencias básicas fundamentales: por una parte, que es posible, mediante una seria de prácticas especializadas, lograr el cambio de la persona condenada, y, por otra, que el desarrollo de dichas prácticas, durante la privación de la libertad y en el contexto de la prisión, es posible y puede obtener dichos resultados.

La función principal de la pena durante la ejecución de la privación de la libertad debe orientarse a la preparación de quien ha sido condenado para su retorno a la sociedad, luego del cumplimiento de la sanción penal. Regida por la Constitución Política de Colombia, no se establece un desarrollo concreto de la resocialización ni del tratamiento penitenciario.

Sin embargo, se establece una serie de elementos evidentes y que tienen que ser observados en cualquier proceso de resocialización: en observancia de la dignidad humana, el principio de la legalidad, el derecho a la igualdad y el principio de inocencia. La legislación penitenciaria al establecer que la resocialización es la finalidad principal del tratamiento penitenciario, plantea que la misma debe alcanzarse mediante "la disciplina, el trabajo, el estudio, la formación espiritual, la cultura, el deporte y la recreación, bajo un espíritu humano y solidario.

Dicho tratamiento debe cumplir como propósito el restablecimiento de los lazos sociales que permitan al individuo privado de la libertad, a través de las actividades mencionadas anteriormente, suplir necesidades particulares y al mismo tiempo restablecer su derecho a la libertad individual, a través de las mismas. Estos programas de resocialización pueden ser clasificados en dos grandes bloques: los programas ocupacionales, actividades previstas en el Código Penitenciario y Carcelario (fundamentalmente, el trabajo, el estudio y la enseñanza) adelantadas dentro del establecimiento y que tienen la particularidad de redimir pena.

Por su parte, se encuentra los programas especiales, orientados al tratamiento penitenciario con enfoques particulares (según aspectos especiales de la personalidad, delitos cometidos, áreas específicas de Atención Social y de Atención e Intervención Psicológica, en otros aspectos). Simultáneamente, se desarrollan los Programas de Atención Social y de Atención e Intervención Psicológica.

Sobre estos habría que resaltar que se observa el principio de voluntariedad, quiere decir esto que en todo momento el tratamiento penitenciario debe ser voluntario y no obligatorio, por lo que el condenado, y más aún el sindicado, participa por iniciativa propia en el programa en el ofrecido por el establecimiento penitenciario, y tiene la posibilidad de desistir de él cuando lo considere adecuado.

Un aspecto adicional, es el régimen disciplinario, tenido en cuenta como un medio útil para el desarrollo del tratamiento con fines resocializadores. La evaluación de la conducta respecto al cumplimiento del orden interno del establecimiento será un criterio esencial para cualquier beneficio administrativo o judicial.

Resultados

Es importante pensar de manera integral el tratamiento penitenciario, en cuanto éste resulta ser el fin prioritario de la Política Penitenciaria. Pero existen factores que inciden negativamente en el desarrollo de la Política Penitenciaria.

Un primer factor es la subsistencia del estado de cosas de inconstitucionalidad, las mínimas condiciones vitales de subsistencia exigidas para llevar una vida digna durante la privación están gravemente limitadas por las condiciones de habitabilidad y satisfacción de derechos: hacinamiento, salubridad, dificultades para el acceso a una atención médica, servicios penitenciarios colapsados e impersonales, inconvenientes con el acceso a una alimentación saludable, ausencia de servicios públicos esenciales.

Frente a esto, el hacinamiento ha sido la problemática que se ha tomado como prioritaria con respecto al tratamiento penitenciario: "Las condiciones de hacinamiento impiden brindarles a todos los reclusos los medios diseñados para el proyecto de resocialización (estudio, trabajo, etc). Dada la imprevisión y el desgreño que han reinado en materia de infraestructura carcelaria, la sobrepoblación ha conducido a que los reclusos ni siquiera puedan gozar de las más mínimas condiciones para llevar una vida digna en prisión, desvirtuando de manera absoluta los fines de tratamiento penitenciario" Unido a lo anterior, los recursos son insuficientes e inadecuados para cumplir con las funciones.

La necesidad de recursos comienza con el reconocimiento de una infraestructura obsoleta, insuficiente y sin los servicios esenciales, que debe ser mejorada; una distribución de recursos que no contempla como prioridad de la ejecución de la pena el tratamiento penitenciario, lo cual incluye contar con los elementos necesarios para el desarrollo de las actividades y los procesos de atención integral; la escasez de personal idóneo para cumplir con las distintas labores y fundamentalmente en lo que respecta al tratamiento penitenciario, que atiendan los asuntos ocupacionales, transversales, de atención integral y jurídica de la población penitenciaria y carcelaria, que sea suficiente y esté especializado en las labores que debe cumplir.

Como dificultades propias del personal de custodia, de tratamiento y administrativo, debe resaltarse que en muchas ocasiones se presenta una sobrecarga de trabajo y unas condiciones exigentes en términos físicos, psicológicos y emocionales, al no contar los establecimientos con el personal suficiente para cubrir la demanda exigida. Unido a lo anterior, se presenta un escaso énfasis en el desarrollo de programa tipo terapéutico y articulados con los procesos de atención psicosocial que se desarrollan en los establecimientos penitenciarios.

Esto de la mano de poca participación por parte de los internos, lo cual, entre otras razones, se debe a que estos programas no redimen pena, ni tampoco generan ingresos. Por lo tanto, la privación de la libertad y las condiciones de vida en la prisión no deben incrementar el sufrimiento derivado de la restricción de determinados derechos como consecuencia del castigo.

Por tal motivo, el tratamiento penitenciario debe apuntar a contener en la magnitud inherente esa manifestación aflictiva de la privación de la libertad, realizar el mayor esfuerzo posible por reducir las expresiones de prisionización y los efectos criminógenos y desocializadores que trae consigo.

Conclusiones

El Sistema Penitenciario y Carcelario Colombiano, cuenta con un marco legal que facilita y promueve el acceso de la población reclusa a la educación superior, la dificultad principal radica en la falta de recursos que garanticen los espacios físicos apropiados, el personal administrativo y del Cuerpo de Custodia y Vigilancia Colombia hace parte de los países que acogen las normas de carácter internacional destinadas a la concreción de los derechos fundamentales de las personas privadas de su libertad y ha orientado esfuerzos hacia el cumplimiento de los compromisos.

La creación del Sistema Penitenciario y Carcelario Colombiano actual data de 1992 (decreto 2160); son trece años de funcionamiento bajo el modelo actual. El Código Penitenciario y Carcelario se basa en la Ley 65 emitida en el año 1993, hace apenas una decena de años y el Tratamiento Penitenciario son de más reciente normalización. Es un sistema que se está haciendo, está en proceso de elaboración acogiéndose a un marco humanístico y de respeto a los Derechos Humanos.

El encierro en prisión marca no solo el espíritu y la mente del recluso, genera además un estigma indeleble que los toca como personas y como grupo poblacional: como colectivo están condenados adicionalmente por las instituciones sociales, las cuales generalmente esquivan un acercamiento con la cárcel. La censura social se extiende y resultamos no solo aplicando el juicio sino una condena adicional a la que les dictó la justicia.

Para finalizar, es importante tener en cuenta que la educación y la resocialización van de la mano en todos y cada uno de los centros carcelarios del país. Estos programas serán eficientes y responderán a las necesidades de los internos, cuando brindemos entre todos, no sólo la institución, sino todas las instituciones del Estado y entidades privadas, que puedan, potencializar, la estadía de los internos en los centros.

Referencias

AFANADOR GARCÍA, Fabio Iván. Normatividad penitenciaria y carcelaria Ministerio de Justicia y del Derecho. Bogotá: Dirección General de Políticas Jurídicas y Desarrollo Legislativo, 2008.

AMAYA VELOSA, Campo Elías. El drama de las cárceles en Colombia. Bogotá: Ediciones Librería el Profesional, 2001. DE MAEYER, Marc. Situar la Educación para todos en el centro de la prisión. Instituto de la UNESCO por el aprendizaje a lo largo de la vida. Hamburgo, 2006.

DURAN GARCÍA, David Alfonso. Personas privadas de la libertad: Jurisprudencia y Doctrina. Bogotá: Oficina en Colombia del Alto Comisionado de las Naciones Unidas para los Derechos Humanos, 2006.

GÓMEZ SIERRA. Francisco. Constitución Política de Colombia 1991. Bogotá: Editorial Leyer, 2007. MADRID, Mario y GARIAZABAL, Mario. Derechos fundamentales: Tortura y malos tratos. Bogotá, 1992.

MARTÍNEZ, Federico Marcos. Centros de reclusión en Colombia: Un Estado de cosas inconstitucionales y de flagrante violación de derechos humanos. En: Revista de Derecho Penal No. 29. Bogotá. 2002.
MINISTERIO DE JUSTICIA. Plan de Desarrollo y rehabilitación del Sistema Penitenciario Nacional, 1989.
MORIN, EDGAR. Esperando Nuestra Mariposa. Conferencia Buenos Aires, 1999.

Caracterización psicosocial para la convivencia ciudadana en las familias residentes en asentamiento de la ciudad de Valledupar

Lesby Johanna Lora Carrillo

Introducción

En virtud del desarrollo de la buena y sana convivencia que corresponde a la decisión individual de los ciudadanos por elegir los cambios personales y de actitud que permitirán la disminución de actos violentos que afecten la paz familiar y en sociedad, nace este proyecto, que busca como objetivo principal promover la convivencia y seguridad ciudadana en los en los asentamientos o invasiones de la ciudad de Valledupar, para esto y teniendo en cuenta el documento del plan integral de convivencia y seguridad ciudadana del departamento del Cesar /Colombia.

Se formula una ficha de caracterización en el que se escoge la familia para abordar la convivencia y seguridad ciudadana en estos asentamientos, teniendo en cuenta que este grupo primaria es de vital importancia para el desarrollo integral del ser humano y se ha constituido como la institución principal en todas las sociedades.

(Hernández, 1997) en el artículo (Muñoz, Pelaez, Maya, Aristizabal, & Rodriguez, 2010) define la familia: "Como un sistema natural y evolutivo, alrededor del cual giran otras concepciones como: institución social, que tiene como fin transmitir reglas de comportamiento; grupo que se organiza para preservar la supervivencia; construcción cultural, que se apropia de unas tradiciones, pero que en ese intercambio con su ambiente exterior reforma la cultura, reformula la tradición y cambia la sociedad; y como conjunto de relaciones emocionales, donde los miembros satisfacen las necesidades emocionales y practican las emociones a partir de elementos dados por la comunidad" (p.87).

En ese sentido, al proceso de caracterización psicosocial permite recolectar la necesidades y afectaciones de las familias que pudieran servir como referente para la elaboración de un diagnóstico social que luego permitirá construir un plan de intervención psicosocial que potencialice recursos individuales, familiares con el propósito de prevenir actos delincuenciales, alteraciones del comportamiento en el ciudadano entre otros que afecten el orden dentro de una sociedad.

Para esto primero se realiza el instrumento llamado: "Ficha de caracterización familiar para la convivencia y seguridad ciudadana" este instrumento está compuesto por cuatro componentes, el primero consta de 25 preguntas orientadas a los datos generales del entrevistador y el entrevistado, datos característicos de cada miembro del grupo familiar teniendo en cuenta escolaridad, estado civil, rango de edades, ocupación, y aspectos de condicionalidad especial

El segundo está relacionado con aspectos psicosociales, en relación a las afectaciones emocionales y de salud mental, en el tercero se hizo manifiesto las condiciones de la vivienda y habitabilidad. En el último conocimos los recursos relacionales de las familias dentro de la comunidad, lo que permitirá fortalecer el ejercicio de convivencia y seguridad ciudadana en estos asentamientos.

En esa dirección el interés del presente artículo, es el de presentar avances de los resultados obtenidos en la investigación realizada en los asentamientos Sabanas I (Bello horizonte 2, Altos de Pimienta y Guasimales) Tierra Prometida, Emmanuel y Villa Luz, centrándose principalmente en la caracterización realizada a las familias, a fin de presentar los hallazgos encontrados en dicha caracterización.

En la presente investigación corresponde a un enfoque cuantitativo de tipo descriptivo, para la realización de este trabajo se realizó un muestro no probabilístico, es decir familias que accedían voluntariamente a la recolección de la información. Con el fin de identificar los factores de "riesgo y de protección" involucrados en el tema de convivencia. Participantes La muestra estuvo comprendida con 4141 familias que participaron de manera voluntaria, de los asentamientos, Sabanas 1 que corresponde a los barrios: Bellos horizonte 2, Altos de pimienta y Guasimales ubicados en la comuna cinco (5), Tierra prometida, Emmanuel y

Villa Luz se encuentran en la comuna tres (3) de la ciudad de Valledupar.

Instrumentos

Ficha de Caracterización Familiar para la convivencia y seguridad ciudadana, esta ficha se encuentra organizada por cuatro componentes que son los siguientes: el primero está compuesto por los datos generales y Composición familiar: Datos característicos de cada miembro del grupo familiar teniendo en cuenta, genero, escolaridad, estado civil, rango de edades, aportes económicos a las vivienda, ocupación, tipo de afiliación en salud, grupos de atención especial y discapacidad, el segundo está relacionado por los aspectos psicosociales.

Esto permite conocer las afectaciones en relación a hechos victimizantes como el desplazamiento, dialogo familiar y otros aspectos relacionados con la salud mental de las familias; tercero, características de la vivienda y condiciones de habitabilidad: se hicieron manifiestas, factores socioeconómicos de la familia, condiciones de la vivienda y habitabilidad y cuarto, convivencia comunitaria: dio a conocer los recursos relacionales de las familias dentro de la comunidad, y redes de apoyo lo que permitirá fortalecer el ejercicio de convivencia y seguridad ciudadana en los barrios.

Resultados

La información corresponde a 4141 familias encuestadas pertenecientes asentamientos, Sabanas 1 que corresponde a los barrios: Bellos horizonte 2, Altos de pimienta y Guasimales ubicados en la comuna cinco (5), Tierra prometida, Emmanuel y Villa Luz se encuentran en la comuna tres (3) de la ciudad de Valledupar, en este ítems se dará a conocer los hallazgos de mayor importancia en la caracterización, teniendo en cuenta los componentes trabajados:

Características sociodemográficas, composición familiar, aspectos psicosociales, condiciones de habitabilidad y convivencia comunitaria.

El total de personas que conforman las familias encuestadas corresponde a 12.037.

Grafico 1. Clasificación de la población por grupos etarios.

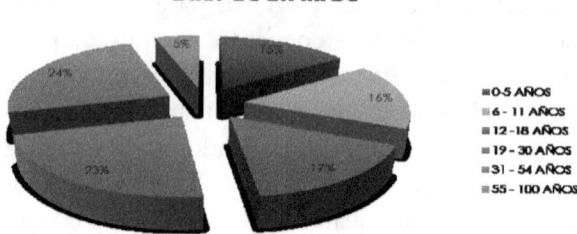

GRUPOS ETARIOS

■ 0-5 AÑOS
■ 6 - 11 AÑOS
■ 12 -18 AÑOS
■ 19 - 30 AÑOS
■ 31 - 54 AÑOS
■ 55 - 100 AÑOS

Fuente: Tomado de la base de datos proyecto: Caracterización familiar para la convivencia y seguridad ciudadana.

Los grupo etarios en esta zona están distribuidos de la siguiente manera: 0 a 5 años que corresponde a la primera infancia pertenece al 15% de la población, los de 6 a 11 años está constituida por el 16%, la población adolescente que está entre los 12 a 18 años con el 17%, de 19 a 30 años juventud o adultez temprana corresponde al 23%, para edad productiva o adultez intermedia que van de los 31 a 54 años son el 24%, tercera edad o adultez tardía está representada con el 5% de la población caracterizada.

Grafico 2. Tipos de afiliación en salud.

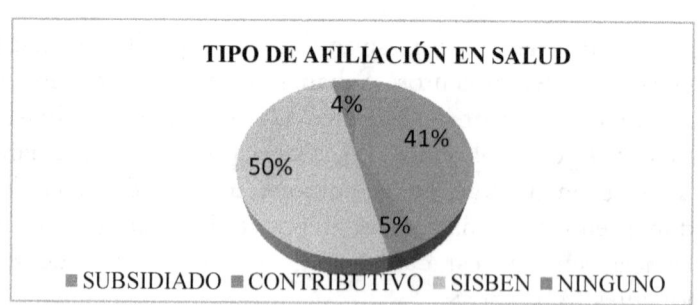

TIPO DE AFILIACIÓN EN SALUD

4%
41%
50%
5%

■ SUBSIDIADO ■ CONTRIBUTIVO ■ SISBEN ■ NINGUNO

Fuente: Tomado de la base de datos proyecto: Caracterización familiar para la convivencia y seguridad ciudadana.

En la zona en cuanto a salud tenemos que el 41% de la

población se encuentra beneficiada en el régimen subsidiado, el 5% se encuentran en el régimen contributivo lo que nos puede indicar que posiblemente puedan tener un trabajo formal, para Sisbén representa el 50% y los que no tienen servicio de salud constituye el 4% de la población. Esta variable nos sugiere que más del 90% de la población beneficiaria tiene acceso a la salud. Por otro lado es importante conocer porque el 4% de las personas residentes en estos asentamientos no tienen afiliación a la salud, ¿podría tratarse de población flotante? o recién nacidos que aún no han afiliado.

Gráfico 3. Ocupaciones de la población caracterizada.

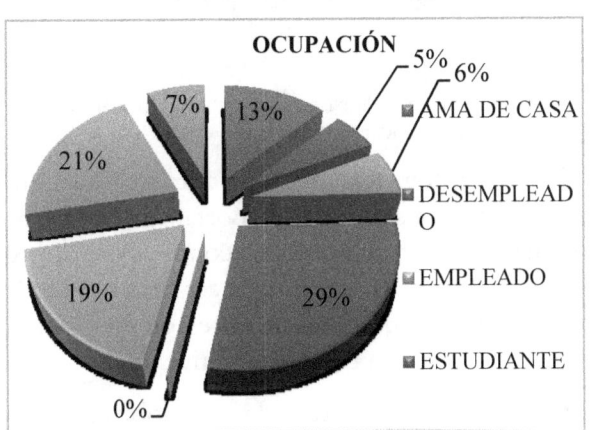

Fuente: Tomado de la base de datos proyecto: Caracterización familiar para la convivencia y seguridad ciudadana.

Las ocupaciones, están representados de la siguiente manera: Ama de casa refleja el 13%, Desempleado con el 5%, empleado constituye al 6%,

Estudiando representa el 29%, personas jubilados o pensionados se manifiesta en el 0%, trabajador independiente es el 21%; en este ítem que está relacionado con trabajador independiente se podría inferir que se dedican a labores informales como venta ambulante, ventas de revista, minutos entre otros.

En la opción No aplica está relacionado con el 19%, en este ítem se podría interpretar con las personas que no está en edad de laborar o estudiar y la opción otros está relacionado con el 7% de la población.

Gráfico 4. Aportes de ingresos económicos a la familia.

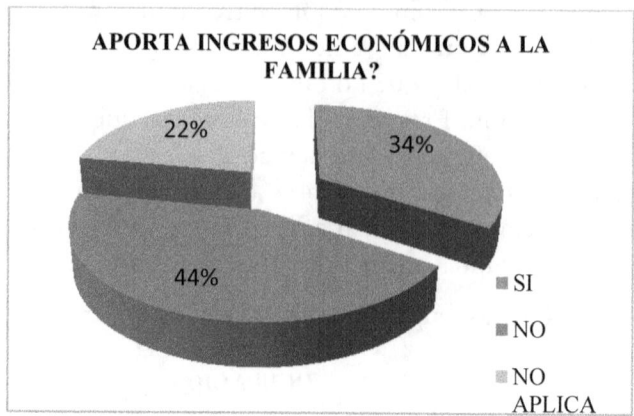

Fuente: Tomado de la base de datos proyecto: Caracterización familiar para la convivencia y seguridad ciudadana.

Para este ítem tenemos una cifra delicada, en tanto, solo el 34% de la población son los que aportan económicamente al hogar, el 44% manifiesta No aportar económicamente a la familia y tenemos un 22% no aplica para hacer aporte económicos, por lo que se podría inferir que son menores de edad o adultos mayores que no se encuentran en edad productiva.

Gráfico 5. Menores de la población que No están estudiando

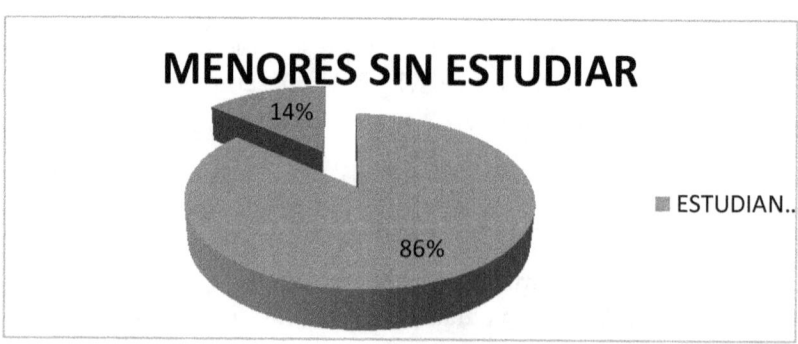

Fuente: Tomado de la base de datos proyecto: Caracterización familiar para la convivencia y seguridad ciudadana.

Para esta grafica se realizó el cruce de variables teniendo en cuenta las edades de 8 a 15 años que está representada por 2346 niños, niñas y adolescentes, para determinar los menores que No se encuentran estudiando a fin de conocer la población y tomar acciones que incentiven a estos niños y sus padre el deseo de formación académica, el 14% de los menores en este rango de edad escogido no se encuentran estudiando y el 86% se encuentra en formación académica.

Gráfico 6. Madres cabeza de hogar

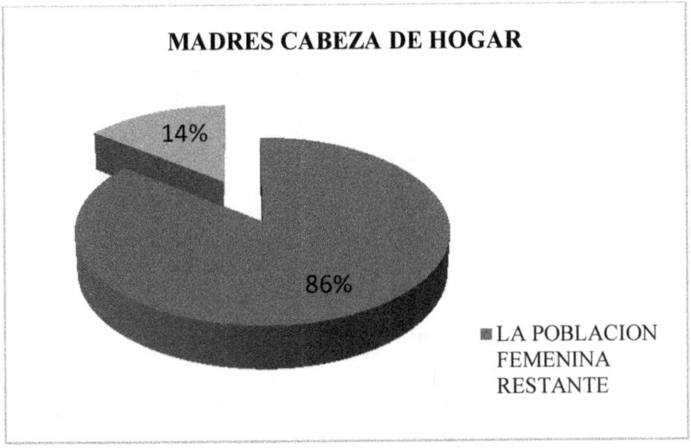

MADRES CABEZA DE HOGAR

14%

86%

■ LA POBLACION FEMENINA RESTANTE

Fuente: Tomado de la base de datos proyecto: Caracterización familiar para la convivencia y seguridad ciudadana.

Del total de la población caracterizada en el género femenino, tenemos el 14%, es decir que tenemos familias donde las mujeres lideran las obligaciones del hogar tanto económica como afectiva. Por otro lado, las mujeres a las que se refleja el 86%, dicen tener una pareja estable que apoyan económicamente en las obligaciones de la familia.

Gráfico 7. Afectación por el desplazamiento

AFECTACIONES POR EL DESPLAZAMIENTO

18%

13%

69%

■ MUY AFECTADOS
■ POCO AFECTADOS
■ NADA AFECTADOS

Fuente: Tomado de la base de datos proyecto: Caracterización familiar para la convivencia y seguridad ciudadana

Teniendo en cuenta la población desplazada por el conflicto armado vivido en nuestro país, la población en calidad de desplazamiento mencionó que se siente muy afectados por la situación vivida, lo refleja con el 69%, los que se sienten poco afectados están manifestadas con el 13% y los que se sienten nada afectados son 18%, con esto podíamos inferir que los niveles de afectaciones por los episodios sufridos por el desplazamiento son altos, en tanto se requiere de atención especial para trabajar los síntomas presentados por esa condiciones.

Tabla 1. Ha recibido algún tipo de ayuda de alguna entidad u organización.

	Villa Luz y Emmanuel	Tierra Prometida	Sabanas	Total	
Si	566	821	2114	3501	29%
No	1276	2760	4500	8560	71%

Fuente: Tomado de la base de datos proyecto: Caracterización familiar para la convivencia y seguridad ciudadana

Para este inciso nos muestra que el 71% de las familias no han recibido apoyo por parte de entidades u organizaciones, mientras el 29% manifestaron estar recibiendo apoyo institucional, dentro de esos apoyos mencionaron: familias en acción, ayuda económica como desplazado por parte de la Unidad de víctimas , programa de cero a siempre, adulto mayor y Comfacesar.

Tabla 2. Principales necesidades para la Familia

Necesidades	Villa Luz y Emmanuel	Tierra Prometida	Sabanas	Total	
Económica o empleo	546	582	1612	2740	24%
Estudios	47	5	26	78	1%
Vivienda	695	2360	3586	6641	58%
Servicios públicos	341	281	1356	1978	17%
Seguridad	1	15	34	49	24%

Fuente: Tomado de la base de datos proyecto: Caracterización familiar para la convivencia y seguridad ciudadana

Dentro de las principales necesidades que perciben los habitantes de estas zonas están orientadas a la vivienda con un

58%, asociado al mejoramiento, tenencia de una nueva vivienda, como segunda necesidad se encuentra ubicada las necesidades económicas o un empleo con el 24%, con en 17% esta mejora u obtención de servicios públicos, estudios está representado con 17% y seguridad con el 24%.

Gráfico 8. Tipo de Vivienda

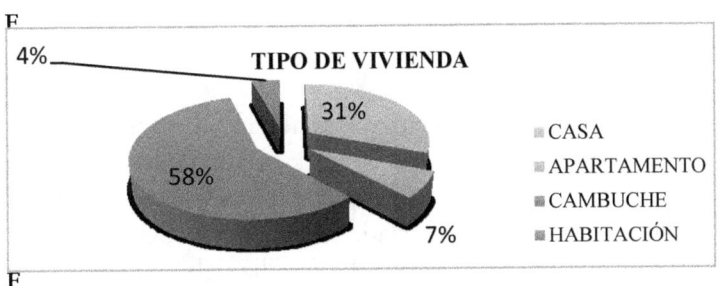

fuente: Tomado de la base de datos proyecto: Caracterización familiar para la convivencia y seguridad ciudadana

En cuanto a hogar y sus condiciones, para el tipo de vivienda de los habitantes de esta zona viven en su gran mayoría en cambuches representado por el 58%, el 31% ya han construidos sus casas, el 7% viven en apartamentos y el 4% viven en habitación. Esto nos podría indicar que las condiciones de habitabilidad son precarias, por lo que estos cambuches están elaborados con cartón, bolsas plásticas, tablas y en algunos casos hechos de barro.

Gráfico 9. Niños y niñas que duermen con adulto en la misma habitación

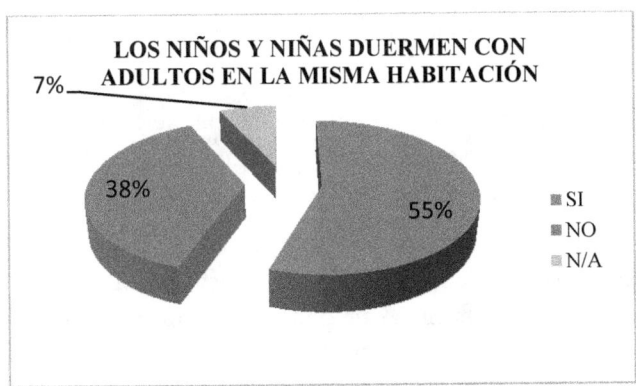

Fuente: Tomado de la base de datos proyecto: Caracterización familiar para la convivencia y seguridad ciudadana

Los niños y niñas que duermen con sus padres o adultos en la misma habitación están constituidos por el 55%, y el 38% duermen en habitaciones independientes, el 7% están en los que No aplican, es decir que no tiene niños y niñas en la vivienda. Con este inciso podríamos inferir que viven en situación de hacinamiento.

Discusión

La familia en términos generales se considera, no solo en el lugar donde se origina la vida, si no donde se dan espacios de socialización primaria en la que se construye la cultura, normas y reglas para vivir en sociedad, en el artículo de (Sánchez Martínez, 2012), Gil (2007) señala que "la familia debe asegurar la creación de vínculos afectivos, que funjan como precursores de otros; de manera que la unidad familiar otorga la fuerza y sentido a sus miembros desde su interior, pero que a la vez los relaciona y pone en contacto con el exterior"

Teniendo en cuenta lo anterior, para este estudio se considera importante que le primer elemento para trabajar una estrategias de atención psicosocial que posibiliten la sana convivencia y seguridad ciudadana: es la familia, por tal motivo se pretende hacer una análisis sobre los factores psicosociales de riesgo y protección que pueden influir en los proceso de convivencia comunitaria; sin embargo se considera necesario potencializar los factores protectores, capacidades de afrontamiento y habilidades de resiliencia fin de disminuir situaciones adversas surgidas en la comunidad.

A continuación se establece una serie de estrategias de intervención psicosocial que podrían desarrollarse teniendo presente lo arrojado por la caracterización

El primer paso para el proceso de intervención psicosocial está en trabajar actividades pedagógicas, didácticas y talleres terapéuticos con la familia que generen la unión de sus integrantes, fortaleciendo la comunicación e identificando habilidades de afrontamiento que permitan la consolidación familiar. (Vera Rojas, 2008) Afirma que (Martínez, 1996) dice "La unión familiar debe asegurar a sus integrantes, estabilidad emocional, social, económica, además de proporcionarles amor, cariño y protección.

Es allí donde se transmite la cultura a las nuevas generaciones, se prepara a los hijos(as) para la vida adulta, colaborando con su integración en la sociedad y se aprende tempranamente a dialogar, escuchar, conocer y desarrollar los derechos y deberes como persona humana". (p.18). Estos ultimo mencionado, son los elemento necesario para el desarrollo de habilidades en las relaciones interpersonales, lo que proporciona al ser humana el éxito en el proceso de socialización con la comunidad en la que se desenvuelve.

En ese sentido se debe tener en cuenta a los niños, niñas y adolescente de la comunidad con el fin de ir fortaleciendo los factores protectores de esta población, en un estudio realizado por (Amar, 2000) nos afirma que "Las investigaciones enfatizan la importancia de la familia como un factor protector en la vida de los niños resilientes que viven en condiciones de pobreza, especialmente si ésta es unida, cálida, estable, brinda apoyo, y existe en ella un enlace seguro madre-hijo, una relación cálida con alguno o ambos padres, una disciplina consistente e inductiva por parte de los padres y el establecimiento de rutinas en la casa.

Por otro lado este mismo autor nos señala que "La seguridad que ofrece la familia es un factor que reduce el estrés psicológico severo en niños que viven en situaciones en desventaja. No sólo la familia cercana provee apoyo al niño; la familia extendida (tíos, primos, abuelos) puede ofrecerle a éste un modelo, una guía, y lo más importante, la seguridad y la confianza que necesitará para superar los demás factores de riesgo a los que se enfrenta.

Los factores de protección son las variables individuales, familiares y comunitarias que ayudan a disminuir los riesgos de fracaso en la vida". En ese sentido es importante mencionar que la calidad de vida, no solo está asociada a factores económicos, sino también a factores psicológicos y emocionales que provee el desarrollo integral de la persona humana y esta a su vez posee herramientas que contribuye al fortalecimiento de la convivencia social y familiar.

No nos podemos olvidar de la educación que a pesar de los esfuerzos y avances de cobertura educativa en el municipio, persiste en estos barrios como problemática la deserción escolar en el nivel de básica primaria y secundaria, en este sentido, este componente podría convertirse en un factor de riesgo que se debe tener presente, y pensar en redireccionar que hacer con esta población que se encuentra sin estudio, proporcionando alternativas para el proyecto de vida, que se podría trabajar a través del núcleo familiar o con espacios pedagógicos con los niños, niñas y adolescentes teniendo en cuenta su curso de vida o ciclo vital, respetando sus distintos intereses, saberes y perspectivas de ver el mundo y de esta manera fortalecer la competencia que estos tengan.

No nos podemos olvidar de los procesos que puede desarrollar la comunidad, en tanto "La comunidad puede promover la resiliencia y ayuda a proteger al niño de la adversidad, de la violencia, del crimen, del fracaso. Así mismo, puede proveer apoyo social en la forma de pertenencia, estabilidad y continuidad.

Dentro de la comunidad, los niños se reúnen con adultos que les ayudan a desarrollar la confianza, autonomía e iniciativa. Estos adultos son especialmente significativos, creen en el niño y le ayudan a aprender a creer en él. Las comunidades pueden proporcionar el apoyo a los padres en sus papeles de crianza y les ofrecen guía formal e informal, así como un foro para la acción colectiva". (Amar, 2000)

Por lo anteriormente dicho, resulta efectivo promover espacios para el desarrollo de la sana convivencia en estas comunidades, que generen resignificación de las relaciones interpersonales y el vivir en grupo con ambientes de sano mediante el respeto, la tolerancia y el fortalecimiento de los factores protectores. Para el (Ministerio de Salud y protección social, 2012)

"La convivencia es entendida como el desarrollo y sostenimiento de relaciones interpersonales basadas en el respeto, la equidad, la solidaridad, el sentido de pertenencia, el reconocimiento de la diferencia, la participación para la construcción de acuerdos y el ejercicio de los derechos humanos para el logro del bien común, el desarrollo humano y social".

Por esto la familia es el epicentro para el desarrollo de las estrategias de intervención en convivencia ciudadana, en tanto se hace necesario que en el plan de Desarrollo Municipal estén contemplado unos lineamientos claros de intervención, que se ajusten a las necesidades de la comunidad, específicamente a esos factores de riesgo socioeconómicos que incrementan los riesgos psicosociales en las familias, los cuales contribuyen a debilitar la convivencia familiar, social.

Referencias

Amar, J. (Enero de 2000). NIÑOS INVULNERABLES: FACTORES COTIDIANOS DE PROTECCIÓN QUE FAVORECEN EL DESARROLLO DE LOS NIÑOS QUE VIVEN EN CONTEXTOS DE POBREZA. Psicología desde el Caribe, 96-126. Obtenido de http://www.redalyc.org/articulo.oa?id=21300505

Ministerio de Salud y protección social. (2012). Plan Decenal de Salud Pública . Bogotá: MIn Salud.

Muñoz, A., Pelaez, E., Maya, Y., Aristizabal, W., & Rodriguez, A. (2010). Caracterización Psicosocial de las Familias del Barrio 20 de Julio Municpio de Urrao Antioquia. Argo USB, 85-110.

Sánchez Martínez, C. (Enero de 2012). Significado psicológico de familia. Psicología Iberoamericana, 20(1), 18-28. Recuperado el 2017 de julio de 25, de http://www.redalyc.org/pdf/1339/133924623003.pdf

Vera Rojas, D. M. (00 de Junio de 2008). FACTORES PSICOSOCIALES QUE INTERVIENEN EN LA VIOLENCIA. Recuperado el 11 de Diciembre de 2016, de http://www.iea.gob.mx/ocse/archivos/DOCENTES/66%20FACTOR ES%20PSICOSOCIALES%20QUE%20INTERVIENEN%20EN%20 LA%20VIOLENCIA.pdf

Una experiencia de Intervención Psicoeducativa para Prevención del Estrés de pacientes y familiares de una institución de salud cardiovascular en la ciudad de Valledupar

María José Acosta, Guillermo Pulido

Introducción

El estrés puede definirse como un proceso de transacción entre la persona y el contexto, en el cual hay una activación emocional y conductual resultante de la valoración cognitiva que hace el sujeto sobre aspectos amenazantes o desbordantes del entorno, así como de los recursos propios para afrontarlo (Lazarus & Folkman, 1984; Lazarus, 1999; Piña-López, 2009).

Precisamente la enfermedad propia o la enfermedad de un familiar representan una situación muy demandante, más si se trata de enfermedades crónicas; involucran cambios significativos en los estilos de vida, alta dependencia incluso en tareas cotidianas, moderación de conductas, demandas de apoyo afectivo, dolor físico y emocional, conductas disruptivas, aprendizaje y ejecución de tareas relacionadas con el tratamiento y el ámbito hospitalario, sentimientos de incertidumbre y miedo a la posibilidad de muerte, sensación de desprotección, aislamiento social y sentimientos de soledad (Stefani, Seidmann, Pano, Acrich, & Bail-Pupko, 2003; Achury, Castaño, Gómez, & Guevara, 2011; Márquez, 2012), entre otros.

Esos estresores se ven potenciados por las características intrínsecas de la situación asociadas a la enfermedad crónica, tanto para los pacientes como para sus familias, puesto que se reconoce que los eventos vitales con alta incontrolabilidad, incertidumbre, cambios importantes y falta de información se asocian con mayor efecto estresógeno (Jaureguizar & Espina, 2005).

El cuidado informal que hacen primordialmente los familiares es muy relevante en la enfermedad crónica: de acuerdo con Vega, González, & Ramírez (2007) puede llegar a representar el 88% de los cuidados que recibe un paciente crónico. Generalmente el rol de cuidador familiar o informal es ejercico por las mujeres enre 36 y 65 años, generalmente esposa, madre o hija, sin trabajo formal, dedicadas al trabajo doméstico únicamente (Vega, González, & Ramírez, 2007; Guerrero & Rojas, 2009; Cerquera, Granados, & Buitrago, 2012; Cerquera, Pabón, & Uribe, 2012; Romero, Rodríguez, & Pereira, 2015).

En general la literatura reconoce toda una serie de consecuencias psicosociales de ser cuidador informal, que se asocian directamente con el deterioro cognitivo y funcional de los pacientes, así como el tiempo que dura la enfermedad (Vega, González, & Ramírez, 2007). Entre los más preocupantes efectos se encuentra el denominado síndrome de carga del cuidador primario. Por ejmplo, en su investigación, Cardona, Berbesí, & Agudelo (2013) con más de 310 familiares de adultos mayores encontraron una prevalencia de un 13% de dicho síndrome, asociado principalmente a la cantidad de horas diarias de cuidado, así como a mayor dedad del cuidador.

De igual forma, Romero, Rodríguez, & Pereira (2015), en cuidadores de pacientes renales en la ciudad de Cartagena, encontraron que el 20% de ellos muestran una sobrecarga intensa, así como niveles importantes de alteración física, psicológica y espiritual.

Así mismo, en una investigación realizada en el país vecino, Perú, Villano (2016) encontró una calidad de vida baja en el 38%, así como un 78% de sobrecarga intensa, en cuidadores informales de pacientes con enfermedad cerebro-vascular isquémica. Ya en cuidadores de niños con autismo, Seguí, Ortiz-Tallo, & De Diego (2008) en España encontraron un nivel de sobrecarga intensa del 72%, así como afectación importantes física, psicosomática y social.

En Cúcuta, una investigación realizada por Parra (2006) se halló niveles significativos de malestar físico, alteraciones del sueño y apetito, ansiedad, depresión, así como efectos sociales tales como aislamiento, diminución de tiempo libre y compromiso de la vida laboral en cuidadores de pacientes con enfermedad neurovascular. En una investigación realizada por Unwin, Andrews, Andrews, & Hanson (2009) los resultados ponen énfasis no solo en los efectos mentales (principalmente depresión y ansiedad) y físicos, sino en la afectación de la vida personal, familiar y oportunidad en la realización de actividades de ocio.

Así mismo, Guerrero & Rojas (2009) en cuidadores de enfermos por hipertensión arterial, encontraron que a pesar de que dicha enfermedad no tiene un nivel tan alto de compromiso funcional del paciente, sus cuidadores, generalmente familiares, tienen niveles importantes de necesidades insatisfechas en lo económico y afectivo, además de presentar reducción en su propio autocuidado; también evidencian aislamiento social, alejamiento de actividades laborales y círculo de amigos, irritabilidad y tristeza, sentimientos de agotamiento, entre otros.

En La Habana, Cuba, en un estudio realizado por De León (2011) se halló mayoritariamente entre cuidadores de niños con enfermedades cardiovasculares congénitas, unas preocupantes prevalencias de afectación psicológica por ansiedad, tristeza, intranquilidad y falta de sueño; aunque no presentaron aislamiento social.

La investigación con cuidadores de pacientes con Alzheimer también apunta hacia la afectación negativa. En una serie de estudios en población colombiana, el equipo de investigación de Cerquera ha encontrado significativa depresión, muy alta sobrecarga y afrontamiento basado en la religión (Cerquera, Granados, & Buitrago, 2012; Cerquera, Pabón, & Uribe, 2012; Cerquera & Galvis, 2014; Cerquera A. , Pabón, Granados, & Galvis, 2016)

Se puede plantear que uno de los factores mediadores detrás de esos efectos psicosociales, es el estrés y, en particular, el afrontamiento cuando estos estresores suceden. En diversas investigaciones se ha encontrado que la sobrecarga del rol de cuidador y el impacto negativo en las alteraciones psicológicas guarda una estrecha relación con formas de afrontamiento inadecuados, tales como el evitativo en menor medida, y sobre todo el cognitivo (imaginar que la situación no sucede o reducir la precepción de impacto negativo, por ejemplo) y el emocional (Espín, 2008; Paz-Rodríguez, 2010).

Por ello, los modelos que tratan a los cuidadores informales como clientes secundarios, más que intentar darle conocimientos sobre e cuidado, buscan una formación en estrategias de afrontamiento del estrés (Úbeda, 2009).

En su revisión sobre los programas de intervención para cuidadores informales, Cerquera & Pabón (2014) hallaron que a nivel mundial predominan las intervenciones mediante programas de respiro, de autoayuda, psicoterapéuticos y psicoeducativos; no obstante, para el caso colombiano, prediminan los programas psicoeducativos, liderados principalmente por enfermería (Romero & Rueda, 2011; Velásquez, López, Cataño, & Muñóz, 2011; Flórez & Montalvo, 2012; Orozco-Gómez, Eustache-Rodríguez, & Grosso-Torres, 2012).

También ha sido muy usado el programa denominado Cuidando a las Cuidadores, y comprobada su efectividad en mejorar la habilidad del cuidador y factores como paciencia y percepción de apoyo social, en diversas regiones del país y ante enfermedades crónicas diversas como cáncer, demencias, etc. (Barrera-Ortiz, Pinto-Afanador, & Sánchez-Herrera, 2006; Sánchez, Pinto, Carrillo, & Barrera, 2008; Vega, Mendoza, Ureña, & Villamil, 2008; Barrera-Ortiz, Carrillo-González, Chaparro-Díaz, Afanador, & Sánchez-Herrera, 2011; Barrera-Ortiz, Sánchez-Herrera, Carrillo-González, Chaparro-Díaz, & Vargas-Rosero, 2013; Carrillo, Barrera-Ortiz, Carreño, & Chaparro-Díaz, 2014; Carrillo, Sánchez-Herrera, & Barrera-Ortiz, 2016).

Como nota especial, también corresponde a un programa psicoeducativo liderado por enfermería. Se basa en la promoción del apoyo social entre cuidadores, autopercepción de valor, paciencia, manejo del estrés, estilo de vida, entre otros.

De otro lado, desde la década de los 60´y 70´, se ha logrado conocimiento sobre la relación entre el estrés y el funcionamiento psiconeuroinmunoendocrionológico, que asocia las formas de estrés inadecuado y crónico con la aparición de muchas enfermedades físicas crónicas, entre ellas las enfermedades cardiovasculares (Moscoso, 2009; Tobo-Medina & Canaval-Erazo, 2010).

Por tanto, si el estrés se relaciona con la aparición de dichos desordenes, también con su pronóstico. Por ello, tal y como lo plantea Castillero (2007), la psicología de la salud se ha venido ganando un espacio importante en la intervención ante las enfermedades cardiacas en términos de adherencia a procesos, afrontamiento de cirugías, recuperación física posquirúrgica, apoyo a las familias, entre otras.

De hecho, en un nivel básico de intervención, la psicoeducación ha mostrado eficacia en la prevención de recaídas, mejoras en niveles de colesterol y presión sanguínea, así como en mejorar la calidad de vida en pacientes coronarios (Dusseldorp, von Elderen, & Maes, 1999; Tovar-Hernández, Torres-Ramírez, Pérez-Tovar, & Hernández-Merchán, 2016)

La investigación tuvo como objetivo contribuir a la reducción de niveles de estrés percibido en familiares de pacientes hospitalizados en un instituto cardiovascular de la ciudad de Valledupar, así como en pacientes de servicios ambulatorios del mismo centro médico. Para ello, se planificó y desarrolló un programa de intervención psicoeducativa breve mediante el Sistema de Información y Atención al Usuario del instituto.

Materiales y Métodos

La investigación realizada corresponde a un cuasi-experimento, puesto que hay la manipulación de una variable independiente buscando un efecto, aunque sin control de variables ni asignación o emparejamiento de grupos al azar (Hernández-Sampieri, Fernández-Collado, & Baptista Lucio, 2010; Fontes de Gracia, y otros, 2015); corresponde a un diseño pretest-postest sin grupo de control.

Participantes

Corresponden a 58 acompañantes de pacientes con enfermedad cardiovascular, así como 69 pacientes, de una institución de salud cardiovascular de la ciudad de Valledupar, Cesar; todos abordados en el marco de las funciones del Sistema de Información y Atención al usuario. De los 127 participantes, el 69% fueron mujeres y el 31% hombres. Por edad, el 2% de participantes fueron adolescentes, 26% adultos jóvenes, 56% adultos intermedios y 16% adultos mayores.

Instrumentos

Se diseñó y usó una encuesta autoaplicada de 10 ítems con

escala numérica de 1 a 10, que mide la autopercepción del nivel de estrés con respecto a varios síntomas de tensión y estrés; su calificación máxima es de 100. Para asegurar la calidad del dato, se realizó la aplicación leyéndoles a los participantes los diferentes ítems y haciendo retroalimentación sobre la comprensión de las preguntas. Dicho instrumento fue sometido a validación por dos jueces: un docente universitario y una profesional en SIAU de la institución.

Procedimiento

Durante los meses de de agosto a noviembre de 2016 se realizaron orientaciones psicoeducativas y talleres didácticos de corta duración (o microtalleres) a los 127 participantes, mediante el programa del Sistema de Información y Atención al Usuario de la institución cardiovascular. Cada persona abordada recibió en el trascurso de dos a tres meses las orientaciones y talleres. La Tabla 1 resumenlas principales temáticas. De igual manera, se complementaron las orientaciones y microtalles con sesiones breves (menos de 30 minutos) de catarsis afectiva y apoyo social.

Tabla 1. Temas de las orientaciones psicoeducativas y microtalleres

Orientaciones Psicoeducativas	Micotalleres
Deberes y derechos de los pacientes y familiares	Medidas de afrontamiento del estrés para pacientes
El estrés y las consecuencias en el funcionamiento del corazón	Medidas de afrontamiento del estrés para cuidadores familiares
Consecuencias del estrés en pacientes y su prevención	Fomento de prácticas saludables para el manejo del estrés
Consecuencias del estrés en los cuidadores y su prevención	Retroalimentación de medidas de afrontamiento del estrés
Fomento del apoyo de la red familiar	

Resultados

La Tabla 2 muestra la media de las mediciones pretest y postest, tanto para pacientes como para familiares. Como puede observarse, para ambos grupos de participantes, hay una disminución en la media del pretest al postest, luego de la aplicación de orientaciones y microtalles psicoeducativos.

Tabla 2. Promedios de calificación de instrumento de medición de estrés percibido en aplicaciones pretest y postest para pacientes y familiares de enfermos del institucio cardiovascular

Grupos	Pre-post	Media
Pacientes	Pretest	56,28
	Postest	33,57
Familiares	Pretest	46,21
	Postest	29,34

Se sometió dicha diferencia de medias a prueba estadística por medio de la Prueba T de Student para muestras emparejadas, usando el programa SPSS®, donde se comparó el resultado del pretest con el resultado del postest. Los resultados se muestran en la Tabla 3.

Tabla 3. Resultados de la prueba T de student de diferencia de medias para muestras emparejadas

	T student	Sig. (bilateral)
Pacientes	4,523	0,000
Acompañantes	6,610	0,000

La prueba T de Student confirma que las diferencias de medias de la aplicación inicial o pretest, y la apliación final o postest, tienen una diferencia de medias estadísticamente significativa, según podemos observarlo por el valor del estadístico t, como de la significancia respectiva. Así mismo, al dar valores positivos en el estadístico, se puede afirmar que la media de la aplicación postest fue significativamente menor a la media de la aplicación pretest.

Discusión

Básicamente la prueba estadística realizada demuestra que hay una disminución significativa de la autopercepción de síntomas de estrés. Este hallazgo se corrobora tanto en la intervención que se realizó con pacientes como con los cuidadores familiares de pacientes con enfermedades cardiovasculares, desde el Servicio de Información y Atención al Usuario.

Los resultados son consistentes con la literatura revisada, en el sentido que se comprueba la efectividad e importancia de los abordajes psicoeducativos en la promoción del bienestar de los cuidadores (Romero & Rueda, 2011; Velásquez, López, Cataño, & Muñóz, 2011; Flórez & Montalvo, 2012; Orozco-Gómez, Eustache-Rodríguez, & Grosso-Torres, 2012).

Como se planteó en la revisión del estado del arte, la situación de enfermedad crónica representa una gran demanda emocional y vital, tanto para el enfermo crónico, como para sus familiares, y conlleva un empeoramiento de la calidad de vida y bienestar de las personas en dicha situación. La importancia de los resultados conseguidos mediante esta investigación tiene que ver con la evidencia de que incluso acciones muy sencillas pueden abonar al mejoramiento del bienestar de usuarios y sus familiares de servicios de salud ante desordenes cardiovasculares.

Si bien hay evidencia de investigaciones precedentes en otros países latinoamericanos sobre la utilidad de programas basados en técnicas concretas como atención plena, meditación y mindfulness, en control de estrés y reducción de síntomas depresivos y de ansiedad en entornos de atención al usuario hospitalario (por ejemplo: Brito, 2011), nuestros resultados sugieren que se pueden utilizar abordajes incluso más simples, como charlas y talleres cortos sobre relajación, afrontamiento y formas de control y manejo del estrés, de manera que se tenga un impacto a mediano plazo en la percepción de estrés.

Es de esperarse, si se toma en cuenta la literatura sobre el estrés, que la evolución y pronóstico de los pacientes, en particular los pacientes cardiovasculares, se vea influido por cambios positivos en la percepción del estrés. Así mismo, también habría que tomar en cuenta el posible efecto profiláctico en la prevención de enfermedades mentales y físicas de los cuidadores y familiares.

De otro lado, la experiencia descrita representó ir más allá en la atención básica al usuario y sus derechos, contemplada en la Resolución 13437 de 1991 para el caso de Colombia. Abordar el tema del estrés implica un trato más humanizado, que además busca un impacto también en el bienestar emocional y psicológico del cuidador informal o familiar, y que se puede ejecutar de forma muy eficiente, con pocos recursos, cuando los usuarios están en sus tiempos de espera dentro de las instituciones de salud. Si las instituciones hospitalarias movilizaran algunos pocos recursos en este sentido, las consecuencias benéficas sucesivas serían superlativas en términos de reducción de costos, imagen social y percepción de la atención, calidad del servicio, etc.

Claro está, todas las conclusiones planteadas no pueden asegurarse de forma inequívoca, dadas varias características del diseño de la investigación que son limitantes. Para iniciar, solo se usó un instrumento de medición y se desconoce si tendría las características psicométricas requeridas. De igual forma, al ser un diseño cuasi-experimental, no hay control de variables, por lo que los resultados podrían tener explicaciones complementarias importantes, más allá de la efectividad del abordaje psicoeducativo hecho.

Así mismo, no hay la posibilidad de generalización de los resultados, dado que el alcance se limitó a un poco más de cien usuarios de una sola institución de salud. También es importante aclarar que la autopercepción del estrés, al ser una variable subjetiva, puede cambiar fácilmente al corto plazo, y no hubo controles de medición para evitar sesgos por dicha situación.

A pesar de esto, los resultados llaman la atención sobre la necesidad de investigar cómo los abordajes sencillos en logística y viables de ejecutar en la mayoría de instituciones, que trabajen temas de prevención del estrés, pueden aportar en la consecución de mejor calidad de vida en personas que vivencian una situación tan demantande como lo es la enfermedad crónica.

Referencias

Achury, D. M., Castaño, H. M., Gómez, L. A., & Guevara, N. M. (2011).

Calidad de vida de los cuidadores de pacientes con enfermedades crónicas con parcial dependencia. Investigación en Enfermería: Imagen y Desarrollo, 13(1), 27-46. Obtenido de http://www.redalyc.org/articulo.oa?id=145221282007

Barrera-Ortiz, L., Carrillo-González, G. M., Chaparro-Díaz, L., Afanador, N., & Sánchez-Herrera, B. (2011). Soporte social con el uso de las TIC´s para cuidadores familiares de personas con enfermedad crónica. Revista de Salud Pública, 13(3), 446-457. Obtenido de http://www.scielosp.org/pdf/rsap/v13n3/v13n3a07

Barrera-Ortiz, L., Pinto-Afanador, N., & Sánchez-Herrera, B. (2006). Evaluación de un programa para fortalecer a los cuidadores familiares de enfermos crónicos. Revista de Salud Pública, 8(2), 141-152. Obtenido de http://repositoriocdpd.net:8080/bitstream/handle/123456789/937/Art_BarreraOrtizL_EvaluacionProgramaFortalecer_2006.pdf?sequence=1

Barrera-Ortiz, L., Sánchez-Herrera, B., Carrillo-González, M., Chaparro-Díaz, L., & Vargas-Rosero, E. (2013). Programa de Extensión Solidaria UN, programa "Cuidando a los Cuidadores". Revista de la facultad de Medicina, 60(1), SVIII-SXVII.

Brito, G. (2011). Programa de Reducción del Estrés Basado en la Atención Plena (Mindfulness): Sistematización de una Experiencia de su Aplicación en un Hospital Público Semi-Rural del Sur de Chile. Psicoperspectivas, 10(1), 221-242. Obtenido de http://www.scielo.cl/scielo.php?pid=S0718-69242011000100012&script=sci_arttext&tlng=pt

Cardona, D. S., Berbesí, D., & Agudelo, M. A. (2013). Prevalencia y factores asociados al síndrome de sobrecarga del cuidador primario de ancianos. Revista Facultad Nacional de Salud Pública, 31(1), 30-39. Obtenido de http://www.redalyc.org/articulo.oa?id=12026437003

Carrillo, G. M., Barrera-Ortiz, L. S.-H., Carreño, S. P., & Chaparro-Díaz, L. (2014). Efecto del programa de habilidad de cuidado para cuidadores familiares de niños con cáncer. Revista Colombiana de Cancerología, 18(1), 18-26.

Carrillo, G. M., Sánchez-Herrera, B., & Barrera-Ortiz, L. (2016). Habilidad de cuidado de cuidadores familiares de niños con cáncer. Revista de Salud Pública, 17(3), 394-403.

Castillero, Y. (2007). Intervención psicológica en ciurugía cardiaca. Avances

en Psicología Latinoamericana, 25(1), 52-63. Obtenido de
http://www.scielo.org.co/pdf/apl/v25n1/v25n1a6.pdf

Cerquera, A., & Galvis, M. (2014). Efectos de cuidar personas con
Alzheimer: un estudio sobre cuidadores formales e informales.
Pensamiento Psicológico, 12(1), 149-167.

Cerquera, A., & Pabón, D. K. (2014). Intervención en cuidadores informales
de pacientes con demencia en Colombia: una revisión. Psicología:
Avances en la Disciplina, 8(2), 73-81. Obtenido de
http://www.scielo.org.co/pdf/psych/v8n2/v8n2a06.pdf

Cerquera, A., Granados, F., & Buitrago, F. (2012). Sobrecarga en cuidadores
de pacientes con demencia tipo Alzheimer. Psicología: avances de
disciplina, 6(1), 21-33.

Cerquera, A., Pabón, D., & Uribe, D. (2012). Nivel de depresión
experimentada por una muestra de cuidadores informales de pacientes
con demencia tipo Alzheimer. Psicología desde el Caribe, 29(2), 360-384.

Cerquera, A., Pabón, D., Granados, F., & Galvis, M. (2016). Sobrecarga en
cuidadores informales de pacientes con Alzheimer y la relación con su
ingreso salarial. Psicogente, 19(36), 240-251.

De León, N. E. (2011). Calidad de vida y perspectiva del cuidador en niños
con defectos cardiovasculares congénitos. Bioética, 11(1), 10-22.
Obtenido de http://cbioetica.org/revista/112/112-1022.pdf

Dusseldorp, E., von Elderen, T., & Maes, S. (1999). A meta-analysis of
psichoeducational programs for coronary hearth disease patients. Health
Psychology(18), 506-519.

Espín, A. M. (2008). Caracterización psicosocial de cuidadores informales de
adultos mayores con demencia. Revista Cubana de Salud Pública, 34(3).
Obtenido de
http://scielo.sld.cu/scielo.php?script=sci_arttext&pid=S0864-
34662008000300008

Flórez, I., & Montalvo, A. R. (2012). Soporte social con tecnologías de la
información y la comunicación a cuidadores. Una experiencia en
Cartagena. Investigación y Educación en Enfermería, 30(1), 0-0.
Obtenido de
http://aprendeenlinea.udea.edu.co/revistas/index.php/iee/article/

Fontes de Gracia, S., García, C., Quintanilla, L., Rodríguez, R., Rubio, P., Sarriá, E., & Fontes de Gracia, A. (2015). Fundamentos de Investigación en Psicología. Editorial UNED. Obtenido de https://books.google.com.co/books?id=CEsrCQAAQBAJ&dq=dise%C3%B1os+cuasiexperimentales&hl=es&source=gbs_navlinks_s

Guerrero, M. L., & Rojas, E. V. (2009). Necesidades de Cuidado de los Cuidadores de personas con Hipertensión Arterial en un servicio de atención ambulatoria en salud. Bogotá, Colombia. Tesis de Pregrado, Pontificia Universidad Javeriana, Departamento de Enfermería, Bogotá. Obtenido de http://www.javeriana.edu.co/biblos/tesis/enfermeria/2009/DEFINITIVA/tesis14.pdf

Hernández-Sampieri, R., Fernández-Collado, C., & Baptista Lucio, P. (2010). Metodología de la investigación (Quinta ed.). México: McGraw Hill.

Jaureguizar, J., & Espina, A. (2005). Enfermedad física crónica y familia. LicrosEnRed. Obtenido de https://books.google.com.co/books?id=pGCugcqG9HQC&hl=es&source=gbs_navlinks_s

Lazarus, R. S. (1999). Stress and Emotion: A new synthesis. New York: Springer Publishing Company.

Lazarus, R. S., & Folkman, S. (1984). Stress, apraissal and coping. Nex York: Springer Publishing Company.

Márquez, M. (2012). La experiencia del familiar de la persona hospitalizada en la unidad de cuidados intensivos. Tesis de Maestría, Universidad Nacional de Colombia, Facultad de Enfermería, Bogotá.

Moscoso, M. S. (2009). De la mente a la célula: impacto del estrés en psiconeuroinmunoendocrinologia. Liberabit, 15(2), 143-152. Obtenido de http://www.scielo.org.pe/scielo.php?pid=S1729-48272009000200008&script=sci_arttext

Orozco-Gómez, A., Eustache-Rodríguez, V., & Grosso-Torres, L. (2012). Programa de intervención cognoscitivo conductual en la calidad de sueño de cuidadores familiares. Revista Colombiana de Enfermería, 7(7), 75-85.

Parra, E. j. (2006). Calidad de vida de los cuidadores familiares de adultos con enfermedad neurovascular discapacitante hospitalizados en el servicio de neurocirugía del Hospital Universitario Erasmo Meoz, San José de Cúcuta, durante los meses de octubre, noviembre y diciemb. Tesis de Pregrado, Facultad de Ciencias de la Salud de la Universidad Francisco de Paula Santander, Programa de Enfermería, Cúcuta.

Paz-Rodríguez, F. (2010). Predictores de Ansiedad y Depresión en Cuidadores Primarios de Pacientes Neurológicos. Revista Ecuatoriana de Neurología, 19(1-2), 0-0. Obtenido de http://www.medicosecuador.com/revecuatneurol/vol19_n1-2_2010/articulos_originales/predictores-de-ansiedad.htm

Piña-López, J. A. (2009). Los pecados originales en la propuesta transaccional sobre estrés y afrontamiento de Lazarus y Folkman. Enseñanza e Investigación en Psicología, 14(1), 193-209. Obtenido de http://www.redalyc.org/articulo.oa?id=29214114

Romero, E., Rodríguez, J., & Pereira, B. (2015). Sobrecarga y calidad de vida percibida en cuidadores familiares de pacientes renales. Revista Cubana de Enfermería, 31(4), 0-0. Recuperado el 14 de Febrero de 2017, de http://scielo.sld.cu/scielo.php?script=sci_arttext&pid=S0864-03192015000400001

Romero, S. V., & Rueda, L. (2011). Apoyo telefónico: una estrategia de intervención para cuidadores familiares de personas con enfermedad crónica. Salud UIS, 43(2), 191-201.

Sánchez, B., Pinto, N., Carrillo, G. M., & Barrera, L. (2008). Programa "Cuidando a Cuidadores Familiares". Medwave, 8(11), 0-0. Obtenido de http://www.medwave.cl/link.cgi/Medwave/Enfermeria/3663

Seguí, J. D., Ortiz-Tallo, M., & De Diego, Y. (2008). Factores Asociados al estrés del cuidador primario de niños con autismo: sobrecarga, psicopatología y estado de salud. Anales de Psicología, 24(1), 100-105. Obtenido de http://www.um.es/analesps/v24/v24_1/12-24_1.pdf

Stefani, D., Seidmann, S., Pano, C., Acrich, L., & Bail-Pupko, V. (2003). Los cuidadores familiares de enfermos crónicos: sentimientos de soledad, aislamiento social y estilos de afrontamiento. Revista Latinoamericana de Psicología, 35(1), 55-65. Obtenido de https://www.researchgate.net/profile/Dorina_Stefani/publication/26595114_Los_cuidadores_familiares_de_enfermos_cronicos_sentimiento_de_soledad_aislamiento_social_y_estilos_de_afrontamiento/links/5661be9508ae418a7867ee31.pdf

Tobo-Medina, N., & Canaval-Erazo, G. E. (2010). Las emociones y el estrés en personas con enfermedad coronaria. Aquichán, 10(1), 19-33. Obtenido de http://www.scielo.org.co/scielo.php?script=sci_abstract&pid=S1657-59972010000100003&lng=en&nrm=iso&tlng=es

Tovar-Hernández, S. M., Torres-Ramírez, L. S., Pérez-Tovar, D. C., & Hernández-Merchán, M. A. (2016). Guía psicoeducativa para la regulación emocional en pacientes con enfermedades cardiovasculares. Tesis de Pregrado, Universidad Católica de Colombia, Facultad de Psicología, Bogotá.

Úbeda, I. (2009). Calidad de vida de los cuidadores familiares: evaluación mediante un cuestionario. Tesis Doctoral, Universidad de barcelona, Doctorado en Ciencias Enfermeras, Barcelona. Obtenido de http://diposit.ub.edu/dspace/bitstream/2445/35130/1/IUB_TESIS.pdf

Unwin, B. K., Andrews, C. M., Andrews, P. M., & Hanson, J. L. (2009). Therapeutic home adaptations for older adults with disabilities. American family Physician, 80(9), 963-968.

Vega, O. M., González, D. S., & Ramírez, M. M. (2007). Cronicidad y cudadores familiares: una revisión desde lo contextual y conceptual. RESPUESTAS, 12(2), 26-37. Obtenido de http://revistas.ufps.edu.co/ojs/index.php/respuestas/article/view/561/567

Vega, O. M., Mendoza, M. K., Ureña, M., & Villamil, W. A. (2008). Efecto de un programa educativo en la habilidad de cuidado de los cuidadores familiares de personas en situación crónica de enfermedad. 5(1), 5-19.

Velásquez, V., López, L. L., Cataño, N., & Muñóz, E. (2011). Efectos de un programa educativo para cuidadores de personas ancianas: una perspectiva cultural. Revista de Salud Pública, 13(4), 610-619.

Villano, S. B. (2016). Calidad de vida y sobrecarga del cuidador primario de pacientes con secuelas de enfermedad cerebro vascular isquémico. Instituto Nacional de Ciencias Neurológicas. Tesis de Pregrado, Universidad Ricardo Palma, Escuela de Enfermería padre Luis Tezza, Lima. Obtenido de http://cybertesis.urp.edu.pe/bitstream/urp/754/1/villano_ls.pdf

Conocimiento sobre la salud mental y su marco legal en el ámbito universitario de Sucre

María Peña Mendoza, Saray Serpa Herazo, Kelly Romero.

Introducción

Hablar de Salud Mental suele relacionarse con el concepto de Salud que brinda la Organización Mundial de la Salud (OMS) desde el año 1946. Este concepto se toma del propio Preámbulo de la constitución de este organismo y considera que la salud es un estado de bienestar a nivel físico, mental y social y que va más allá de la ausencia de las enfermedades. Esto quiere decir, que dentro del concepto de Salud de la OMS se encuentra implícito el concepto de salud mental.

En el año 2014, la OMS publica el texto: Documentos Básicos en el cual se encuentra la constitución de la OMS y en ese texto se indica que todos los pueblos del mundo deben contar con los conocimientos médicos y psicológicos necesarios para alcanzar el grado más alto de salud OMS, (2014). En este documento se habla sobre los conocimientos psicológicos necesarios para alcanzar el máximo de salud de los pueblos, pero no se habla de la salud mental propiamente dicha.

El tema de la salud mental es novedoso en tanto singularidad, porque en realidad la mayor parte del tiempo se ha incluido en todo lo que ha salud se refiere. Este concepto varía de cultura a cultura y se relaciona generalmente con el bienestar subjetivo, la autorrealización, entre otras; sin embargo, en lo que parece que hay un consenso es en la idea de que siempre va más allá de la ausencia del trastorno mental, Torres (2012).

En 1990 la Organización Mundial de la Salud (OMS) y la Organización Panamericana de la Salud (OPS) gestionan un encuentro en el cual se desarrollan cuatro aspectos fundamentales a tener en cuenta para lograr un verdadero estado de salud mental en las naciones: prevención, diagnóstico, tratamiento y rehabilitación de los trastornos mentales y neurológicos, Ardon & Cubillos

(2012).

En este encuentro se determina que es obligación de los estados proteger a todas aquellas personas que padecen de una enfermedad mental o trastorno psicológico. Desde ese entonces los estados empiezan a priorizar la promoción, la prevención y el control de la enfermedad. También, se comienzan a emprender estrategias para fomentar y mejorar el acceso, la cobertura y la calidad de la atención de la salud mental; fomentar procesos de investigación básica y aplicada y acceder a la red de instituciones y a la oferta de servicios Ardon & Cubillos (2012)

En Colombia, la ley de salud mental fue expedida el 21 de enero del año 2013 ley de salud mental (2013). Este año es considerado como el año de la esperanza para aquellas personas y familias afectadas por algún problema o trastorno mental, Cruz (2013). La ley 1616 le brinda a toda la población colombiana el pleno derecho a la salud mental, haciendo énfasis en los niños, niñas y los adolescentes sin importar la clase económica, el color de piel y la edad.

Además de garantizar el derecho a la Salud Mental, busca la atención integral e integrada que incluya el diagnóstico, el tratamiento y la rehabilitación en salud para todos los trastornos mentales. En la ley 1616 se entiende por salud mental lo siguiente:

La salud mental se define como un estado dinámico que se expresa en la vida cotidiana a través del comportamiento y la interacción de manera tal que permite a los sujetos individuales y colectivos desplegar sus recursos emocionales, cognitivos y mentales para transitar por la vida cotidiana, para trabajar, para establecer relaciones significativas y para contribuir a la comunidad, Ley de Salud Mental, (2013).

Esta ley indica que se debe atender especial e inmediatamente a las personas afectadas en desastres naturales y en situaciones bélicas, tales como, el conflicto armado, porque principalmente estas son poblaciones vulnerables y necesitan la plena atención en salud mental y a profesionales capacitados para el ejercicio de la misma. Los afectados de este tipo de situaciones pueden presentar afecciones psicológicas posteriores al hecho traumático Echenique, Medina, & Ramírez, (2011); Juarez & Guerra, (2011); Bothelo & Conde, (2011).

Colombia es un país afectado por el conflicto desde hace muchos años, los sucesos traumáticos que ha vivido la población, sobre todo rural, han afectado, entre otras cosas, a la salud mental de todos los grupos de edad: infantes, adultos y ancianos Alejo (2007); Pérez, Argumero & Romero (2014).

Los profesionales encargados de atender estas emergencias deberían contar con una capacitación especial, porque estas crisis salen del marco de la normalidad de la atención de estos profesionales, por lo tanto, las actividades dirigidas a esta población tienen que garantizar la recuperación del individuo lo más pronto posible Dewolfe (2011). Según Posada (2013) en los países con situaciones de conflicto permanente, como Colombia, es necesario abordar la promoción y la prevención a los problemas mentales, donde se garantice un bienestar emocional y social.

Poco a poco la salud mental se ha ido independizando del concepto de salud definido por la OMS en su constitución, aunque no dejan de ir de la mano. En este momento el interés por la salud mental ha tomado un auge mayor, ya que el número de investigaciones científicas y los programas de promoción y prevención del trastorno mental, se han incrementado en los últimos años. Todo este esfuerzo contribuye a la mejora de la calidad de vida de los ciudadanos.

Ahora bien, por parte de los gobiernos y de varios organismos internacionales se avanza a pasos agigantados en pro a la salud mental de las poblaciones, sin embargo, ¿conocen los ciudadanos sus derechos con respecto a la salud mental?

En el caso de Colombia, ¿tienen conocimiento sobre la ley de salud mental y sus beneficios? Para responder estas preguntas los autores de esta investigación se han dado a la tarea de realizar un estudio piloto en una comunidad universitaria con el fin de explorar el conocimiento que tienen los estudiantes y administrativos sobre la salud mental y sobre la ley de salud mental en Colombia. Debido a todo lo expuesto anteriormente, este trabajo tiene como objetivo explorar el conocimiento que tiene una comunidad universitaria sobre la salud mental y su marco legal.

Método

Participantes: Participaron en el estudio 190 individuos cuyas edades oscilaron entre 18 y 44 años. En la tabla 1, se especifican los programas o licenciaturas participantes con los grupos de edad.

Tabla 1. Programas académicos participantes

Programa	N	%
Psicología	15	7,9
Derecho	35	18,4
Deporte	17	8,9
Trabajo Social	19	10,0
Licenciatura	11	5,8
Industrial	17	8,9
Arquitectura	22	11,6
Sistemas	14	7,4
Contaduría	11	5,8
Administración	12	6,3
Economía	8	4,2
Administrativos	9	4,7
Edad		
18 – 20	86	45,2
21 – 23	64	33,6
24 – 29	28	14,8
30 – 44	12	6,2

Procedimiento: Todos los participantes respondieron una

encuesta ad hoc desarrollada por los investigadores. A cada individuo se le preguntó verbalmente si estaba de acuerdo en participar de la investigación y se le recordaba que podía dejar de responder en cualquier momento sin que eso le perjudicara de ninguna forma. Igualmente, se les advirtió a todos los participantes que podrían hacer preguntas en cualquier momento durante la aplicación de la encuesta y que si alguna de las preguntas les parecía incómodas tenían todo el derecho de hacérselo saber al investigador o de no responderlas.

Instrumento: Encuesta ad hoc: Este instrumento fue desarrollado especialmente para esta investigación. Se compone de 27 preguntas, 19 de ellas cerradas.

Análisis estadístico: El análisis estadístico se hizo con ayuda del paquete estadístico SPSS (Statistical Package for Social Science) versión 20. Con la ayuda del SPSS se obtuvieron porcentajes, frecuencias y se llevaron a cabo correlaciones entre los ítems del test y variables sociodemográficas tales como: género, edad y programa cursado o trabajo en la institución educativa, por ejemplo, administrativos.

Resultados

1. Conocimiento sobre la salud mental y su marco legal.

En la muestra estudiada la mayoría de los entrevistados ha escuchado hablar sobre salud mental (75%). Sin embargo, la mayoría no tiene conocimiento sobre el marco de la salud mental en Colombia, ni sobre la ley 1616. En la tabla 2 se muestra con más detalle esta información.

Tabla 2. Conocimiento de los participantes sobre la ley 1616

	N	%
1. ¿Ha escuchado usted hablar del termino salud mental?		
SI	143	75,7

3. ¿Conoce el marco de la salud mental en Colombia?		
SI	13	6,9
4. ¿Ha escuchado usted alguna vez hablar de la ley 1616 de 2013?		
SI	21	11,2

2.   Cuidados relacionados con la salud mental

En la muestra estudiada, gran parte de los entrevistados se preocupa por cuidar de su salud mental (70%). En la tabla 3 se indican algunas prácticas de los encuestados en relación al cuidado de la salud mental propia.

	N	%
5. ¿Se preocupa usted por cuidar su salud mental?		
SI	131	70,4
7. ¿Practica usted algún deporte?		
SI	108	57,1
9. ¿Conoce usted alguna técnica de relajación?		
SI	132	70,6
12. ¿Pertenece usted alguna asociación, agrupación o red deportiva?		
SI	44	23,7
13. ¿Cuántas horas de sueño duerme usted diariamente?		
HORAS: 2-5	12	6,7

HORAS: 6-8	133	74,7
HORAS 9-11	29	16,2
HORAS 12-8	4	2,3
14. ¿Considera que tiene buena higiene de sueño?		
SI	133	71,5
15. ¿Cuida Usted su alimentación?		
SI	124	65,3
16. ¿Tiene un horario fijo para consumir los alimentos?		
SI	87	45,8

3. Experiencias de problemas de la salud mental de la persona o del entorno.

La mayoría de los participantes comparte sus preocupaciones con alguna persona (64%); además, conoce a alguna persona que padece de algún trastorno mental. En la tabla 4 esta información se detalla de manera más específica.

Tabla 4. Problemas de salud mental propios y ajenos

	N	%
10. ¿Conoce a alguien que padezca algún trastorno mental?		
SI	96	50,8
11. ¿Ha tenido usted que visitar al psicólogo o al psiquiatra alguna vez?		

SI	61	32,1
17. ¿Comparte usted sus preocupaciones con alguna persona?		
SI	121	64,0

4. Percepción del estrés en la persona y de quienes lo rodean.

La mayoría de los participantes identifica cuando está estresado (84%) y cuando alguien más esta estresado (74,6%); al parecer, cuesta más darse cuenta cuando el otro está estresado. La tabla 5 muestra esta información más específica.

Tabla 5. Percepción del estrés propia y ajena

	N	**&**
19. ¿Puede usted identificar cuando esta estresado?		
SI	161	84,7
21. ¿Puede reconocer a otra persona cuando esta estresado?		
SI	141	74,6

Discusión

Colombia es considerada un estado social de derecho por la constitución política de 1991 y tiene la obligación de brindarles a todas las personas, independientemente de su sexo, religión, etnia u ocupación el derecho a la salud tanto física como mental. Es por eso que el congreso de la república de Colombia, en el año 2013, más específicamente el 21 de enero, pública la ley de Salud Mental, la cual tiene como objeto "Garantizar el ejercicio pleno del Derecho a la Salud Mental a la población colombiana, priorizando a los niños, las niñas y adolescentes, mediante la promoción de la salud y la prevención del trastorno mental" (ley 1616, 2013).

La ley de salud mental es una herramienta que ampara a los

ciudadanos colombianos para hacer valer sus derechos sobre todos los servicios de salud mental que tienen a su disposición y que ayudan a mejorar su calidad de vida. Sin embargo, a partir de esta investigación, se puede dar cuenta del desconocimiento que se tiene sobre la existencia de esta ley en el ámbito universitario. Si los ciudadanos no conocen sus derechos, no podrán hacerlos valer. Sólo un 11,2% de los encuestados conocen sobre la ley 1616 de la salud mental y ya fue promulgada hace más de tres años.

A pesar de todo, la población encuestada reconoce el término de salud mental y se preocupa por —desde su desconocimiento- cuidarla; la mayoría de los participantes práctica algún deporte, conoce alguna técnica de relajación, considera que tiene buena higiene del sueño y cuida bien su alimentación.

De hecho, al menos la mitad de la población encuestada conoce a alguien que padece un trastorno mental y al menos un 30% ha tenido que visitar al psicólogo y/o al psiquiatra alguna vez en su vida. Al parecer, la población encuestada se encuentra concientizada de la presencia de la enfermedad mental en su contexto y en su propia vida. Estos son puntos fuertes en el trabajo de concientización del cuidado de la salud mental en los universitarios del país.

En el caso de Sincelejo, el alto porcentaje de desplazados que ha llegado al casco urbano buscando mejores condiciones de vida, con acontecimientos vitales estresantes vivenciados antes, durante y después de la experiencia del desplazamiento, podría influir en el conocimiento del malestar psicológico entre la población. Con más razón aún es importante aunar esfuerzos para que la población conozca todos los derechos que tiene respecto a los servicios de salud mental del país. En el artículo 6 de esta misma ley se encuentran descritos todos los derechos que brinda a la población colombiana.

Es importante que los ciudadanos conozcan la ley 1616 del 2013, puesto que validando sus derechos, mejoran el sistema de salud y pueden evitar la cronicidad de los trastornos mentales en su vida. También, pueden ayudar a sus redes de apoyo —familiares, amigos y/o conocidos- con las rutas de acceso a los servicios de salud mental del país, previniendo así una peor prognosis en el tratamiento. Según estudios anteriores, en Colombia existe un incremento de personas que padecen algún trastorno mental, dentro de los cuales la depresión en mujeres es su mayor porcentaje, Machado, Morales & Solarte (2011).

Por su parte, la OMS, cada año reporta aproximadamente 700 millones de casos de enfermedades mentales en el mundo (OMS, 2013) indicando así, que, sin importar la raza o etnia, los trastornos mentales persisten en la población mundial.

El Estudio Nacional de Salud Mental del año 2013, realizado en Colombia revela que por cada 100 personas que realizan visitas al médico, 26 lo hacen porque están padeciendo algún trastorno mental. De estos trastornos mentales, los más frecuentes son los trastornos de ansiedad, seguidos de los trastornos del estado de ánimo y del abuso de sustancias psicoactiva, Escobar (2015)

En la actualidad no se han realizado estudios similares a estos. En el año 2014 se evidencia un estudio realizado por la revista CES en la ciudad de Medellín, donde participaron profesionales de diversas áreas, esta población estuvo constituida exactamente por 117 participantes. De la muestra, el 73.5% estuvo constituido por profesionales en psicología, el 19.6% por psiquiatras, el 4.2% por trabajadores sociales, el 1.7% por profesionales de medicina, y el 0.85% por licenciados. La metodología para la recolección de datos fue EVOC o Asociación libre de palabras, donde cada participante evocaba palabras alusivas a Salud Mental, de lo cual resultó que equilibrio y estabilidad fueron las palabras con mayor porcentaje en respuesta Betancur (2014).

El presente estudio se relaciona con el de Betancur, ya que se indaga sobre el conocimiento que tienen las personas acerca de la salud mental, sin embargo, nuestro estudio busca, además de las representaciones o el conocimiento que los participantes tienen sobre la salud mental, conocer que tanto conocen los individuos del ámbito universitario sucreño acerca del aspecto legal de la salud mental colombiana.

Es de gran importancia que las entidades tanto públicas como privadas que brindan el servicio de salud a los ciudadanos colombianos convoquen diversas estrategias de divulgación y promoción sobre el marco legal y los derechos que éste le brinda a cada uno de los colombianos. Este estudio demuestra que es necesario hacer el esfuerzo debido al desconocimiento que tiene la población sobre la ley de salud mental en Colombia. Si los ciudadanos conocen sus derechos tendrán mejores condiciones de vida y se podría disminuir la estigmatización del trastorno mental en la cotidianidad colombiana Maya (2008)

Según Khon (2005) la tasa de personas que padecen una enfermedad mental en Latinoamérica es alta y es más alta en países subdesarrollados donde la pobreza es uno de los factores más influyentes no solo para aquellas enfermedades mentales, sino también, para afectaciones físicas que deterioran cada día al ser humano, por lo tanto, se hace necesario que se generen políticas públicas más eficientes para que las personas tengan un mejor plan de intervención y una recuperación más rápida sin costos tan altos para el beneficio de toda la comunidad.

La medicina indígena plantea algo muy interesante sobre las enfermedades mentales ya que sus tratamientos son diferentes a la de la medicina que se conoce comúnmente, porque las practicas indígenas indican que debemos conocer de una forma holística a la persona que está padeciendo algún trastorno, sus prácticas abarcan a la cosmovisión y la cosmología ya que sus conocimientos son netamente empíricos y naturales Samudio, (2006).

Los ciudadanos no saben que, según ley 1616, tienen todo el derecho de recibir o rechazar ayuda espiritual o religiosa de acuerdo con sus creencias, esto es, si una persona quiere recibir tratamiento indígena, teniendo en cuenta sus creencias y prácticas, tendría todo el derecho a recibirlo porque así lo decreta la ley (Artículo 6 de la ley 1616, 2013). Se hace necesario que las comunidades indígenas del pueblo colombiano conozcan los derechos que la Ley 1616 ofrece para cada uno de los colombianos, ya que esta cubre a toda la población sin excluir a ningún tipo de grupo cultural.

A partir de este estudio se puede concluir que todavía la población universitaria tiene desconocimiento sobre la ley de salud mental en el país. El punto fuerte es que parece consciente de que hay unos hábitos que permiten cuidarla y de que existen profesionales de la salud que pueden ayudar a que se mantenga en óptimas condiciones. Se requiere más investigación al respecto.

Sería interesante indagar sobre las percepciones de la salud mental en personas que viven en ámbitos rurales, así como también, ampliar esta investigación y seguir abordando el tema de la salud mental en la universidad, teniendo en cuenta que estas personas serán los profesionales del futuro y sobre ellos recaerá la responsabilidad de mejorar las condiciones de la calidad de vida de la sociedad colombiana.

Referencias

Alejo, E. (2007). estudio epidemiologico del trastorno por estres portraumatico en poblacion desplazada por la violencia politica en colombia. Univ. Psychol, 6 (3), 623-625.

Ardón-Centeno, N., & Cubillos-Novella, A. (2012). La salud mental: una mirada desde su evolución en la normatividad colombiana. Rev. Gerenc. Polit. Salud, 11(23), 12 - 38.

Betancur, C. R.-O. (2014). Representaciones sociales sobre salud mental en un grupo de profesionales en la ciudad de Medellín: análisis prototípico y categorial. Revista CES Psicología, 7 Número 2, 96-107.

Bothelo, O., & Conde, C. (2011). Memoria emocional y trastorno por estrés postraumático en el contexto del desplazamiento. Revista Colombiana de Psiquiatría, 40(3), 457-469.

Cruz, S. (2013). Ley Esperanza, la nueva ilusión de millones de enfermos mentales. El pais.

DeWolfe, D. J. (julio de 2011). Guia de atencion en salud mental en emergencias y desastres. Bogota, Colombia: consultora direccion general de gestion de la demanda en salud.

Echenique, C., Medina, A., & Ramírez, A. (2011). Prevalencia del trastorno por estrés postraumático en población desplazada por viol56encia, en proceso de restablecimiento. Psicología desde el Caribe, 21, 122-135.

Escobar, A. A. (Mayo de 2015). Las Enfermedades Mentales: una Realidad Actual. Revista Nova Et Vetera, 1-N°4.

Juarez, F., & Guerra, A. (2011). Características Socioeconómicas y Salud en Personas Pobres y Desplazadas. Psicologia: Teoria e PesquisaOut-Dez, 27(4), 511-519.

Kohn, I. L.-A. (2005). Los trastornos mentales en América Latina y el Caribe: asunto prioritario para la salud pública. Panam Salud Publica., 18(4/5), 229-240.

Ley de Salud Mental. (2013). Ley de la Salud Mental en Colombia N° 1616.

Machado-Alba JE, Morales Plaza CD, Solarte Gómez MJ. (2011). Rev Panam Salud Publica, 30(5), 461.

Maya, E. (2008). El derecho a la salud en la perspectiva de los derechos humanos y del sistema de inspeccion vigilancia y control de quejas en materia de salud. colombiana de psiquiatria, 37 (4), 3-8.

OMS. (2013). concepto de salud mental. Obtenido de: http://www.who.int/features/factfiles/mental_health/es/

OMS, O. (2014). Documentos Básicos. Italia: OMS.

ONU. (1971). Asamblea General en su resolución 2856.

Pérez, D., Argumedos, C., & Romero-Acosta, K. (2014). El estudio e los trastornos emocionales en la infancia colombiana. Búsqueda(13), 68 - 71.

Posada, J. (2013). la salud mental en colombia. Biomedica, 33, 4.

Samudio, Á. R. (2006). Medicina Indígena Y Salud Mental. Cali , Colombia : Acta Colombiana De Psicologí.

Torres, Y. (2012). Primer Estudio Poblacional de Salud Mental Medellín, 2011-2012. Medellín: L Vieco e Hijas Ltda.

Salud mental y recursos psicológicos en mujeres víctimas de violencia de pareja radicadas en la Ciudad de Barranquilla

Estefany Paola Acuña Reyes

Introducción

La Asamblea General de las Naciones Unidas (2006), señala que las relaciones desiguales que tanto el hombre como la mujer han sostenido a lo largo de los años se convierten en una problemática que niega la humanidad, los derechos y la existencia misma de la mujer a partir de la discriminación y la desigualdad enmarcada en un sistema androcéntrico que establece y naturaliza jerarquías de poder entre las mujeres y los hombres. Bajo estos presupuestos y retomando la definición propuesta por la Organización de las Naciones Unidas (1993) y la ley 1257 de 2008 en su artículo 2, se define la violencia contra la mujer como:

"todo acto de violencia basado en la pertenencia al sexo femenino que tenga o pueda tener como resultado un daño o sufrimiento físico, sexual o psicológico para la mujer, así como las amenazas de tales actos, la coacción o la privación arbitraria de la libertad, tanto si se producen en la vida pública como en la vida privada" (Resolución 48/104 de la Asamblea General, 1993)

Respecto a los índices de violencia contra la mujer, el Observatorio de igualdad de género de América Latina y el Caribe (OIG), indica en su informe anual 2013-2014 que la violencia infligida hacia una mujer por parte de su pareja o ex pareja es una conducta generalizada y transversal a los diferentes estratos económicos (OPS, 2014). En esta misma línea la OMS (2013) señala que el 35% de las mujeres han sido víctimas de violencia física o sexual por parte de su pareja y que estas no son las únicas formas de violencia a las que se exponen las mujeres a lo largo de su vida. Así mismo UNIFEM (2010) señala que solo un pequeño porcentaje de las mujeres víctimas de maltrato presentan denuncias.

Al indagar en torno a los recursos de lo que disponen las mujeres víctimas de violencia de pareja se encontró a partir de los datos suministrados por la encuesta de demografía y salud realizada por la OPS (2014) en 12 países de América Latina y el Caribe, que las mujeres acuden en primer lugar a personas de su entorno primario, familiares o amigos cercanos, antes que a las instituciones disponibles en la ruta de denuncia y atención.

En esta misma línea el Fondo de Desarrollo de las Naciones Unidas para la Mujer (UNIFEM, 2010), señala que cada minuto 6 mujeres son agredidas en Colombia, el fondo fusionado de la nueva entidad ONU Mujeres (2010) afirma que estas agresiones son culturalmente justificadas y vistas como un comportamiento normal.

Frente a las cifras, según el Instituto Nacional de Medicina Legal y Ciencias Forenses (2014) en Colombia se realizaron 75.939 peritaciones en el contexto de violencia intrafamiliar, de las cuales el 64,33% corresponden a violencia contra la pareja. En esta misma línea se señala en el informe 145 casos de homicidios por violencia de pareja en mujeres donde el presunto agresor corresponde a su pareja sentimental o ex pareja.

En esta misma línea y a partir de los datos suministrados por el informe "Forensis 2014, datos para la vida", se presenta la intolerancia entre los miembros de la pareja como la principal razón de la violencia (21.122 casos; 52,01%), seguida de los celos, desconfianza y en la infidelidad (13.097 casos; 32,25%) y el alcoholismo drogadicción (6.049: 14,89%). Siendo así mismo el politraumatismo, el trauma facial y el trauma de miembros las agresiones más frecuentes en las víctimas de este tipo de violencia (93%: 36.933 casos).

En la ciudad de Barranquilla las cifras no dejan de ser alarmantes el Instituto de Medicina Legal (2014) reporta a la Barranquilla como la segunda ciudad con el mayor número de casos de mujeres víctimas de violencia de pareja con un reporte de 1.485 casos.

Sin embargo, a pesar de estas alarmante cifras que no reflejan la totalidad de la población víctima, los resultados de investigaciones, muestran también que si bien las mujeres tienen sobre sus vidas huellas negativas del trauma que disminuyen su salud mental y su calidad de vida, también poseen elementos de bienestar (Acuña y Amaris, 2009) y la disponibilidad y uso de recursos psicológicos, familiares y sociales (Acuña y Amaris, 2011) que les permiten poner en funcionamiento estrategias saludables y adaptativas determinantes para romper con la situación de violencia.

Bajo estos presupuestos teóricos surge la necesidad de evaluar la relación existente entre los recursos psicológicos y los elementos de bienestar psicológico y subjetivo disponibles en las mujeres víctimas de violencia de pareja que le permiten afrontar este flagelo siendo coherentes con la necesidad de intervenir, la presente investigación permitirá generar una línea base de evaluación inicial e insumos para el diseño y la implementación de un programa de intervención que promueva los recursos psicológicos y la salud mental en la población de mujeres víctimas de este flagelo.

Modelo completo de salud mental: Bienestar psicológico, subjetivo y social

La concepción de bienestar ha atravesado por varias discusiones con respecto a su definición, Ryan y Deci (2001 citado en Díaz, Rodríguez, Blanco, Moreno, Gallardo, Valle y Dierendonck, 2006), proponen organizar los estudios en dos tradiciones: por un lado se propone aborda el bienestar desde el concepto de felicidad (bienestar hedónico), en el que se presentan sentimientos positivos hacia la vida (Keyes, 2005), y por otro lado se propone abordarlo desde el desarrollo del potencial humano (bienestar eudaimónico), asociado desde lo propuesto por Keyes (2005) al funcionamiento positivo en la vida, siendo estas dos tradiciones bases para el bienestar psicológico, subjetivo y social.

Desde esta perspectiva y retomando la definición de Salud de la OMS (1948), la salud no sólo se trata de un estado caracterizado por la ausencia de enfermedad, sino por la presencia de "algo positivo", de un estado completo de bienestar. Bajo estos presupuestos y partiendo del Modelo Completo de Salud (Keyes, 2005), en este modelo la salud mental indica la presencia de síntomas de hedonía y un positivo funcionamiento, lo que significa, el grado de satisfacción que tienen las personas o las percepciones subjetivas que éstas realizan sobre la calidad y el funcionamiento de sus vidas.

Así mismo, se resalta una premisa básica dentro de este modelo completo de salud y la propuesta de la salud, más que la ausencia de enfermedad, "es un completo estado en el que los individuos son libres de la psicopatología, y poseen altos niveles de bienestar emocional, psicológico y social" (Keyes, 2005, p. 539).

Recursos psicológicos

Lazarus y Folkman (1984) denominaron recursos a las características personales que funcionan como amortiguadores de los efectos y las consecuencias del estrés, afirmando que "la forma en que un sujeto afronta una situación dependerá, en parte, de los recursos de los que disponga" (pág. 180).

Cuando hacemos referencia a los recursos psicológicos, los asociamos de manera inmediata a las capacidades y fortalezas que tiene una persona. Sin embargo cabe resaltar que al definirlo conceptualmente nos debemos ubicar dentro de la psicología positiva, tomando como referencia los postulados de Hobfoll (1989), Seligman y Csikszentmihaly (2000), quienes nos plantean que los recursos psicológicos son elementos tangibles o intangibles que nos ayudan a manejar las diferentes situaciones de la vida y son utilizadas de manera especial para afrontar las diferentes situaciones que son percibidas como una situación problema o como generadoras de estrés (Rivera-Heredia, Obregón y Cervantes, 2009).

En este misma línea y desde los planteamiento de Remor, Amoros y Carrobles (2010), las fortalezas y recursos psicológicos se pueden conceptualizar como características positivas de la personalidad que pueden actuar dirigiendo u organizando el comportamiento en diferentes situaciones. Así mismo estas características personales se repetirán a lo largo del tiempo frente a diferentes situaciones, en las que se irán desarrollando o modificando a partir de las interacciones con los otros o con el entorno.

Existen variables que denotan la composición psicológica de las personas, a las cuales se les da el valor de recursos psicológicos mediadores (Palomar, Lanzagorta y Hernández, 2004). Algunos de estos recursos son: estrategias de afrontamiento al estrés, competitividad, maestría, locus de control, estado de ánimo y autoestima.

Estos recursos psicológicos con los que cuenta el individuo de acuerdo con Palomar y Lanzagorta (2005) están estrechamente relacionados con el bienestar subjetivo, los cuales varían de persona a persona y determinan la identidad psicológica, en cuanto a estilos o rasgos para la toma de decisiones, resolución de problemas y/o el enfrentamiento de condiciones conflictivas en el micro ambiente circundante.

En una investigación llevada a cabo en el 2004, en torno a la relación que existe entre la pobreza y los recursos psicológicos y el bienestar subjetivo, encontraron que la percepción de las condiciones de vida que tienen los sujetos pueden ser modificadas al tener ciertas características personales, demostrando que si se modifican esos rasgos podrían mejorar las condiciones de las personas.

Son estos recursos psicológicos los que permiten a las personas afrontar las diferentes situaciones. Desde lo propuesto por Lazarus y Folkman (1986), la selección de estrategias de afrontamiento ante estas situaciones dependerá directamente de los fenómenos que vivencia cada persona.

A partir de estas reflexiones, los autores abordan el problema desde un enfoque cognitivo-fenomenológico y plantean que "la amenaza al bienestar puede ser evaluada de forma distinta en las distintas etapas y da lugar a distintas formas de afrontamiento" (Lazarus y Folkman, 1986. p 170). Así mismo al momento de afrontar una situación, la forma en que se lleve a cabo dependerá en gran medida de los recursos con los que cuenta la persona y de las limitaciones para el uso de esos recursos en una interacción determinada.

Precisiones metodológicas

La presente investigación es un estudio correlacional, definido por Baptista, Hernadez- Sampieri y Fernández (2008) como un tipo de estudio que tiene como propósito medir el grado de relación que exista entre dos o más conceptos o variables -en un contexto en particular-.

Participantes y procedimiento

La población participante corresponde a una muestra total 130 mujeres entre entre los 18 y los 58 años, víctimas de violencia por parte de su pareja o ex pareja con procesos activos, en etapa de indagación o querellable en el Centro de Atención e Investigación Integral Contra la Violencia Intrafamiliar (CAVIF), de la Ciudad de Barranquilla, Departamento del Atlántico a partir de un total de 240 casos de violencia intrafamiliar (Art. 229. C.P) ingresados en el CAVIF- Fiscalía 16-, para el período de Enero a Junio de 2013 de los cuales un 81% corresponde a casos activos de mujeres víctimas de violencia por parte de su pareja o expareja-una población total de 194 casos activos en etapa de indagación o querellable-.

Para el proceso de recolección las participantes recibieron un consentimiento informado y un cuadernillo de aplicación que contenía en su orden la escala de bienestar psicológico de Ryff, escala de bienestar social de Keyes, escala de bienestar subjetivo de Diener, implementadas para la medición de Salud mental y el inventario de cogniciones postraumáticas Foa (et al, 1999).

La aplicación de los instrumentos de medición se desarrollaron en dos espacios: en la Universidad del Norte y en las instalaciones del CAVIF, Fiscalía 16 de la Dirección Seccional de Fiscalías –instituciones que apoyaron el desarrollo de la presente investigación-, bajo protocolos éticos y estricta confidencialidad, respetando la intimidad y brindándose un trato digno al recolectar la información respetando cada uno de los derechos fundamentales consagrados en los tratados y convenios internacionales, en la constitución política y la ley, teniendo en cuenta que la aplicación estaba dirigida a población vulnerable objeto de violencia intrafamiliar.

Posteriormente al proceso de recolección de la información y de manera transversal a la revisión teórica se procedió a la tabulación y análisis mediante el SPSS. 21. Y la generación de informe final de los datos recolectados.

Variables e Instrumentos

Para el proceso de recolección de la información, en lo que

respecta a la salud mental se implementaron las escalas adaptadas al español de bienestar psicológico (Ryff, 1989), la escala de ítem único de satisfacción con la vida (Diener & Diener, 1995 citado en García, 2002) y la escala de bienestar social de Keyes. Para la medición de los recursos psicológicos se utilizó el inventario de recursos psicológicos (IRP-77) propuesto por Martínez, Carrobles y Remor (2007).

Resultados

La media de edad de las participantes es de 35 años y el rango oscila entre los 16 y los 58 años. Respecto al reconocimiento como víctimas de violencia, el 80,6% de las mujeres afirma que ha sido víctima de violencia por parte de su pareja, el 14% no se considera víctima de violencia por parte de su pareja y el 5,4% no responde. Un aspecto por destacar de la población censada es que aquellas que no respondieron o indicaron no ser víctimas de violencia explícitamente, marcaron alguno de los tipos de violencia verbal o física.

Frente a los tipos de violencia predomina la violencia verbal (88,4%), en su orden la violencia física (58,1%) y la violencia sexual (7,8%). Aproximadamente la mitad de la población (48%) manifiesta haber sido víctima de más de un tipo de violencia, principalmente de tipo verbal y física. Así mismo el 10% de las mujeres manifiesta haber sido víctima de otro tipo de violencia: psicológica (4,7%), económica (3,1%) y emocional (2,3%).

La siguiente figura presenta las diferentes tendencias en cuanto a la población muestreada:

Figura 1. Características generales de la población muestreada. Elaboración propia.

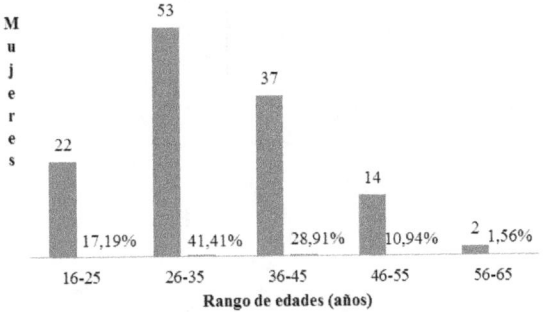

Distribución de edades

Distribución de niveles educativos

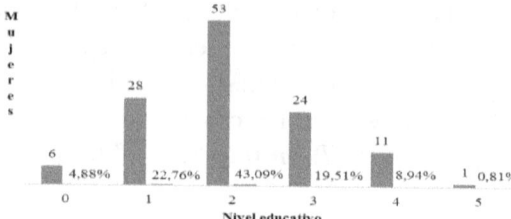

Reconocimiento de violencia

Tipos de violencia

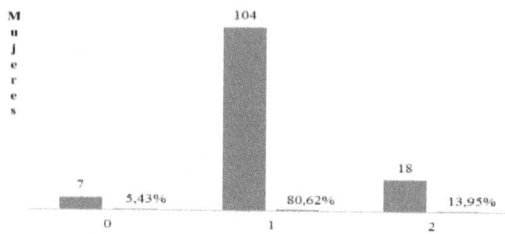

Para las diferentes dimensiones de objeto del presente estudio, se obtuvieron los siguientes resultados:

Tabla 1. Análisis descriptivo de las dimensiones.

No	Categoría	Dimensión	Mín	Máx	Media	Desv. típ.	σ/media
1		AUTOACEPTACION			4,7	0,9	18%
2	Bienestar psicológico	RELACIONES_POSITIVAS	1	6	3,9	1,3	32%
3		AUTONOMIA			3,9	1,1	27%
4		DOMINIO_DEL_ENTORNO			4,7	0,9	20%

Nomenclatura: 0: No procede; 1: Si; 2: No

94

		Crecimiento personal			4,6	1,1	24%
6		Proposito en la vida			5,0	1,0	19%
7	Bienestar social	Integracion social	1	7	5,0	1,5	29%
8		Aceptacion social			2,9	1,5	52%
9		Contribucion social			5,6	1,4	25%
10		Actualizacion social			4,8	1,5	31%
11		Coherencia_social			4,3	1,7	39%
12	Bienestar subjetivo	Satisfaccion con la vida	1	5	2,4	1,2	49%
13	Recursos psicológicos	Optimismo	0	100	87,5	13,2	15%
14		Sentido_del_humor			80,4	16,8	21%
15		Espiritualidad			70,3	27,0	38%
16		Valor			87,3	14,7	17%
17		Perdon			79,6	21,2	27%
18		Creatividad			82,1	17,6	21%
19		Vitalidad			77,3	17,7	23%
20		Justicia			85,4	15,5	18%
21		Autocontrol			73,4	20,0	27%
22		Inteligencia_ emocional			91,3	13,7	15%
23		Solucion_de_ problemas			87,3	15,6	18%
24		Amar_y_dejarse_a mar			91,6	14,0	15%

25				81,6	20,2	25%
	Mentalidad abierta					
26				86,9	16,1	19%
	Inteligencia social					

Basados en la observación de la desviación estándar respecto a la media, podemos concluir que en las dimensiones de aceptación social (bienestar social) y satisfacción con la vida (bienestar subjetivo) exhiben una alta oscilación respecto al valor medio. Lo anterior indica que respecto a las consideraciones de cada mujer en cuanto a las dimensiones mencionadas pueden ser muy dispersas según las escalas empleadas.

Esto puede originarse producto de la concentración de una población muy variada en cuanto a rango de edades, nivel educativo o tipo de violencia a la cual ha sido sometida. Adicionalmente puede inducir oscilación en la consolidación de coeficientes de correlación que incluyan estas dimensiones.

A continuación se presentará el análisis de las variables objeto de la presente investigación: salud mental (bienestar psicológico, bienestar subjetivo y bienestar social) y recursos psicológicos (optimismo, sentido del humor, espiritualidad, valor, perdón, creatividad, vitalidad, justicia, autocontrol, inteligencia emocional, solución de problemas, amar y dejarse amar, mentalidad abierta e inteligencia social.

Salud mental (dimensiones del bienestar psicológico, el bienestar subjetivo y el bienestar social) y recursos psicológicos

Tabla 2. Correlación entre la salud mental (bienestar psicológico, subjetivo y social) y los recursos psicológicos.

	OPT	S.HUM	ESPI	VAL	PER	CRE	VITAL	JUST	AUTC	INTEMOC	SOL.PROB	AM.DEJAM	MENTABI	INT.SOC	IT
AUTOACEPTA CIÓN	,268**		,230**	,267**	,274**	,396**	,307**		,277**	,242**	,364**		,220*		,347**
RELACI ONES POSITI VAS				,179*											
AUTON OMIA											,186*		,199*		
DOMINI O DEL ENTOR NO	,367**	,198*	,187*	,408**	,232**	,272**	,222*	,221*	,266**	,282**	,444**		,183*	,248**	,381**
CRECIMI ENTO PERSO NAL	,181*			,290**	,198*				,193*		,309**		,195*		,239**
PROPOS ITO EN LA VIDA	,174*	,175*		,282**	,182*	,205*			,184*	,241**	,330**		,235**		,263**
SATISFA CCIÓ N GLOBA L			,341**		,209*	,193*			,180*						,184*
INTEGR ACIÓN SOCIA L	,237**			,260**	,198*	,348**	,225*		,209*		,335**		,284**		,275**

97

ACEPTA CIÓN SOCIA L														
CONTRI BUCIÓ N SOCIA L			,197*	,239**	,233**	,233**		,229**		,305**	,216*	,213*	,202*	,266**

Nomenclatura: OPT: Optimismo, S.HUM: Sentido del humor, ESPI: Espiritualidad, VAL: Valor, PER: Perdón, CRE: Creatividad, VITAL: Vitalidad, JUST: Justicia, AUTC: Autocontrol, INT EMOC: Inteligencia emocional, SOL.PROB: Solución de problemas, AM.DEJAM: Amar y dejarse amar, MENT ABI: Mentalidad abierta, INT.SOC: Inteligencia social, IT: Índice total.

La correlación entre los recursos psicológicos y las dimensiones del bienestar psicológico es positiva para todas las dimensiones. Las principales relaciones que se infieren de la tabla anterior son:

- Autoaceptación vs Creatividad y Solución de Problemas: En las mujeres víctimas de violencia que exhiben un alto nivel de satisfacción consigo mismas (autoaceptación) se presentan incrementos en la capacidad de producir ideas o comportamientos originales (creatividad) (r -,396 y p < 0,01), al igual que la solución de problemas (r-,364 y p < 0,01).

- La capacidad de mantener relaciones estrechas con otras personas (relaciones positivas) incrementa con los recursos psicológicos como el valor o coraje (r -,179 y p < 0,05).

- La capacidad de la persona para sostener su propia individualidad (autonomía), incrementa con la capacidad de solucionar problemas (r -,186 y p < 0,05) y su capacidad de pensar cosas con detenimiento de forma crítica y desde varios puntos de vista (mentalidad abierta) (r -,199 y p < 0,01).

- Dominio del entorno vs Valor y Solución de Problemas: La relación entre estas dimensiones es directa al incrementar la habilidad para elegir o crear entornos favorables (dominio del entorno) se incrementa el valor o el coraje (r -,408 y p < 0,01) y la capacidad de solucionar problemas (r -,444 y p < 0,01).

- Crecimiento personal vs Valor y Solución de Problemas: En las mujeres que presentan una alta tendencia hacia el crecimiento positivo (crecimiento personal), presentan un incremento en su coraje (valor) (r -,290 y p < 0,01) y habilidad de formular y dar solución efectiva a problemas (r -,309 y p < 0,01).

- Propósito en la vida vs Valor y Solución de Problemas: En las mujeres víctimas de violencia que exhiben una intención positiva en cuanto al cumplimiento de algún objetivo en su vida (propósito en la vida) se observa un incremento en el valor, coraje (r -,282 y p < 0,01) o habilidad para la solución de problemas (r -,330 y p < 0,01).

- Satisfacción con la vida vs Espiritualidad y Perdón: Las mujeres con una valoración positiva de su propia vida (satisfacción con la vida), manifiestan unas claras creencias en cuanto a su trascendencia (espiritualidad) (r -,341 y p < 0,01) y una capacidad de brindar una segunda oportunidad a los demás (perdón) (r -,209 y p <0,05).

- Integración Social vs Creatividad y Solución de Problemas: En la población de estudio, las relaciones que se mantienen con la comunidad (integración social) se vinculan directamente con incrementos en la capacidad de idear comportamientos originales (creatividad) (r -,348 y p < 0,01) y la solución de problemas (r -,335 y p < 0,01).

- El disfrute que se tiene por pertenecer a la sociedad (aceptación social) presenta una correlación poco significativa con los recursos psicológicos. Esto puede originarse dadas las razones expuestas anteriormente en cuanto a la dispersión observada en los datos recolectados.

-Contribución social vs Valor y Solución de problemas: El sentimiento de utilidad y reconocimiento de aporte a sociedad (contribución social) incrementa con el coraje (valor) (r -,239 y p < 0,01) y la habilidad para la solución de problemas (r -,305 y p

< 0,01).

- Actualización social vs Optimismo y Solución de Problemas: La concepción que las instituciones se encaminan por el bien común (actualización social) va ligada a un incremento la concepción que se experimentarán buenos resultados en la vida (optimismo) (r -,270 y p < 0,01) y a la habilidad para solucionar problemas (r -,309 y p < 0,01).

- Coherencia social vs Solución de Problemas y Mentalidad Abierta: La capacidad para entender las dinámicas de la sociedad (coherencia social) incrementa con la habilidad para solucionar problemas (r -,220 y p < 0,05) y la capacidad para pensar las cosas con detenimiento (mentalidad abierta) (r -,186 y p < 0,01).

La dimensión positiva de la salud se resalta mediante la premisa del modelo completo de salud, donde se define la salud como "un completo estado en el que los individuos son libres de la psicopatología, y poseen altos niveles de bienestar emocional, psicológico y social" (Keyes, 2005, p. 539).

Teniendo en cuenta los estudios e investigaciones en torno al reconocimiento de las fortalezas y los recursos psicológicos como factores de protección humana contra la adversidad y el infortunio (Remor, 2010), se puede precisar la relación entre la salud mental y los recursos de los sujetos, y como estos median en el impacto de la violencia en la salud de las mujeres víctimas de violencia por parte de su pareja.

Palomar y Lanzagorta (2005) plantea que los recursos psicológicos con los que cuenta el individuo están estrechamente relacionados con el bienestar subjetivo, los cuales varían de persona a persona y determinan la identidad psicológica, en cuanto a estilos o rasgos para la toma de decisiones, resolución de problemas y/o el enfrentamiento de condiciones conflictivas en el micro ambiente circundante.

Sumado a estos recursos encontramos el apoyo social, la cual se construye y potencializa en la relación individuo-entorno. Cassel y Cobb (1976 citado en Fernández, 2005) conceptualizan el apoyo social en términos cognitivos, tomando en consideración la dimensión subjetiva del apoyo percibido, ya que es esta percepción precisamente, la que se considera promotora de la salud.

Este apoyo social puede ser percibido o recibido, esto se refiere a la valoración que una persona hace sobre su red social y del grado de satisfacción que obtiene de los recursos disponibles (Gracia, 1997). De acuerdo con Vanburen, Anderson y Sabatelli

(2009) las tasas de violencia doméstica son mucho más altas en las áreas donde las personas son aisladas dentro de su entorno. Desde Brabhead, Kaplan y James (1983), los efectos los efectos del apoyo social son mediados por la promoción de recursos internos y habilidades de afrontamiento y tienen un impacto en la salud mental.

Frente a este flagelo de la violencia de pareja y retomando a Herrera y Cols (2004), es importante contar con redes formales e informales para buscar ayuda, atenderse las lesiones o incluso emprender acciones legales. En esta misma línea investigaciones llevadas a cabo por Taylor, Dickerson y Cousino (2002, Citadas en Hernández y Vianey, 2011) plantean que las personas que cuentan con un apoyo social más amplio y fuertes vínculos sociales, gozan de salud física y mental y frente a los problemas de salud o psicológicos que experimenten se recuperan con mayor rapidez.

Remor (2010) plantea que dentro de las intervención se debe fomentar o entrenar a las personas en las fortalezas o recursos psicológicos como una alternativa para la promoción del bien-estar y la salud.

Conclusiones

Pese a que las mujeres víctimas de violencia de pareja encuentren que su vida es impredecible, incontrolable o está sobrecargada pueden tener una valoración positiva de lo que ha sido su vida. En esta misma línea se resalta que ante presencia de altos niveles de estrés percibido se presenta una disminución del índice total de recursos psicológicos.

Los recursos pueden ser de tipo personales, como los de su familia y entorno inmediato. Si sus recursos son suficientes, se considerarán capaces de resolver la situación fácilmente. Si éstos son escasos, o si se han visto deteriorados, entonces la percepción de dicha situación podrá verse como crítica.

Esta evaluación se expresa mediante un determinado estilo de afrontamiento con diferentes grados de adaptabilidad (Rivera y Perez, 2012). Así mismo las mujeres víctimas de violencia de pareja que reconocen, potencializan y usan el recurso de la espiritualidad, logran alcanzar confianza, esperanza, seguridad, control (necesidades psicológicas) y mayor conocimiento en sí mismas a través de un ser superior es probable que perciban menor estrés en sus situaciones cotidianas.

Las mujeres víctimas de violencia de pareja no sólo se ven a sí mismas como incapaces, que no aportan a la sociedad, sino que ven un mundo peligroso, de desconfianza en las instituciones y en el que no se pueden establecer relaciones de confianza. Frente a la percepción de las instituciones se encuentra que dentro de los protocolos de atención se revictimizan a las mujeres debido esencialmente a un desconocimiento de las rutas de atención. La desconfianza en las mismas puede ser atenuada con una atención integral brindada por un equipo de trabajo interdisciplinario que ofrezca respuestas oportunas y de monitoreo y seguimiento a estos casos.

Adicionalmente, es probable que la experiencia traumática del flagelo de la violencia incida en la forma en cómo las mujeres se evalúan así mismas, sintiéndose incompetentes, vulnerables, con poca confianza en sí mismas y en los otros, desinterés y desmotivación por desarrollar sus potencialidades y objetivos en la vida.

En términos generales, se puede concluir en esta investigación que el estudio correlacional de las variables asociadas a recursos psicológicos y salud mental medida en sus tres dimensiones: bienestar psicológico, subjetivo y social se constituye en una línea base para el diseño, implementación y evaluación de un programa de intervención que promueva la salud mental y la potencialización de recursos que les permita a las mujeres afrontar el flagelo de la violencia.

Así mismo el estudio de las correlaciones de las dimensiones en estudio y a partir de la segmentación de la población objetivo puede brindar diferentes directrices que orienten el programa de intervención según la condición de edad, nivel educativo, condición económica, reconocimiento de la violencia, tipo de relación, pareja (masculina o femenina) entre otros.

A partir de los tres supuestos de la intervención psico-social propuestos por Blanco (2007): un modelo de sujeto socio-histórico y activo, un modelo de salud alejado de la enfermedad y centrado en el bienestar y un dominio de actuación no sólo psicológico-individual sino psico-social (sujeto-medio), los programas de intervención sin dejar de reconocer el trauma ocasionado por la violencia por parte de la pareja o expareja deben estar enfocados en la salud y en la promoción y fortalecimiento de recursos.

Se recomienda en estudios futuros, profundizar no sólo en el reconocimiento de los recursos disponibles sino también en su implementación para afrontar su condición de víctimas, sumado al análisis de los recursos disponibles utilizados en su grupo primario a nivel de familiares, amigos, vecinos y redes de apoyo.

Referencias

Acuña, E & Amaris, M. (2009). Bienestar psicológico, subjetivo y social en mujeres víctimas de violencia de género del barrio Loma Roja de la ciudad de Barranquilla Tesis de pregrado. Barranquilla, Universidad del Norte.

Acuña, E & Amaris, M. (2011). Recursos psicológicos, familiares y sociales en mujeres víctimas de violencia de pareja de la Ciudad de Barranquilla. Informe final Joven Investigador Colciencias. Manuscrito no publicado. Barranquilla, Universidad del Norte.

Adkins, K & Kamp, C. (2010). The mental health of mothers in and after violent and controlling unions. Social Science Research. N°39. P.p 925–937. doi:10.1016/j.ssresearch.2010.06.013

Blanco, A., y Díaz, D. (2005). El bienestar social: su concepto y medición. Psicothema, 17, 580-587.

Blanco, A. & Valera, S. (2007). Los fundamentos de la intervención psicosocial. En: Amalio, B., & Rodríguez, J. Intervención Psicosocial. Madrid: MacGrawHill.

Davydov, D., Stewart, R., Ritchie, K & Chaudieu, I. (2010). Resilience and mental health. Clinical Psychology Review. N° 30. P.p 479–495

Díaz, D., Blanco, A., Horcajo, J y Valle, C. (2007). La aplicación del modelo del estado completo de salud al estudio de la depresión. Psicothema, 19 (2), Pp. 286-294

Diener, E., Suh, E.M., Lucas, R.E. y Smith, H.L. (1999). Subjective well-being: Three decades of progress. Psychological Bulletin, 125(2), Pp. 276-302.

Echeburúa, E., Amor, P & De Corral, P. (2002). Mujeres maltratadas en convivencia prolongada con el agresor: variables relevantes. Revista Acción Psicológica. N° 2, P.p 135-150.

Espinar, E. (2007). Las raíces socioculturales de la violencia de género. Escuela Abierta. Vol.10. Pp 23-48.

García, M. (2002). El bienestar subjetivo. Escritos de Psicología. Vol. 6, Pp18-39 García-Moreno, C. (2000). Violencia contra la mujer. Género y equidad en la salud.

Washington, DC: Organización Panamericana de la Salud y Harvard Center for Population and Development Studies. Género equidad salud.

Instituto Nacional de Medicina Legal y Ciencias Forenses (2014). Forensis 2014, datos para la vida. Colombia, 2014.

Labrador, F., Fernández-Velasco, M & Rincón, P. (2010). Características psicopatológicas de mujeres víctimas de violencia de pareja. Psicothema. Vol. 22, N° 1. Pp. 99-105

Lanzos, A. (2001). La violencia doméstica (una visión general). En C.G.P.J., La Violencia en el Ámbito Familiar. Aspectos Sociológicos y Jurídicos. Cuadernos de Derecho Judicial, V-2001 (pp. 133-149). Madrid: Lerko Print, S.A.

Lazarus, R & Folkman, S. (1984). Estrés y Procesos Cognitivos. Barcelona: Martínez Roca.

Palomar, J., Lanzagorta, N & Hernández, J. (2004). Pobreza, Recursos psicológicos y bienestar subjetivo. México; Universidad Iberoamericana, A.C.

Remor, E., Amorós, M y Carrobles, J. (2010). Eficacia de un programa manualizado de intervención en grupo para la potenciación de las fortalezas y recursos psicológicos. Anales de psicología. 26(1). Pp 49-57.

Rivera Heredia, M.,Obregón Velasco, N & Cervantes Pacheco, E. (2009). Recursos psicológicos y salud: consideraciones para la intervención con migrantes y sus familias. En Lira, J. Aportaciones de la Psicología a la Salud. Morelia: Facultad de Psicología de la Universidad Michoacana de

Intervenciones psicosociales. Cronologías, contextos y realidades.

San Nicolás de Hidalgo. Pp. 225-254

Salovey, P., Mayer, J y Caruso,D. (2002). The positive psychology of emotional intelligence. en C. R.Snyder y S. J. Lopez (eds.).The handbook of positive psychology.New York: Oxford University Press, pp.159-171.

Salzinger, S., Rosario, M., Feldman, R & Ng-Mak, D. (2008). Intervening Processes Between Youths' Exposure to Community Violence and Internalizing Symptoms Over Time: The Roles of Social Support and Coping. American Journal of Community Psychology. N° 41, P.p 43–62. DOI 10.1007/s10464-007-9147-7

Samuels-Dennis, J., Ford-Gilboe, M., Wilk, P., Avison, W & Ray, S. (2010). Cumulative Trauma, Personal and Social Resources, and Post-Traumatic Stress Symptoms Among Income-assisted Single Mothers. Journal of Family Violence. 25:603–617. DOI 10.1007/s10896-010-9323-7.

Tánori, J., Vera, J & Arita, B. (2009). Calidad de vida y recursos psicológicos: una metodología e aproximación regional. Desarrollo humano y bienestar social. Centro de investigación en alimentación y desarrollo, A.C.

Walker, L. (2009). The battered woman syndrome. Third edition. New York; Springer Publishing Company.

Zlotnick, C., Capezza, N & Parker, D. (2010). An interpersonally based intervention for low- income pregnant women with intimate partner violence: a pilot study. Arch Womens Ment Health. DOI 10.1007/s00737-010-0195-x.

PARTE II

Realidades Familiares y Sociales

«La utopía está en el horizonte. Camino dos pasos, ella se aleja dos pasos y el horizonte se corre diez pasos más allá. ¿Entonces para qué sirve la utopía? Para eso, sirve para caminar» Eduardo Galeano

Reconstrucción de memoria histórica: Yolombó

Jaime Alberto Sierra Martínez

Introducción

Yolombó es un pueblo de Antioquia, en el nordeste antioqueño, a dos horas en bus desde Medellín, y ha sido icónico desde la novela del escritor Tomás Carrasquilla, del siglo XIV, la marquesa de Yolombó, que narra la historia del pueblo en la época colonial contada desde la marquesa Bárbara Caballero y su vida e historia en el pueblo.

Pero Yolombó es un pueblo más allá de la literatura. La forma de presentarse al mundo a través de una producción literaria como lo fue esa novela, queda muy corto para poder presentarlo como ha sido realmente a lo largo de la historia. Yolombó es un pueblo donde hay historias, donde sus personas han vivido hecho en relación a conflictos armados por distintos autores, en los cuales las ocurrencias quedaron en la memoria de los individuos del municipio. Historia que pretenderá ser rescatada en este trabajo

Acerca del pueblo

Más allá de lo anterior, el pueblo no es reconocido actualmente por quienes lo conocen de manera externa como un municipio que sufrió múltiples tipos de violencia con el desencadenante del conflicto armado, lo que caracterizó al pueblo en los años 90 como uno de los más afectados por fenómenos como el homicidio, presentando una tasas que fluctuaron entre 92 y 1.577 homicidios por cada cien mil habitantes –dentro de la tasa se registran los pueblos de Anorí, Segovia, Amalfi, Remedios, Vegachí, Yolombó' y Santo Domingo- (Ávila, A. 2007). Esto último, sirve como un pequeño recuento de la vida del municipio de Yolombó en torno al conflicto armado.

Revisemos, por ejemplo, un poco las características del pueblo, cómo los límites. Yolombó se encuentra en la subregión nordeste de Antioquia, limita por el norte con los municipios de Yalí y Amalfi, por el occidente con los municipios de Gómez Plata y Santa Rosa de Osos, por el sur con los municipios de Santo Domingo, Cisneros, San Roque y Maceo, y por el oriente con los municipios de Puerto Berrío y Remedios.

Todos estos pueblos estuvieron involucrados en el conflicto armado. Destaquemos en esta ocasión a Maceo, donde se sitúo el frente 4 de las FARC-EP (Fuerzas Armadas Revolucionarias de Colombia- Ejército del Pueblo) (Sánchez & Villaraga, 2014), donde se vio puesto uno de los centros de violencia y presencia de grupos armados al margen de la ley, que tendrían implicaciones como la extensión de éstos a lugares cercanos al pueblo, creando así uno de los gérmenes de del conflicto armado, que sentiría también en Yolombó.

Una de estas extensiones se resumiría luego en la zona de tensión entre dos grupos al margen de la ley importantes en la vida violenta de Antioquia: Los Rastrojos y Los Urabeños.

Es así como en el municipio se cuentan múltiples historias desde cada uno de los habitantes que vivenciaron más de cerca el conflicto armado, donde salen a destacar secuestros, torturas, amenazas, desplazamiento forzado, desaparición, forzada y homicidio (Balbín, J., Cadavid, P., Quintero, M., Restrepo, L., Rodríguez, A. 2009), pero que a la fecha de hoy, son solo recordados por quienes lo vivenciaron. Es éste olvido lo que queremos ayudar a extinguir, con cautela, aludiendo siempre al sujeto como el actor y productor del conocimiento al cual queremos dirigirnos, hablando por sujeto, la víctima.

Acerca de la investigación

Retomemos entonces el carácter interdisciplinario que pretende el trabajo (sociología, trabajo social y psicología), lo cual puede explicarse fácilmente en el tema del ser humano. Esto es, pues, la aceptación de que el estudio del ser humano no puede ser rudimentario, y de que una ciencia necesitará de otra para poder dar explicación a la multiplicidad de fenómenos que ocurren en el ser humano y fuera de él. Cómo lo proponía Alexis Carrel, en su libro la incógnita del hombre (1973, p. 10 - 11)

"El hombre es un estado indivisible de complejidad suma (...) Sabemos que está compuesto por partes diversas, Y hasta estas partes están creadas por nuestros métodos (...) y está compuesto por otros esquemas construidos por las técnicas de otras ciencias". En efecto, las ciencias humanas dependen de las disciplinas que allí se encuentran, y convergen en el tema y preocupación en común: el ser humano.

"El constante acercamiento, interacción e integración entre las disciplinas constituye una tendencia objetiva debido a la madurez del desarrollo científico alcanzado en la actualidad, por lo que la asunción de concepciones interdisciplinares en las investigaciones (...) deviene en una necesidad contemporánea, al estudiarse problemas complejos que no admitan una visión solamente disciplinar" (Ortiz, 2011, p. 5).

La necesidad de poder hacer investigaciones y producciones interdisciplinarias, podría ponerse bajo el objeto que se investiga o se pretende investigar, y en este caso, tomando al sujeto como un ente que se mueve entre escenas políticas, sociales que versan (o no) en el conflicto y sus aristas, es propicio la interdisciplinariedad, como asunto que deba reunir a diferentes profesionales o estudiantes en los temas que necesitan ser abordados no solo desde un punto de vista, sino desde varios, que podrían o deberían tener un punto de encuentro en común, para asegurar la puesta en escena de la investigación lo más certera, clara y cercana posible acerca del fenómeno.

Lo anterior, el ser humano, nos da un recurso de investigación que no se agota, pues estamos sujetos a las interpretaciones y las relaciones que hay entre una ciencia y otras, y que se hace necesario para poder dar cuenta de acercamientos más reales al sujeto.

La forma de acercarse al término sujeto puede ser variada. Como se señalaba anteriormente, cada disciplina científica puede ofrecernos técnicas y conocimientos acerca de esto, lo cual no significa que alguna esté por encima de otra. Todas son de provecho, y surtirán algún proceso relacionado al conocimiento del humano; por ejemplo, la investigación.

Es así cómo llegamos al relato, el discurso, de todos esos sujetos que vivieron el conflicto armado en Yolombó por la época de los 90. Éste será nuestro criterio de inclusión. La idea de los relatos y/o discursos, es que serán vistos como testimonios, es decir, que serán tratados solo por personajes que estuvieron allí presencialmente, que fueron testigos, y que pudieron ver o sentir desde ellos mismos el conflicto.

Es entonces como nuestra labor de investigadores empieza a desvelarse. Atendiendo al título, reconstrucción de memoria histórica: Yolombó, se quiere poner en claro algunas ideas preliminares que dentro del cuerpo del trabajo se dará más campo, por ejemplo, la memoria histórica. Tzvetan Todorov, citado por Gonzálo Sánchez (2013, p. 174), propone la frase, "El mal sufrido debe inscribirse en la memoria colectiva, pero para dar una nueva oportunidad al porvenir". Ésta, la vemos como un deber, que fue tocado por Marc Augé en su libro las formas del olvido (1998, p. 58) "(…) la expresión "deber de memoria histórica" tan frecuentemente utilizada hoy en día.

En primer lugar, quienes están sujetos a este deber son evidentemente quienes no han sido testigos directos o víctimas de los acontecimientos que dicha memoria debe retener". En el sentido de la anterior frase, queda al descubierto una idea que planteamos desde el conocimiento de las víctimas del conflicto armado, donde este conocimiento que es propio de las víctimas, no puede quedar solo en ellas; puede extenderse a otros que no vivieron el conflicto armado en el pueblo.

Se trata entonces de una serie de experiencias que giran en torno a la vida dentro del pueblo y el conflicto armado de los años 90, y cómo este dolor y sufrimiento causado queda impreso –casi inconfesable- en cada una de las víctimas, y que el deber de la memoria histórica queda entonces no en las víctimas, sino en el otro polo, quienes no fueron víctimas, en cuanto al deber de retomar y reconocer éstas experiencias vividas por los sujetos, que le darán sentido este conocimiento a través de sus relatos, que quedarán como material de análisis para los investigadores, y posteriormente, como un conocimiento no privado –que solo le pertenece a las víctimas, sino como un conocimiento público –que podrá ser tenido por personas externas a los fenómenos descritos dentro del pueblo.

Los fenómenos que encontremos en el camino de la

investigación podrían ser complejos, tal como serían las interacciones entre personas y el sujeto mismo. Los conflictos armados luego de haber sido terminados, suelen traer preguntas, de por ejemplo, ¿qué hacer con esas representaciones o secuelas que quedaron? Las víctimas no tienen tantas opciones, pues podrían encontrarse solas aún incluso luego de terminado el conflicto. Y deben jugársela en la vida con aquello que quedó en sí mismos de estos conflictos armados.

Estos seres humanos, vivieron atrocidades que ni siquiera pudiéramos imaginar, hombres, mujeres, niños, niñas, adolescentes, jóvenes, adultos y adultos mayores presenciaron actos de los cuáles no pudieron defenderse, fueron víctimas de amenazas, encierros, reclutamientos ilícitos y forzados a colaborar con determinados grupos. Mujeres y niñas fueron víctimas de diversas formas de violencia sexual, agredidas en sus cuerpos y su dignidad (Gonzálo, 2013). Aprendieron el miedo. Y digo aprendieron, porque fue lo que más conocieron… el miedo.

De allí, cada sujeto debió aprender a suplirse a sí mismo de forma en cómo podría llevar su día a día, aún con el peso que cargaba y que es cansino de las secuelas dejadas. La resistencia, llamaríamos nosotros. Pero siempre se deberá escuchar a cada uno de ellos, para saber de ese dolor, y de cómo desde cada uno han podido hacerse representaciones o pensamientos de manera más llevada a esta resistencia.

Nos encontramos entonces, una cuestión que no atiende tanto a la moral, sino a la ética de cada uno, donde decidirá desde sí mismo, si sus posturas en la vida estarán guiadas a la resistencia, o a padecer ante sí mismo y quedar entre las apabullantes secuelas de los conflictos armados.

Un ejemplo, es la propuesta de perdón y olvido, donde se nos remite a un concesión donde los colombianos pudimos ceder un poco hacia la amnistía dentro de los acuerdos de la Habana. Este olvido, podría ser fácilmente malinterpretado, pues no se trata de un simple olvido. Este olvido tiene una función, que por juego de lenguaje, queda a sustrato en cada uno de los ciudadanos. En este caso, tomaremos a los Yolombinos, donde veremos el olvido de este caso como aquella forma en que se olvida como forma de defensa ante el dolor, pero que podrá ser convertido también en

113

una forma de no-revivir, donde no querrá que se repita.

Retomemos entonces un párrafo de los acuerdos de la Habana:

La terminación de la confrontación armada significará, en primer lugar, el fin del enorme sufrimiento que ha causado el conflicto. Son millones los colombianos y colombianas víctimas de desplazamiento forzado, cientos de miles los muertos, decenas de miles los desaparecidos de toda índole, sin olvidar el amplio número de poblaciones que han sido afectadas de una u otra manera a lo largo y ancho del territorio, incluyendo mujeres, niños, niñas y adolescentes, comunidades campesinas, indígenas, afrocolombianas, negras, palenqueras, raizales y Rom, partidos políticos, movimientos sociales y sindicales, gremios económicos, entre otros.

No queremos que haya una víctima más en Colombia. (Subgerencia Cultural del Banco de la República, 2015, p. 16)

El olvido, no significaría perdón directamente, y no estaría en obligación para lo subjetivo el tomarlo. Pero dentro del trabajo, se podría trabajar este olvido no como el concepto total, sino como una función social, donde primero podría ser una forma de recordar en el sentido de no repetir aquellos actos cometidos por los agentes del conflicto armado, y así, desde las víctimas, asegurar un espacio de paz para generaciones futuras.

El trabajo se presenta entonces como una oportunidad de acercarse al problema del conflicto armado en el pueblo de Yolombó, articulado bajo ejes como la política, la economía y el énfasis principal de la investigación, el sujeto –que serían víctimas, campesinos, habitantes del pueblo, etc.-, con nuestro afán de poder tomar las experiencias en el periodo de violencia por grupos armados para caracterizarlo y darle un orden y sentido en relación a el deber de la memoria histórica de no dejar olvidar, la actualización del recuerdo, y el rescate del sujeto dentro del recuerdo mismo.

Volvamos a tomar un término que se habló anteriormente, la resistencia, primero con la salvedad de que como estudiantes, aún no nos proponemos el ayudar de manera muy significativa a las personas que harán parte de este proceso de investigación. Para explicarlo, diré unas de las promesas de esta investigación, que es aquella de no dejar olvidar, para poder proteger aquellas memorias que quedan inmersas en cada aspecto del conflicto armado; no se dejará olvidar para centrarse en un futuro, el legado, el homenaje, donde daremos también espacio a la reivindicación de aquella mencionada resistencia.

La palabra resistencia podría sonar incluso hasta violenta, pues se trata el de ir en contra de algo. Ahora, teniendo en cuenta en contra qué se va en contra, y qué se gana con ello, podría quedar mejor visto el concepto que se quiere tomar allí. La idea de esta resistencia, es ir en contra de las secuelas que arremeten en la vida de los sujetos que vivieron el conflicto armado y quedaron en situación de víctima, y pudieron a través de la resistencia hacerle frente a la intromisión de las secuelas del conflicto armado.

La noción más completa -y compleja- de resistencia implícita (...) sea la que nos lleva a definirla como aprendizaje (Hernández, 2011) en cuanto a el carácter de vivir sus vidas luego del conflicto, aprendiendo de la cotidianidad, la resistencia en sí mismo y apoyados en los otros de cómo resolver sus conflictos internos y seguir sirviendo y funcionando en las dinámicas del pueblo, y las dinámicas de ellos mismos como sistema.

Ahora cabe socavar el concepto de verdad, que se ha tomado en la ciencia como aquello que podría ser demostrado. y queda recluido solo en lo empírico o que por números, podrá mostrarse. Tratándose de un trabajo desde las personas, esto queda difícil de ser usado. El dolor, por ejemplo, no puede ser algo demostrable en términos matemáticos. Incluso sería realmente complicado decidir qué dolor es más angustiante o peor dentro de un conflicto armado desde lo cualitativo. Y esto es a lo que no queremos apuntar. Por ende, el término verdad queda delegado a los sujetos, en el sentido en que sus experiencias serán también sus verdades.

El valor de esta verdad será el mismo que el discurso mismo: necesario. Este discurso podrá ser comparado, por ejemplo, con datos que se obtengan de otros medios como datos donde tengan en cuenta las víctimas, los tipos de violencia, etc., pero en este trabajo, se optará a la verdad como aquella experiencia, el relato contado por las personas que quieren acercarse a las colaboraciones del trabajo.

La verdad, quedaría entonces como algo delegado al sujeto y sus vivencias, de esa experiencia traída en una producción de lenguaje, y que permite tomar aquello que se cuenta como justificación de lo que se pide al sujeto. Nos encontramos en la conciencia con algo que es el contenido real de esta, las vivencias (Lumbert, 2006), que aquí llamaremos relatos, el testimonio.

Asimismo, lo que se espera con el uso de ésto es dar cuenta de escenas de gran significado para ellos, con el curso de conflictos armados, tales como duelos, resistencia, historias de vida, metáforas, entre otras. Ésto no quiere decir que solo se espere acercar al dolor de la víctima, sino, también poder hacer de ese dolor un relato, una interpretación que dote de más significado el relato de cada individuo en una línea de recuerdo, de no dejar olvidar. "Lo clave es que ustedes van a divulgar el dolor de lo que se ha vivido (...) No vamos a ser olvidados. Ni nuestro dolor ni nuestro esfuerzo de salir adelante" (Camacho, Á. & Sánchez, G. 2008, 204).

Es entonces cómo el dolor estructura el testimonio de las víctimas, pero no se queda solo en una descripción del dolor. Más bien, la estructuración del dolor crea ámbitos de interpretación que versan sobre el primer significado de no ser olvidados; y luego, sobre las capacidades de resistencia de los sujetos.

Los relatos o testimonios, estarían guiándose bajo un eje narrativo, en el cual se escribe tal cual como los sujetos nos comentan sus historias en relación al conflicto armado y la violencia. Éste eje narrativo, dará lugar a un eje interpretativo, donde la labor del investigador será el entender el mensaje que trata de decir cada sujeto, usarlo como material de análisis, y tomar aspectos como el tejido social (la forma en que el conflicto fue dando paso a un quebrante en el tejido social), el sufrimiento social (sufrimiento o malestar que fue compartido por las comunidades), y la experiencia (el dolor emocional). Estas características serán tomadas en cuenta a la hora de poner los discursos dentro del cuerpo del trabajo.

Así pues, los relatos (eje narrativo), serán vistos como la forma en que el lenguaje puede darnos información acerca de las experiencias de los sujetos referentes al tema central de violencia, podemos rescatar algo de ese sujeto que quiere hablar, y que quiere ser escuchado.

Una de las pretensiones del trabajo, es poder darle un sentido y espacio a las personas que necesitan ser escuchadas; y esto último lo tomamos como una de las justificaciones de dicha labor investigación, pues bastaría con que hubiese un sujeto, una persona que necesite hablar, para que se pudiese hacer una reconstrucción de memoria, ya sea desde una reconstrucción personal, histórica, social o política. El interés por retomar a aquellos sujetos que exponencialmente se han ido olvidando, para poder brindarles ese espacio que en conjunto podría colaborarse para poder crear algo, una producción.

La literatura proveniente de la investigación sería fácilmente un depositario del dolor del pueblo, donde aquellas muestras desde cada uno de ellos que construyan los momentos vividos que edifican el dolor, puedan servir como uno de los entes convergentes más vitales en el trabajo, y que esto pueda presentarse como una producción; en efecto, hacer que ese dolor personalísimo de cada individuo no quede en algo meramente personal. Que a esto pueda acercarse cada persona interesada, a través de la investigación. El dolor "(...) -es- hilo que muchas veces se quebranta, se lesiona, se rompe, pero no perece y sus cabos se unen teniendo en cuenta que la única lucha que se pierde es la que se abandona" (Reiniciar, 2006, p. 12).

Cabe recalcar entonces el término de producción con lo anterior dicho. No es una producción pretenciosa de lo perverso en la ciencia, de hacer o aplicar teorías, y solo eso. Tampoco pretendemos tomar esto como un forma de ayudar totalmente en los problemas desencadenados en el conflicto armado y las secuelas sobre lo individuos y tejidos sociales. Trabajaremos sobre los límites, es decir, en lo que podemos hacer. Por ello la investigación podrá proveerse como un homenaje. Y allí el juego de esto: es un homenaje surtido por los homenajeados.

Esto es, que aquellos individuos a los que nos queremos acercar, que los hemos presentado como víctimas del conflicto armado, puedan dar un abastecimiento desde sus vivencias, sus historias de vida y sus experiencias en torno a los ejes mencionados en el inicio, que funcionarán como una base investigativa donde las narraciones tendrán un papel fundamental, y que hecha la labor de investigación, la producción de un texto bibliográfico, cuente como un homenaje al respeto y admiración que se tiene hacia estas personas.

De algún modo pudieron aceptar sus vivencias y hechos traumáticos, y poder hacer algo con ello, donde primero, pudieron jugarse en la vida con ello y no dejar que la vida se les fuera; y segundo, de su valentía de colaborar en la investigación, pudiendo tomar eso insoportable de ellos y confiarlo a los investigadores para poder producir de su dolor algo positivo socialmente. El trabajo, más que una investigación, es también un homenaje a las víctimas colombinas. El trabajo como homenaje, cumpliría también un segundo rol, fundamental, que desde los momentos de post-conflicto y pacificación que atraviesa el país, resulta realmente conveniente, y más allá de eso, necesario.

Hablamos del legado. El legado lo vemos como una serie de ideas que serán confiadas a las próximas generaciones, hasta incluso, con cierta convicción de que harán caso a él, y desde él, podrán tomar acciones que dirijan sus vidas cotidianas para poder establecer ambientes propicios, que, haciendo de este trabajo, algo prolífico, que pretende el poder hacer que ideas como el rescate a través de la memoria, pueda tener una actualización, para dar sentido en generaciones próxima, venideras, el saber que antes de ellos existió una serie de sucesos que sustentaron cimientos de terror, de acciones anti-humanas, donde la raza humana de verdad perdió, ante la abrumadora violencia y la guerra, que no dio mucha tregua y pretendió, sin duda, vencer a la paz.

Recordando esto, no es pretensión el revivir, sino, por el contrario, evitar más sucesos así. El homenaje, como legado, pretendería el salvar a sujetos que no conocieron la historia, y a próximas generaciones, de la guerra y la violencia. Hay que demostrar que aquello de que el ser humano es violento por naturaleza, no podría ser del todo cierto, que desde la cultura, se puede rescatar algo del ser humano que puede ser puesto en la producción de la paz...

En conclusión

Lo expuesto servirá como ideas preliminares antes de

iniciar la investigación -pronta a iniciar-, dónde quedan plasmados algunos pensamientos, y el que más se ha mencionado ha sido el del sujeto y su rescate a través del recuerdo, la memoria. Se trata pues, de hacer más memoria y menos olvido, y a través de esto, poder sanar un poco aquel tejido social que ha sido herido, y por supuesto, tomar aquel dolor de las víctimas del conflicto armado de Yolombó, y hacer algo con ello: el reconocimiento del hecho, y el homenaje al sujeto que fue testigo de él, e incluso, a esa resistencia.

Además de esto, que sirva como una invitación a la investigación y a trabajos de esta índole, en relación al conflicto y postconflicto. Que estudiantes y profesionales de distintas disciplinas puedan organizarse y crear en conjunto trabajos con vistas a cambios y a transformaciones, sobre aquellas implicaciones que el conflicto armado ha traído a Colombia; así, poder ir en contra del fatalismo que se suele sentir y escuchar, el "no se puede hacer nada; es mejor dejarlo así; yo no podría hacer nada" y pensamientos parecidos, con la convicción de que aunque sea uno el sujeto que quiera y necesite ser escuchado, sea una la situación que merezca ser investigada para hacer memoria y homenaje, y poder abrirle el espacio a éste, el cambio estará allí.

Aunque desde uno, los cambios pueden empezar desde poco a poco, y con esfuerzo y deseo, crear los cambios y transformaciones que esperan por los estudiantes y profesionales como un reto.

Referencias

Augé, M. (1998) Las formas del olvido (1er edición, pp. 44 - 45). Barcelona: Gedisa.

Ávila, A. (2007) Contexto de violencia y conflicto armado. Monografía político electoral del departamento de Antioquia 1997 a 2007. (pp. 3 - 48). Bogotá: MOE.

Balbín, J., Cadavid, P., Quintero, M., Restrepo, L., Rodríguez, A. (2009) Víctimas, Violencia y despojo: Informe de la investigación acerca de víctimas del conflicto armado. Medellín: Lito Impacto.

Camacho, Á. & Sánchez, G. (2008). TRUJILLO: una tragedia que no cesa (1st ed., pp. 202 - 209). Bogotá: Planeta Colombiana S. A.

Carrel, A. (1973) La incógnita del hombre (11th edición, pp. 7 - 17). Barcelona: Iberia.

Ortiz, E. (2011). LA INTERDISCIPLINARIEDAD EN LAS INVESTIGACIONES EDUCATIVAS. Didasc@Lia: Didáctica Y Educación., 3(1). Recuperado de: https://dialnet.unirioja.es/descarga/articulo/4228305.pdf

Reiniciar (2006). Historia de un genocidio el exterminio de la unión patriótica en Urabá. el plan retorno. (1st ed.). Bogotá (Colombia).

Sánchez, G (2013). Prólogo. ¡Basta Ya! Colombia: Memorias de guerra y dignidad (pp. 13) Bogotá: Imprenta Nacional,

Sánchez, G., & Villaraga, Á. (2014). Centro Nacional de Memoria Histórica – Dirección

de Acuerdos de la Verdad. Región Caribe, Antioquia y Chocó. NUEVOS ESCENARIOS

DE CONFLICTO ARMADO Y VIOLENCIA (1st ed.). Bogotá: Imprenta Procesos Digitales.

Subgerencia Cultural del Banco de la República. (2015). Acuerdo de Paz. Recuperado de: http://www.banrepcultural.org/blaavirtual/ayudadetareas/politica/acuer do-de-paz

Lumbert, C. (2006). Edmund Husserl: la idea de la fenomenología. Teología Y Vida, 47(1), 517-529. Recuperado de: http://www.scielo.cl/pdf/tv/v47n4/art08.pdf

Hernández, J. (Septiembre, 2011). ETNOGRAFIANDO RESISTENCIAS. Gil, C., XII Congreso de Antropología, LUGARES, TIEMPO, MEMORIAS; La Antropología Ibérica del siglo XXI. Ponencia llevado a cabo en Valencia, F.A.A.E.E (La Federación de Asociaciones de Antropología del Estado Español).

Afectaciones psicológicas presentes en las víctimas del conflicto armado del departamento del Cesar.

Lorena Cudris Torres, Álvaro Barrios Núñez, Luz Karine Jiménez Ruiz

Introducción

En el desarrollo del conflicto armado hay personas expuestas a diversas formas de violencia que se identifican como víctimas directas o indirectas de distintos hechos victimizantes según la Unidad para la Atención y Reparación Integral a las Víctimas (2012). Actualmente muchos países están expuestos a la guerra debido a factores internos o externos, y la población civil es la más afectada. Casi 2.7 millones de personas en todo el mundo son víctimas, gran parte de ellas, población adulta desplazada por los conflictos armados, en su mayoría por causa de intereses políticos (Husain 2011).

Los civiles en todo el mundo están expuestos a eventos traumáticos, como resultado de la violencia masiva, a menudo en el contexto de entornos afectados por conflictos (McDonald, 2010).

La Organización Mundial de la Salud (2002) define la violencia como: el uso deliberado de la fuerza física o el poder, ya sea en grado de amenaza o efectivo, contra uno mismo, otra persona o un grupo o comunidad, que cause o tenga mucha probabilidad de causar lesiones, muerte, daño psicológico, trastornos del desarrollo o privaciones.

En Colombia, el conflicto armado interno inició en la década de 1950 y sigue presente en muchas zonas, evidenciándose en los continuos enfrentamientos militares de grupos legales e ilegales que ocurren a lo largo del territorio nacional. Esta situación ha llevado a una continua y compleja dinámica social, política, familiar y personal de todos los habitantes (Centro Nacional de Memoria Histórica, 2013).

Las cifras reportadas por la Unidad para la Atención y Reparación Integral a las Víctimas señalan que hay 5.845.002

víctimas identificadas hasta octubre del 2013. Las estadísticas del Instituto Nacional de Medicina Legal y Ciencias Forenses (2012), muestran que la mayoría de las víctimas y los autores de la violencia en el país están entre las edades de 15 a 35 años.

Las causas del conflicto en Colombia se encuentran en la diversidad de intereses entre los actores del conflicto, como se ha podido ver son múltiples, tanto agentes internos como externos, al mismo tiempo cada uno de ellos se puede clasificar en función del sistema al que pertenece político, económico, social, militar y cultural del país. Dichas causas o motivos del conflicto han quedado esbozadas a lo largo del texto, sobre todo al establecer las características y las relaciones entre los actores. Aunque sería necesario recoger las mismas de forma más clara y simplificada.

Entre ellas no podemos dejar de lado que la violencia estructural sigue dando paso a la violencia directa, esto se pone de manifiesto en que la situación económica y social del país se mantiene en período de crisis, la polarización social y la desigualdad siguen siendo un factor primordial en Colombia, las migraciones hacia el exterior y las migraciones campo-ciudad, así como la población desplazada por la violencia directa" que ellos viven (Albert, 2004).

La situación colombiana, está caracterizada por violaciones a los Derechos Humanos e infracciones al Derecho Internacional Humanitario, ejercidas de manera sistemática en medio de un contexto de violencia sociopolítica y conflicto armado, se complejiza con el mantenimiento histórico de condiciones de impunidad que dificultan la reivindicación de los derechos de las víctimas.

Por ello, se hace necesario que el acompañamiento psicosocial a víctimas de violencia sociopolítica, desde una perspectiva de los Derechos Humanos, cuente con claridades éticas y políticas que propendan por la exigencia de sus derechos y por la construcción de estrategias de superación de la impunidad. Es difícil determinar con precisión, y en todas sus connotaciones, el daño que ha causado al país la violencia socio política y el conflicto armado.

Existen huellas de la violencia, que son visibles –Las ruinas, las heridas físicas, las ausencias motivadas por la muerte-; pero hay otras que son invisibles, y que atañen al daño moral, a los traumas psicológicos, al deterioro de los valores sobre los cuales se constituye la humanidad.

La intencionalidad con la cual se ejerce la violencia sociopolítica por parte de los actores armados provoca impactos psicosociales, múltiples y complejos en diversos niveles, como el individual, familiar y/o colectivo. De un lado la violencia deteriora de manera significativa la calidad de vida y las posibilidades de desarrollo y bienestar individual. Ello produce incertidumbre, miedo, dolor e inseguridad, alterando por tanto la salud mental de las personas. Pero altera también los proyectos colectivos, el funcionamiento social, el desarrollo económico y la legitimidad del Estado (Corporación Vare, 1990).

Es pertinente poner de manifiesto que las personas identifican el conflicto social armado, como un fenómeno que no termina y continúa vigente, presentándose en algunas regiones recrudecido. En esta medida, el discurso oficial de postconflicto, queda cuestionado por la realidad de las comunidades y las fallas de la ley de justicia y paz, que no consiguió un real proceso de desmovilización ni brindó garantías a los derechos de las víctimas.

Adicional a lo anterior, las personas analizan la crisis actual de las comunidades, no solo a la luz del conflicto armado, sino también en relación con la violencia estructural y su papel dinamizador de la guerra. Desde sus narrativas, existen grandes falencias del Estado relacionadas con la salud, la educación, la falta de empleo que no es producto únicamente de la guerra sino del abandono estatal.

El departamento del Cesar, se caracterizó en las décadas de los sesenta, setenta y ochenta por la agitación que generaron los distintos sectores sociales organizados, en pos de construir una propuesta alternativa de país, a través de la reivindicación de sus luchas y del trabajo articulado entre sectores. Es así, como surgen grandes movilizaciones donde se manifiestan los sueños, anhelos, esperanzas y luchas de muchos y muchas que creyeron en la posibilidad de un mundo nuevo dejando de lado los resultados psicológicos en cada miembro de las diferentes familias afectadas en dicho conflicto causando diferentes afectaciones psicológicas

Según la Ley 1448 de 2011, se consideran víctimas: aquellas

personas que individual o colectivamente hayan sufrido un daño por hechos ocurridos a partir del 1 de enero de 1985, como consecuencia de infracciones al Derecho Internacional Humanitario o de violaciones graves y manifiestas a las normas Internacionales de Derechos Humanos, ocurridas con ocasión del conflicto armado interno.

Investigaciones realizadas por García (2011), Tortosa, (2010), Vinck & Pham, (2013) y Wilches (2010), indican que los hombres son las primeras víctimas de diversas formas de violencia como homicidios, desaparición forzada, masacres y minas antipersonales, mientras que las mujeres son las principales sobrevivientes, no solo como viudas o huérfanas del conflicto, sino como víctimas de violencia de género de carácter físico, psicológico y violencia sexual, física y moral.

Estos crímenes cuentan con los índices más altos de impunidad, donde la violencia sexual constituye un arma que usan los actores del conflicto armado de manera sistemática y generalizada.

Es conocido, que las consecuencias en la salud mental de las personas víctimas tienen un impacto de largo alcance en varios ámbitos de la vida y de la comunidad (Lira, 2010; McDonald, 2010). El conflicto armado genera afectaciones físicas, emocionales y afectivas en las personas involucradas, altera la salud mental tanto individual como colectiva no solo de forma inmediata, sino también a largo plazo (Centro Nacional de Memoria Histórica, 2013; Lira, 2010; McDonald, 2010).

Según Ramírez, Juárez, Parada, Guerrero, Romero, Salgado Castilla & Vargas Amaya (2016), en su artículo "afectaciones psicológicas, estrategias de afrontamiento y niveles de resiliencia de adultos expuestos al conflicto armado en Colombia" muestran que las afectaciones más significativas están relacionadas con estrés postraumático, ansiedad y depresión (Bell, Méndez, Martínez, Palma, & Bosch, 2012; Defensoría del Pueblo, 2012), ideación suicida, ataques de pánico, consumo de sustancias psicoactivas (Alejo, Rueda, Ortega, & Orozco, 2007).

Adicionalmente, se identifica la disminución de los niveles de calidad de vida, la ruptura de las redes sociales y afectivas, la modificación de los roles familiares y el desarraigo cultural (Alejo et al., 2007; Centro Nacional de Memoria Histórica, 2013).

Los estudios internacionales, que han revisado las afectaciones en salud mental de las personas víctimas del conflicto armado, evidencian que las prevalencias de vida de los síntomas del trastorno de estrés postraumático (TEPT), ansiedad y depresión son 7.0%, 32.6% y 22.2%, respectivamente, y señalan que esta prevalencia se asocia con la exposición al trauma subyacente (Husain et al., 2011). Revisiones sistemáticas de estudios realizados en los que participaron personas expuestas al conflicto armado y desplazamiento en 40 países, observaron prevalencias del 30.6% de TEPT y del 30.8% de trastorno depresivo mayor (Steel et al., 2009).

El conocimiento sobre la prevalencia de síntomas, posibles casos y trastornos mentales entre las víctimas del conflicto armado colombiano es escaso (Bell et al., 2012; Campo-Arias, Oviedo, & Herazo, 2014). Los estudios representativos en Colombia con población adulta víctima del conflicto armado, reportan comorbilidad entre TEPT, ansiedad y depresión (Bell et al., 2012). Además, una prevalencia de síntomas de ansiedad entre el 25.7% al 32.5%, de trastorno de somatización entre 61% y 73.8%, abuso de alcohol (23.8% a 38.1%) y trastornos de la alimentación entre 4.7% y 11.9% (Londoño, Romero, & Casas, 2012).

También, se ha confirmado que un año después de la exposición a los hechos victimizantes, las afectaciones psicológicas más presentadas son el TEPT (37%), el trastorno de ansiedad generalizada (43%), la depresión mayor (38%) y el riesgo de suicidio (45%; Londoño et al., 2005).

Esta investigación se interesó en abordar las afectaciones psicológicas presentes en las víctimas de conflicto armado en el departamento del Cesar, tema que ha sido estudiado en otras regiones y departamentos del país por diversos autores.

Hasta ahora es mucho lo que se ha investigado respecto al tema de víctimas y son innumerables las estrategias utilizadas por el gobierno nacional y otros actores, conducentes a resarcir el daño sociocultural, económico, psicológico y físico que la violencia ha dejado en la población Colombiana.

En el departamento del Cesar no existen investigaciones sobre las afectaciones psicológicas presentes en las víctimas del conflicto armado y de las investigaciones de memoria histórica no han salido insumos para conocer los daños psicológicos que presentan las víctimas en este departamento.

Lo antes expuesto motivó la realización de esta investigación con el fin de dar la importancia al diagnóstico, intervención en contextos no clínicos a la población víctima del conflicto armado, para así tener insumos que les permitan a los profesionales de la Psicología realizar un abordaje terapéutico que responsa a las necesidades de la población objeto de estudio con el fin de contribuir al mejoramiento de la salud mental en los Cesarences.

Metodología

Enfoque:

El estudio realizado fue de enfoque cuantitativo, cuyo objetivo era adquirir conocimientos fundamentales y la elección del modelo más adecuado que permitiera describir la realidad de una manera imparcial y objetiva, ya que se recogieron los datos y se realizó un análisis global de la información mediante la aplicación de medidas de tendencia central y análisis de frecuencia a través del uso del paquete estadístico SPSS versión 22.0.0.0 La recolección de la información fue estructurada y sistémica, con unos resultados de alcance generalizables (Hernández-Sampieri, Fernández-Collado & Baptista-Lucio, 2010).

Tipo:

Es un estudio descriptivo de corte transversal, como afirma Hernández-Sampieri, Fernández-Collado & Baptista-Lucio, (2010), se reseñan las características o rasgos de la situación o fenómeno objeto de estudio".

Población de estudio:

Colombia cuenta con aproximadamente 7.396.229 víctimas del conflicto interno, de un total de la población de 48.321.405 lo que representa un 15% de la población afectada, de los cuales el municipio de Valledupar tiene 84.636, equivalente al 1,1% del total de víctimas en Colombia, datos obtenidos de la red nacional de información "RNI".

Muestra (si aplica):

La aplicación de los instrumentos se concentró en las organizaciones de víctimas del municipio de Valledupar, que asciende a 91, según datos oficiales de la personería de Valledupar.

Muestreo (si aplica):

Muestreo por cuotas: Se asienta generalmente sobre la base de un buen conocimiento de los estratos de la población y/o de los individuos más "representativos" o "adecuados" para los fines de la investigación. Por lo tanto se escogerán 5 personas por cada organización, para un total de 455 personas.

Solo se trabajó con las victimas pertenecientes a organizaciones denominadas (OV), por lo tanto no se está contemplando las víctimas del desplazamiento producto del conflicto armado.

Instrumentos:

El instrumento utilizado para la recolección de la información fue:

Cuestionario de 90 síntomas SCL-90-R (Symptom Checklist-90R)

El cuestionario de los 90 síntomas tiene como finalidad medir la apreciación de 9 dimensiones sintomáticas de psicopatologías y tres índices globales de malestar. Así mismo evaluar la intensidad del sufrimiento causado por cada síntoma y el malestar subjetivo creado por estos mismos.

Las dimensiones sintomáticas que mide el cuestionario son: somatización, obsesión compulsión, sensibilidad interpersonal, depresión, ansiedad, hostilidad, ansiedad fóbica, ideación paranoide, psicoticismo y una escala adicional.

Análisis de la información:

Para el análisis de la información se tuvo en cuenta la calificación del instrumento, en el cuestionario de los 90 síntomas se utilizó calificación directa y puntuaciones por baremos estandarizadas. Se procedió al análisis global de la información mediante la aplicación de medidas de tendencia central y análisis de frecuencia, donde se pudo ubicar a la población la presencia o ausencia de síntomas detectados a través de la aplicación del test y lo concerniente a lo reportado en el DSM-V.

Procedimiento

Este trabajo investigativo se realizó en tres momentos diferentes:

Etapa Preliminar: se realizó una revisión teórica de diversos autores, visita a las diferentes instituciones que hacen parte del Sistema de Atención y Reparación Integral a las Víctimas "SNARIV" para el levantamiento de la línea base, sobre las principales causas de consultas psicológicas. Esta actividad se realizó en un periodo de dos meses.

Etapa Intermedia: Se establecieron los contactos en las instituciones que hacen parte Sistema de Atención y Reparación Integral a las Víctimas "SNARIV" para la selección de los participantes a los cuales se les aplicó el instrumento.

Estas actividades se realizaron en cuatro meses.

Etapa final: se procedió a calificar el instrumento y a realizar un análisis descriptivo de la información, y se proyectó un informe final con los resultados obtenidos.

Lo anterior tuvo una duración de cuatro meses.

Resultados

Los resultados encontrados en el estudio muestran que, el 40.1% de la muestra presentó alguno de los 23 trastornos del DSM-V, alguna vez en su vida, un 16% reportó la presencia de estos trastornos en los últimos doce meses y un 7.4% en los últimos treinta días. Los trastornos más frecuentes fueron los trastornos de ansiedad en un 19.3%, seguidos por los trastornos de ánimo en un 15%, y los trastornos de sustancias psicoactivas en un 10.6%, en cuanto a la prevalencia de los trastornos a nivel individual, los más frecuentes fueron las fobias en un 12.6% seguido del trastorno depresivo mayor en un 5.3%.

Por otro lado se encontró que de acuerdo al nivel de escolaridad, las personas con básica primaria, reportaron en un 41.1% mayor prevalencia de los trastornos del DSM-V; de igual manera sucede con personas separadas o viudas quienes puntúan en un 45.3%, por último se encontró que la prevalencia de intento de suicidio en la población fue del 4.9%.

Así mismo se encontró que estaban presentes sintomatologías importantes en una gran mayoría de la muestra equivalente al 85%; los 10 síntomas de mayor ocurrencia en hombres y mujeres fueron: preocupación constante 87%, debilidad 79%, sensación de que nada resulta como lo desea 64%, intranquilidad 54%, sentimiento de soledad 51%, agrieras 46%, dificultad para dormir 45%, oleadas de calor 45%, nerviosismo o irritabilidad 43% y dolores de cabeza 43%.

Conclusiones

Los resultados muestran una evidente afectación en la salud mental de las personas víctimas del conflicto armado, pone de manifiesto una sintomatología que corresponde a los trastornos de estados de ánimo, de ansiedad (estrés postraumático) y en ocasiones los trastornos de angustia, esto sin dejar de lado un sin número de síntomas que no alcanzan a tipificarse como un trastorno mental según el DSM-V.

Es necesario a partir de los resultados obtenidos redefinir la manera en la que se está brindando intervención psicológica a la población víctima del conflicto armado en el departamento del Cesar, por consiguiente se requiere diseñar e implementar un programa de intervención psicológica desde el Modelo Sistémico que brinde una orientación integral, más acorde a la problemática encontrada.

La investigación permitió conocer cuando se obtuvo información de segunda fuente, que los profesionales de la Psicología que atienden las víctimas, en su mayoría no cuentan con la formación pertinente y la experticia para abordar a pacientes con este tipo de afectaciones psicológicas, que requieren una atención clínica compleja la cual supera el alcance los objetivos planteados en la ruta de atención a la población víctima del conflicto armado.

Esta situación también fue encontrada en el estudio de Estrada, Ripoll & Rodríguez (2010) denominado "intervención psicosocial con fines de reparación con víctimas y sus familias afectadas por el conflicto armado interno en Colombia: equipos psicosociales en contextos jurídicos", en el que refieren cómo las víctimas del conflicto armado y afectados expresaron también reconocimiento por la labor de los profesionales, aunque las rutas de atención eran confusas, e insuficientes los recursos que su recorrido les aportaba, tanto en oportunidad como en impacto para la continuidad dad de sus vidas. Igualmente, reclamaban ser mejor escuchados.

En este mismo estudio cuando abordan el tema de reparación hacen claridad que no les parecieron suficientes la intervención psicológica clásica centrada en psiquismos íntimos ni las formas de contención del sufrimiento y que es necesario transformar las construcciones de realidad local y familiar, así como las de subjetivación individual. Todo ello hace parte de la lectura para la intermediación que hace inteligible ante estamentos de lenguajes jurídicos el reconocimiento de las afectaciones psicosociales, y con ello, los acuerdos de reparación.

El abordaje psicológico, requiere competencias amplias que inscriban un campo de conocimiento inter o transdisciplinar que vincule las cualidades y procesos humanos, sus circunstancias vitales y contextuales en el tiempo y, particularmente los recursos personales, familiares y comunitarios.

Construir colaborativamente una lectura del problema y su solución, que parta de la escucha activa de la mejor manera, a fin de facilitar participación y escucha, mediante el diseño de escenarios conversacionales de convergencia. Los equipos del Ministerio de Salud hoy diseñan modelos, protocolos y rutas de atención; es necesario invocar la redefinición de éstos de manera inter y trans (disciplinar, sectorial e institucional), integrando la experiencia de afectación psicológica de las víctimas.

Referencias

Alejo, E. G., Rueda, G., Ortega, M., & Orozco, L. C. (2007). Estudio epidemiológico del tept en población desplazada por la violencia política en Colombia. Universitas Psychologica, 6, 623-635.

Acompañamiento psicosociales de atención mental a víctimas de violencia política (corporación AVRE) corporación no gubernamental 1990.

Banco de datos de violencia política – CINEP – justicia y paz. Noche y niebla. Marco conceptual. Bogotá. Ediciones códice, 2002. p 3.

Bell, V., Méndez, F., Martínez, C., Palma, P. P., & Bosch, M. (2012). Characteristics of the Colombian armed conflict and the mental health of civilians living in active conflict zones. Journal Conflict and Health, 6(1), 1-8. doi: 10.1186/1752-1505-6-10

García, C. (2011). Resúmenes del 4° Congreso Mundial sobre Salud Mental de la Mujer. Ginebra: OMS.

Hewitt Ramírez, N., Juárez, F., Parada Baños, A. J., Guerrero Luzardo, J., Romero Chávez, Y. M., Salgado Castilla, A. M., & Vargas Amaya, M. V. (2016). Afectaciones psicológicas, estrategias de afrontamiento y niveles de resiliencia de adultos expuestos al conflicto armado en Colombia. Revista Colombiana de Psicología, 25(1), 125-140. doi: 10.15446/rcp.v25n1.49966

Hernández-Sampieri, R., Fernández-Collado, C. & Baptista-Lucio, P. (2010). Metodología de la investigación. México: Mc Graw Hill.

Husain, F., Mark, A., López, B., Becknell, K., Blanton, C., Araki, D., & Kottegoda, E. (2011). Prevalence of war-related mental health conditions and association with displacement status in postwar Jaffna district, Sri Lanka, American Medical Association. Journal of the American Medical Association, 306(5), 522-525. doi: 10.1001/jama.2011.1052

Instituto Nacional de Medicina Legal y Ciencias Forenses. (2012). Forensis, datos para la vida. Bogotá: inmlcf.

Ministerio de Salud- Instituto Nacional de Salud (2001).Perfil epidemiológico de la población desplazada en el Barrio Mandela Colombia. Recuperado el día 10 de Abril de 2015 de http://www.disarter-info.net/desplazados/informes/mandela/index.htm

Ministerio de Protección Social (2003). Estudio Nacional de Salud Mental.

Recuperado el día 10 de Septiembre de 2014 de
http://www.minproteccionsocial.gov.co/VBeContent/NewsDetail.asp?I
D=14822&IDCompany=3

McDonald, L. (2010). Psychosocial rehabilitation of civilians in conflict-
affected settings. En E. Mertz (Ed.), Trauma rehabilitation after war and
conflict, community and individual perspectives (pp. 215-245). USA:
Springer.

Restrepo, O (2002). Elementos para el análisis del desplazamiento forzoso y
la reconstrucción de identidad, cotidianidad y tejidos social con las
víctimas. Revista Migraciones Forzosas, 12.

Restrepo, J (2007). Psicopatología y Epistemología. Revista Colombiana de
Psiquiatría, 36 (1). Recuperado el día 14 de Enero de 2008 de
http://www.scielo.org.co/scielo.php?script=sci_arttext&pid=S0034-
74502007000100010&Ing=es&nrm=iso&tlng=es

Tortosa, J. (2010). La construcción de paz en el contexto internacional:
limitaciones y posibilidades. En Caritas Española Editores-Cooperación
Internacional (Eds.), Construcción de la paz, protección de los derechos
de las víctimas en Colombia (pp. 13-32). Madrid:Caritas Española.

Los celos en las relaciones de pareja y el uso de Facebook

María del Mar Sánchez-Fuentes, Nieves Moyano, Jennifer Flórez , Arianna Chiriboga

Introducción

Los celos en las relaciones de pareja y el uso de Facebook

En los últimos años están emergiendo investigaciones sobre el uso de las redes sociales y la forma en que influyen en las relaciones de pareja. Esto no es de extrañar si tenemos en cuenta que el último trimestre (octubre, noviembre y diciembre) de 2016 Facebook contaba con más de 70 millones de usuarios activos, con aproximadamente 1,860 millones de usuarios activos al mes en todo el mundo y 1,230 millones de usuarios activos al día. Colombia, de acuerdo con la Oficina Internacional del Ministerio MINTIC, ocupa el puesto número 15 del ranking mundial de países con aproximadamente 20 millones de usuarios de Facebook.

A nivel general el uso de las redes sociales puede conllevar a problemas como la desconfianza, inseguridad y la pérdida de la individualidad (Guerrero, 2016). A nivel interpersonal, en lo que se refiere a las relaciones íntimas de parejas el uso de las diferentes redes sociales pueden ser generadoras de celos, conflictos, pérdida de privacidad, ruptura o divorcio (Muise, Christofides y Desmarais, 2009).

En este sentido, se ha mostrado que la exposición de fotos, vídeos, etc., por medio de Facebook, actúa como productor de sentimientos negativos en las relaciones (Bianchi yFalcón, 2011). De igual manera, la forma de uso de la configuración de privacidad en las publicaciones de Facebook también se ha relacionado con los celos en las relaciones de pareja (Muscanell, Guadagno, Rice y Murphy, 2013). Según Muise et al. (2009) Facebook estimula la vigilancia hacia el perfil de la pareja por medio del acceso a la información.

Es probable que, las actividades de Facebook tales como fotos que se publiquen, los "me gusta", compartir actividades con otras personas, entre otros, sean causa de celos y se torne como dificultades en la relación.

Por otra parte, Sánchez (2013) enfatizó que las personas que tienden a ser celosas, refuerzan su comportamiento de vigilancia y control con el uso de las redes sociales. Asimismo, el apego excesivo al Facebook facilita a la detención de la rutina o actividades diarias de la personas y contribuye a que la relación de pareja sea afectada debido a los celos y la insatisfacción (Elphinston y Noller, 2011). Además, éstos conflictos suelen darse principalmente por parte de las mujeres, quienes parecen ser las que se muestran más celosas por la actividad que puede desarrollar su pareja en las redes (Mcandrew y Shah, 2013).

En otras palabras, Facebook puede actuar como reforzador a los sentimientos de celos o conflictos en la pareja. Asimismo, mayor frecuencia de uso de Facebook también se asocia con mayores niveles de celos (Muise et al., 2014).

Por todo ello, conocer las variables que se asocian con los celos por el uso de Facebook en las relaciones de pareja resulta esencial para poder llevar a cabo nuevas formas de evaluación y de intervención en parejas que manifiesten problemas en la calidad de su relación de pareja. En este sentido, Wilson, Gosling y Graham (2012) sugirieron la importancia de llevar a cabo estudios con el fin de examinar como las redes sociales están cambiando la naturaleza de las relaciones interpersonales.

En Colombia no hay ningún estudio que haya analizado como el uso de Facebook puede estar relacionado con los celos en las relaciones íntimas de pareja. Así pues, el objetivo general del presente estudio fue examinar las variables relacionadas con los celos hacia la pareja a través del uso de Facebook. A continuación se presentan y discuten datos preliminares de estudiantes universitarios. Estos datos forman parte de un macro estudio que se está llevando a cabo.

Método

Participantes

La muestra estuvo compuesta por 256 (37,90% varones y

62,10% mujeres) estudiantes universitarios heterosexuales. El rango de edad estuvo comprendido entre los 18 y 22 años (M = 20,07; DT = 1,30). Todos mantenían una relación de pareja, con una duración media de la relación igual a 22,74 (DT = 18,95) meses y la mayoría (75,90%) estaban solteros. Asimismo, la mayoría de los participantes (85,80%) usaba Facebook a diario.

Instrumentos

Cuestionario sociodemográfico. Se empleó para recoger información sobre el sexo, edad, nivel educativo y nacionalidad. También incluía preguntas referidas a la orientación sexual, si los participantes mantenían una relación de pareja en la actualidad, la duración y tipo de la misma. Finalmente, incluía tres preguntas para conocer si el participante y su pareja tenían una cuenta en Facebook y sobre la frecuencia de uso de esa red social.

Cuestionario de Escala de Facebook-Celos (Facebook Jealousy Scale Questionnaire, FJSQ; Muise, Christofides y Desmarais, 2009). Este cuestionario está compuesto por 27 ítems que evalúan sentir celos por el uso de Facebook de la pareja. Mayor puntuación indica mayor sentimiento de celos. En el presente estudio la fiabilidad de consistencia interna, alfa de Cronbach, fue 0,94.

Escala de Celos Románticos (Romantic Jealousy Scale, RJS; White, 1976). Esta escala formada por seis ítems evalúa los celos en las relaciones de pareja, mayor puntuación indicar mayores sentimientos de celos. En el presente estudio la fiabilidad de consistencia interna, alfa de Cronbach, fue 0,84.

Escala de Conflicto Pareja Romántica (Romantic Partner Conflict Scale RPCS, Zacchilli, Hendrick y Hendrick, 2009). Esta escala está formada por 39 ítems que evalúan el conflicto diario entre la pareja. La escala tiene seis dimensiones: Compromiso, Evitación, reactividad Interaccional, Separación, Dominación y Sumisión. Mayor puntuación indica mayores conflictos. En el presente estudio la fiabilidad de consistencia interna, alfa de Cronbach, osciló entre 0,77 en la dimensión de Reactividad Interaccional y 0,90 en la dimensión de Compromiso.

Procedimiento

Los participantes completaron los cuestionarios vía Online y el link fue distribuido en redes sociales. En la primera página aparecía el consentimiento informado donde se informaba del objetivo general del estudio, de los posibles riesgos de participar, del anonimato de sus respuestas y que los datos única y exclusivamente serían utilizados para llevar a cabo una investigación. Se utilizó un procedimiento incidental entre estudiantes universitarios de Colombia. Los criterios de inclusión fueron: tener 18 años o más, mantener una relación de pareja en la actualidad y que ambos miembros tuvieran una cuenta activa en Facebook.

Resultados

En primer lugar se analizaron diferencias de género en las variables evaluadas. Solo hubo diferencias estadísticamente significativas en la dimensión de Compromiso $t (238,67) = -2,13$, $p = 0,034$, Evitación $t (238,70) = 3,72$, $p < 0,031$ y Sumisión $t (252) = 3,83$, $p < 0,031$. Las mujeres mostraron mayores niveles de compromiso, menores niveles de evitación y menor sumisión que los varones. En la Tabla 1 se presentan los estadísticos descriptivos (medias y desviaciones típicas).

Tabla 1. Estadísticos descriptivos

	Varones	Mujeres
	M (DT)	M (DT)
Celos relacionados uso Facebook	94,70 (33,26)	90,90 (35,57)
Celos Románticos hacia la pareja	16,35 (6,75)	16,79 (6,94)
RPCS-Compromiso	44,31 (6,21)	46,39 (8,97)
RPCS-Evitación	9,40 (2,02)	8,32 (2,55)
RPCS-Reactividad Interaccional	9,36 (5,29)	9,87 (5,26)

RPCS-Separación	8,17 (5,03)	8,12 (4,75)
RPCS-Dominancia	10,81 (5,63)	9,92 (5,55)
RPCS-Sumisión	9,83 (5,31)	7,45 (4,52)

En segundo se examinó la relación entre las variables evaluadas.

Los resultados mostraron que los celos relacionados con el uso de Facebook estaban relacionados con menor edad ($r = -0,16$, $p = 0,016$), con mayor frecuencia de uso de Facebook ($r = -0,16$, $p = 0,017$) y con mayor duración de la relación de pareja ($r = 0,17$, $p = 0,012$). Además, los celos relacionados con el uso de Facebook también se asociaron con menor percepción de compromiso en la relación ($r = -0,20$, $p = 0,003$), con mayor reactividad interaccional ($r = 0,47$, $p < 0,001$), con mayor dominación ($r = 0,40$, $p < 0,001$), con mayor sumisión ($r = 0,43$, $p < 0,001$) y con mayores niveles de celos en la relación de pareja ($r = 0,47$, $p < 0,001$).

Por último, se llevó a cabo un análisis de regresión lineal por pasos con el fin de analizar las variables predictoras de los celos relacionados con el uso de Facebook. En el primer paso se introdujeron la edad, duración de la relación y la frecuencia de uso de Facebook, en el segundo paso los celos en la relación de pareja y en el tercer, y último paso, las variables compromiso, reactividad interaccional, dominación y sumisión.

Los resultados obtenidos mostraron seis modelos. El último modelo explicó el 35% de la varianza de los celos relacionados con el uso de Facebook. Las variables predictoras fueron la edad, los celos en la relación de pareja, la dominación y reactividad interaccional.

Discusión

El objetivo del presente estudio fue examinar en las relaciones de pareja las variables asociadas con los celos por el uso de Facebook. A partir de los resultados se comprueba que mayor edad predice menores niveles de celos, mientras que mayores niveles de celos en la relación de pareja, mayor dominación y mayor reactividad interaccional son predictores de mayores niveles de celos por el uso de Facebook por la pareja. Hoy día deben ser tenidos en cuenta tanto en la práctica clínica como en la investigación fenómenos que antes no existían y que por tanto no influían en la calidad de las relaciones de pareja.

Una de las variables relacionadas y predictoras de los celos en el contexto de Facebook es la edad. Menor edad se asocia con mayores niveles de celos en la relación de pareja por el uso de Facebook. En las relaciones de pareja durante la adultez el individuo llega a ser capaz de ser empático, y a solucionar conflictos de manera efectiva, en comparación con la adolescencia y la adultez temprana (Papalia, Feldman y Martorell, 2012).

Por otra parte, se encuentra que a mayor duración de la relación, menores son los celos por el uso de Facebook, al menos a nivel bivariado. Y esto podría estar relacionado con la edad, pues a menor edad menor duración de la relación. Asimismo, es habitual que en la medida que una relación de pareja es más duradera la confianza aumente.

En otras palabras, esto podría deberse a que a medida que la duración se desarrolla y si esta está basada en el compromiso (componente de acuerdo al modelo triangular de Sternberg), puede haberse fomentado la seguridad en las relación, cuando surgen conflictos han podido manejarlos mejor en comparación al principio de la relación (Yela, 1997)

Además, mayor reactividad interaccional (mayor número de conflictos, de mayor duración y dureza expresados a través de alzar la voz o ser abusivo verbalmente) y mayor dominación fueron predictores de sentir celos con el uso de Facebook por parte de la pareja. De acuerdo con Zacchilli et al. (2009) la sumisión, la dominación y la reactividad interaccional son variables que resultan dañinas para la relación.

Finalmente cabe señalar la principal limitación del estudio y es que los resultados obtenidos no pueden generalizarse a la población general dado que se utilizó un muestro incidental. No obstante, es importante destacar que es el primer estudio que se realiza con población colombiana para evaluar los factores asociados con los celos por el uso de Facebook en el contexto de las relaciones íntimas de pareja.

Además, los datos presentados son los resultados preliminares de un macro estudio que se está llevando a cabo en conjunto con otras instituciones de países como España y Ecuador. Es importante conocer como las nuevas tecnologías y formas de comunicación pueden afectar a las relaciones interpersonales de pareja para que en última instancia se elaboren técnicas de intervención desde la práctica clínica donde se tengan en cuenta estas nuevas variables que influyen tanto a nivel individual, interpersonal y social.

Referencias

Bianchi, L. Á. y Falcón, M. R. (2011). Facebook y el amor. Creación y Producción en Diseño y Comunicación, 27(40), 27-34.

Elphinston, R. A., & Noller, P. (2011). Time to face it! Facebook intrusion and the implications for romantic jealousy and relationship satisfaction. Cyberpsychology, Behavior, and Social Networking, 14(11), 631-635.

McAndrew, F. T. y Shah, S. S. (2013). Sex differences in jealousy over Facebook activity. Computers in Human Behavior, 29(6), 2603-2606.

Muise, A., Christofides, E. y Desmarais, S. (2009). More information than you ever wanted: Does Facebook bring out the green-eyed monster of jealousy?. CyberPsychology & Behavior, 12(4), 441-444.

Muise, A. M. Y., Christofides, E. y Desmarais, S. (2014). "Creeping" or just information seeking? Gender differences in partner monitoring in response to jealousy on Facebook. Personal Relationships, 21(1), 35-50.

Muscanell, N. L., Guadagno, R. E., Rice, L. y Murphy, S. (2013). Don't it make my brown eyes green? An analysis of Facebook use and romantic jealousy. Cyberpsychology, Behavior, and Social Networking, 16(4), 237-242.

Papalia, D. E., Feldman, R. y Martorell, G. (2012). Desarrollo Humano (Duodécima edición ed.). México: McGraw-Hill Companies.

Sánchez, C. (11 de Mayo de 2013). El Mundo. (B. Portalatín, Ed.) Obtenido de El Mundo. Recuperado de: http://www.elmundo.es/elmundosalud/2013/05/09/noticias/13681232 26.html

Wilson, R. E., Gosling, S. D. y Graham, L. T. (2012). Perspectives on Psychological. Perspectives on Psychological Science, 7(3), 203-220.

White, G. L. (1976). The social psychology of romantic jealousy. Unpublished doctoral dissertation. Universidad de California, Los Ángeles.

Zacchilli, T. L., Hendrick, C. y Hendrick, S. S. (2009). The romantic partner conflict scale: A new scale to measure relationship conflict. Journal of Social and Personal Relationships, 26, 1073-1096.

Institucionalización Del Adulto Mayor Y Familia

Olga Suarez Landazábal

Introducción

El envejecimiento es un proceso normal del ser humano que tiene a la vejez como su última etapa; la situación de la vejez dependerá de cómo se haya vivido en etapas anteriores pero por lo general, el ser humano no se prepara para que sea vivida con la mejor calidad de vida posible. La vejez en Colombia según la Organización Mundial de la Salud comienza a los 60 años, mientras que para los países desarrollados se inicia a los 65 años, cuyos límites se deben exclusivamente a la esperanza de vida alcanzada.

Actualmente la realidad de la población es que se vive más tiempo en todo el mundo. Por primera vez en la historia, la mayor parte de la población tiene una esperanza de vida igual o superior a los 60 años. Para 2050, se espera que la población mundial en esa franja de edad llegue a los 2000 millones, un aumento de 900 millones con respecto al 2015. Hoy en día, hay 125 millones de personas con 80 años o más. Igualmente para el 2050, un 80% de todas las personas mayores vivirá en países de ingresos bajos y medianos (OMS, 2015).

Todo esto hace referencia al denominado envejecimiento demográfico o poblacional donde no solo hay aumento en términos absolutos de la cantidad de personas mayores, sino también de un aumento en el porcentaje de esas personas mayores con relación al total de la población (Nieto y Alonso, 2007).

Desde el principio del siglo XX, en Colombia se dieron grandes cambios demográficos y socioeconómicos producto del proceso de urbanización paralelo a la industrialización en los años treinta, el crecimiento del sector terciario de la economía correspondiente al desarrollo del sector servicios y de la pequeña empresa que contribuyó al incremento del empleo total.

Posteriormente con el aumento del nivel educativo de la población y en particular el de las mujeres, junto con su incorporación masiva al mercado de trabajo, el uso generalizado de anticonceptivos modernos, el desarrollo científico y tecnológico y la reducción de la mortalidad particularmente la infantil, que contribuyó al mejoramiento de la calidad de vida de la población, al reconocimiento de la mujer como eje del desarrollo, así como a la transformación de las estructuras familiares creando a su vez un ambiente favorable para la transformación demográfica y el envejecimiento poblacional. (Minsalud, 2013, p. 90)

Hoy en Colombia hay más viejos que nunca antes: 5,2 millones de personas (el 10,8% de la población) con 60 años o más, y para 2050 calculamos que serán 14,1 millones (el 23% de la población), siendo el determinante más importante de la transformación de la demografía en América Latina y el Caribe el descenso de la fecundidad, donde en Colombia ha descendido a 2.2 hijos por mujer (Fedesarrollo y Fundación Saldarriaga Concha, 2015), teniendo presente que para las primeras décadas del siglo XX, la tasa total de fecundidad era aproximadamente de 6.4 hijos por mujer. (Flórez, 2000; Medina, 2010 citado por Minsalud, 2013 p. 11).

La situación descrita hace evidente que el envejecimiento demográfico acelerado de la población se reflejará en un creciente número de ancianos institucionalizados (Veras, 2007), de ahí se desprende el propósito de este artículo de presentar un panorama general de las razones o factores que pueden favorecer la institucionalización del adulto mayor, y la influencia de la familia frente a este hecho.

Como primera medida se destaca el factor edad como uno de los factores predisponentes para la institucionalización, tal como lo expresan Oliveira et al (2014) y Del Duca, Silva, Thumé et al. (2012) quienes dicen que la institucionalización se incrementa con el aumento de la edad y por tanto, el grupo de edad de 80 años y más se considera un factor de riesgo potencial para la institucionalización; esta situación se evidencia igualmente en los estudios realizados por Lord, Castell, Corcoran, Dayhew, Matters y Williams (2003) y Hardy, Thomas (2004), y corroboran lo que dice la literatura que destaca la prevalencia de ancianos institucionalizados cada vez más ancianos

Unido al incremento de la edad se presenta el mayor riesgo

de enfermedades crónicas, como son las demencias y diferentes problemas derivados del deterioro físico y cognitivo (Dieguez, De Los Reyes, 1999), que genera mayor dependencia, ya que el envejecimiento de la población está acompañada de enfermedad y discapacidad (Hoskins, Kalache y Mende, 2005), enfermedades que en muchos casos son de difícil manejo en casa y ameritan el traslado a residencias de adultos mayores.

El estado civil es también factor predisponente de institucionalización, debido a que la mayoría de los adultos mayores institucionalizados son viudos y solteros. A diferencia de los que vivían en la comunidad que estaban casados o vivían con pareja. Esto sugiere que el aislamiento social y la soledad en la vejez están vinculados al deterioro de la salud física y mental y a la posterior institucionalización.

La presencia de un compañero para las actividades cotidianas o de otras redes sociales, como los vecinos y los grupos comunitarios, son de gran importancia para la salud de las personas mayores. (Oliveira et al., 2014) (Del Duca, Silva, Thumé et al. 2012). Además según Oliveira, Santos, Ariene y Pavarini (2014) los adultos solteros y viudos institucionalizados tenían asociada la depresión.

En cuanto al género, la institucionalización es más frecuente en mujeres que en hombres (Del Duca, Silva, Thumé, Santos y Hallal, 2012). Una de las razones dadas para justificar la prevalencia de las mujeres ancianas institucionalizadas fue el hecho de que los hombres tienen una mayor posibilidad de ser atendidos por las mujeres. La principal fuente de apoyo a los hombres mayores eran sus cónyuges y, para las mujeres, sus hijos. (Lord, Castell, Corcoran, Dayhew, Matters y Williams, 2003)

Otro aspecto identificado como factor de institucionalización fue el bajo nivel educativo asociado también a mayor fragilidad, problemas de salud mental e incidencia de enfermedades crónicas. También se encontró que los bajos niveles de actividad física y de capacidad funcional de los adultos mayores fueron asociados con institucionalización. (Olveira et al., 2014) (Del Duca, Silva, Thumé et al. 2012)

Por otra parte, los estudios muestran el papel importante que juega la familia en el cuidado de los ancianos para que tengan un envejecimiento saludable y activo. La familia es el principal entorno social del individuo tal como lo expresa Camargo, Rodríguez y Machado (como se citó en Vera et al, 2015). Pedrazi et al (como se citó en Vera et al, 2015) expresa que igualmente la familia actúa como factor protector y como cuidadora de ancianos, especialmente en hogares bi- y tri-generacionales.

El cambio en el tamaño, estructura, funciones y modalidades de familia producto de los procesos de modernización en Colombia, al finalizar el siglo XX, donde los miembros usuales de un hogar colombiano eran cuatro (Pro-familia, 2000), ha propiciado la disminución de la familia extensa dando paso al predominio inicial de la familia nuclear, y progresivamente a diversas modalidades familiares, incluyendo las unipersonales y las compuestas. La familia nuclear ofrece menos posibilidades de que los adultos mayores sean cuidados en su momento, debido a que los hijos generalmente se independizan para formar otra familia nuclear o vivir solos.

Otro aspecto que ha venido cambiando dentro de la familia hace alusión a la ampliación de roles que desempeña la mujer fuera del hogar (Dieguez, De Los Reyes, 1999), donde por generaciones la mujer ha sido responsabilizada como la cuidadora natural de la familia y actualmente, ha asumido roles a nivel laboral que pueden impedir cumplir la labor de cuidadora, llevándola a tomar la decisión de institucionalizar a sus parientes, decisión que no es fácil por lo arraigado que está el papel de la mujer como cuidadora en la sociedad.

Es palpable que en la sociedad actual, la familia ha cambiado producto de la globalización que alteró el mundo existencial de los sujetos, y atravesó la vida social en un fenómeno que Rebellato (como se citó en Fachola, Heuguerot,, Porto, Díaz y París, 2015) denominó "cultura neoliberal", que además de las prácticas económicas, incluye los valores diferentes que han impactado los vínculos sociales, incluso la familia, como son el individualismo que cada día aumenta, la migración constante, el desarraigo que lleva a dejar sin protección a los adultos mayores.

También dentro de esta cultura se sobrevalora la multiplicación constante de los recursos económicos, la vejez se considera una etapa improductiva, preocupación constante por la estética y el deseo permanente de juventud que lleva a los adultos mayores a avergonzarse y altera su identidad llevándolos al aislamiento y precariedad, situaciones que predisponen a la institucionalización.

Aunque la familia es el sitio ideal para el adulto mayor, el hecho de que la familia sea funcional o disfuncional tiene relación con la institucionalización. Según Herrera Santi y Ministério da Saúde de Brasil (como se citó en Vera et al, 2015), una familia se considera funcional cuando existe una separación de tareas o roles que están claramente definidos y aceptados por los miembros de la familia para ayudar a resolver problemas, utilizando sus propios recursos.

El grupo familiar funcional es capaz de responder a situaciones de conflicto y crisis con cierta estabilidad emocional. En este caso, la familia es una unidad de apoyo y cuidado, según Paiva, Bessa et. al y Gonçalves, Costa et. al (como se citó en Oliveira, Santos y Pavarini, 2014). En la posición opuesta, la familia disfuncional es aquella en la que hay falta de respeto, superposición en la jerarquía, ruido de comunicación y falta de (re) organización del sistema familiar cuando se articulan capacidades para la resolución de problemas. Los miembros priorizan los intereses individuales a expensas de los intereses grupales y no asumen sus roles dentro del sistema.

Oliveira, Santos y Pavarini (2014) encontraron que la población institucionalizada mostró fuerte relación con la disfuncionalidad familiar (57% tenía alta disfuncionalidad familiar y 21% moderada disfuncionalidad familiar), siendo más alta en el grupo de edad de 80 años y más, como también entre las mujeres.

Wu, Sun, Sun, Zhang, Tao, Cui (como se citó en Vera et al, 2015) manifiestan que la disfuncionalidad familiar ha sido asociada con la soledad de los ancianos, depresión y falta de atención familiar a las personas con enfermedades crónicas no trasmisibles, haciéndolos más propensos a la institucionalización por la falta de apoyo familiar.

Guevara-Peña (2016) plantea otra de las razones de institucionalización del adulto mayor hace referencia a las dificultades económicas en las familias que no les permite dedicarse al cuidado o contratar un servicio para ello; por otra parte, el deficiente servicio de salud para tratar enfermedades costosas que además en muchos casos son de difícil manejo, unido a la pobreza de las familias impide hacerse cargo de las personas mayores. Debido a esta situación, cada vez cobra más fuerza en Colombia y en gran parte del mundo la necesidad de institucionalización.

Hay que agregar que unida a la institucionalización surge una situación recurrente y es que la familia se va distanciando tal como lo expresa Perlini, Leite, Furini (como se citó en Oliveira, Santos y Pavarini, 2014), lo que demuestra que los lazos familiares se vuelven frágiles con el tiempo y lógicamente redunda en la salud de esta población.

Por otra parte, la institucionalización tiene sus aspectos positivos como negativos. Entre los aspectos en contra se observan ciertas características entre la población institucionalizada que pueden afectar su calidad de vida, entre los cuales se encuentran un alto nivel de inactividad; falta de afecto; ausencia de familia para ayudar en autocuidado; falta de apoyo financiero; altos niveles de limitaciones de la funcionalidad, como la dificultad para realizar las actividades de la vida diaria; y la pérdida de autonomía física, cognitivas, social y funcional. (Lord, Castell, Corcoran, Dayhew, Matters, Williams, 2003; Hardy, Thomas, 2004)

Unido a lo anterior está la red social restringida, no trabajan, poca espiritualidad influyendo en su bienestar tanto en los ámbitos psicológicos como medioambiental. (Carreira, Botelho , Matos, Torres, Salci, 2011). También se destacan como efectos perjudiciales, los referenciados por Santos, Amaral y Borges (2015), quienes afirman que el estar institucionalizado se asocia con el riesgo de desnutrición.

Estos resultados son consistentes con informes previos de alta prevalencia de desnutrición en instituciones geriátricas y afirman que los adultos mayores institucionalizados tienden a tener un estado nutricional más pobre que aquellos adultos mayores no institucionalizados.

Sin embargo, Santos et. Al encontró en adultos mayores con edades entre 78-84 años, donde predominaban mujeres, que la desnutrición o el riesgo de estarlo no tenían diferencias estadísticamente significativas con la edad, el género y el nivel educativo, pero si encontraron diferencias significativas con el estado civil, donde los adultos mayores con desnutrición eran viudos, al igual que con la autopercepción de salud en forma negativa. En comparación con los adultos mayores de 85 años, se observó una mayor frecuencia de riesgo de desnutrición y de desnutrición, por tanto, a mayor edad mayor riesgo de desnutrición.

Contrario a las visiones clásicas de la institucionalización que destacan sus efectos nocivos, podrían expresarse aspectos favorecedores considerando que si los adultos mayores no tienen familiares o amigos, la soledad y el aislamiento social son elementos que guardan relación con brote de problemas físicos y mentales en particular (Santana, Coutinho , Ramos, Santos, Lemos, Silva, 2012), o con el mismo suicidio. Por lo tanto, en una institución donde se cuente con una buena administración, un ambiente institucional agradable, atención adecuada y especialmente atención individualizada y se respeten los derechos de las personas, todo esto beneficiaría a los residentes.

Por otra parte, la institucionalización en muchos casos logra mejorar la calidad de vida de los adultos mayores al proporcionarles seguridad y mejores condiciones que las que tenían fuera de ella. (Fachola et. al, 2015). Otros aspectos positivos que se destacan de la institucionalización son la atención sanitaria continuada las 24 horas del día y la posibilidad de acceder a terapias especializadas, en caso de que el centro disponga de ellas. (Rodríguez-Martín, Martínez-Andrés, Notario-Pacheco, Martínez-Vizcaíno, 2016)

En conclusión la institucionalización es un hecho cada día más frecuente en la sociedad, producto del envejecimiento demográfico, donde se hace evidente el aumento de la población adulta mayor frente al resto de la sociedad, pero resaltando que las condiciones en las que llegan a la vejez son poco favorecedoras, ya que priman las enfermedades discapacitantes, la pobreza y las escasas o nulas redes sociales.

De ahí, la necesidad que la vejez siga siendo tema importante en los debates políticos, económicos, sociales y académicos y se cuestionen las formas como se adaptaran los sistemas sociales, económicos y de salud a estas nuevas configuraciones de población (Ham, 2003; Gastron y Odonne, 2008).

Se destaca que definitivamente la familia es el mejor sitio para permanecer en la vejez, sin embargo la globalización, la modernización y la desigualdad social han generado cambios importantes dentro de la sociedad que requieren que sean reflexionados para equilibrar el funcionamiento familiar y se recuperen valores como la solidaridad, el respeto por los mayores, la unidad familiar como apoyo emocional y económico.

Es necesario educar para una vejez saludable, activa y en familia desde edades tempranas generando adultos mayores saludables, gestores de su autocuidado, en medio de una sociedad con políticas públicas que garanticen los derechos de los adultos mayores y gobiernos que muestren verdadero interés en la vejez, ya que es un aspecto de verdadera importancia en el desarrollo de las naciones, considerando la realidad del envejecimiento demográfico y el aumento considerable de esta población en los años venideros.

Por otra parte, se reafirma que las instituciones o residencias para adultos mayores son una necesidad en ciertos momentos, por tanto, ellas deben ir evolucionando para darle un enfoque más positivo a la estancia de esta población favoreciendo todos los aspectos relacionados con la calidad de vida.

Referencias

Alencar NA , Souza Júnior JV , Aragão JCB , Ferreira MA , Dantas E . (2010). Level of physical activity, functional autonomy and quality of life in sedentary and active elderly women . Fisioter Mov. ; 23 (3): 473-481

Carreira L, Botelho MR , Matos PCB , Torres MM , Salci MA . (2011). Prevalence of depression in institutionalized older adults . Rev Enferm.; 19 (2): 268-273 . 43

Del Duca, Giovâni Firpo, Silva, Shana Ginar da, Thumé, Elaine, Santos, Iná S, & Hallal,

Pedro C. (2012). Indicadores da institucionalização de idosos: estudo de casos e controles. Revista de Saúde Pública, 46(1), 147-153. Recuperado de:

Intervenciones psicosociales. Cronologías, contextos y realidades.

https://dx.doi.org/10.1590/S0034-89102012000100018

Dieguez, Alberto J. y de los Reyes Ma. Cristina. (1999). Institucionalización del anciano y cuidadores familiares. En XIV Congreso Argentino de Logoterapia. Hacia un envejecimiento con sentido. Mar del Plata, Argentina. Recuperado de: http://www.ts.ucr.ac.cr/binarios/pela/pl-000212.pdf

Ham, Roberto. (2003). Actividad e ingresos en los umbrales de la vejez. En: Papeles de Población. Julio - septiembre, 9 (37): 1-26

Hardy SE, Thomas MG. (2004). Recovery from disability among community-dwelling older persons. JAMA.; 291 (13): 1596-1602

Hoskins, Irene, Kalache, Alexandre, & Mende, Susan. (2005). Hacia una atención primaria de salud adaptada a las personas de edad. Revista Panamericana de Salud Pública, 17(5-6): 444-451. Recuperado de: https://dx.doi.org/10.1590/S1020-49892005000500017

Fachola, María Cristina Heuguerot, Lucero, Rossana, Porto, Viviana, Díaz, Elizabeth, & París, María de los Angeles. (2015). Tentativa e ideación de suicidio en adultos mayores en Uruguay. Ciência & Saúde Coletiva, 20(6), 1693-1702. Recuperado de: https://dx.doi.org/10.1590/1413-81232015206.02252015

Fedesarrollo y Fundación Saldarriaga Concha. (2015). Misión Colombia Envejece: cifras, retos y recomendaciones. Editorial Fundación Saldarriaga Concha. Bogotá, D.C. Colombia. 706p.

Gastron, Liliana y Odonne, María (2008). Reflexiones en torno al tiempo y al paradigma del curso de la vida. En: Perspectivas en Psicología. Noviembre, 5, (2):1-9.

Guevara-Peña, Nora Liliana. (2016). Impactos de la institucionalización en la vejez. Análisis frente a los cambios demográficos actuales. Entramado, 12(1):138 .151. Recuperado de: https://dx.doi.org/10.18041/entramado.2016v12n1.23110

Lord, Castell, Corcoran, Dayhew, Matters, Williams (2003). The effect of group exercise on physical functioning and falls in frail older people living in retirement villages: a randomized, controlled trial . J Am Geriatr Soc. ; 51 (12): 1685-1692 .

Ministerio de salud y protección Social (2013). Envejecimiento

Demográfico. Colombia 1951-2020: Dinámica Demográfica Y Estructuras Poblacionales. Bogotá.

Nieto Antolínez Eco, M. y Alonso Palacio, L. (2007). ¿Está preparado nuestro país para asumir los retos que plantea el envejecimiento poblacional? Salud Uninorte. Barranquilla (Col.); 23 (2): 292-301

Oliveira, Simone Camargo de, Santos, Ariene Angelini dos, & Pavarini, Sofia Cristina Iost. (2014).The relationship between depressive symptoms and family functioning in institutionalized elderly. Revista da Escola de Enfermagem da USP, 48(1), 65-71. Recuperado de: https://dx.doi.org/10.1590/S0080-623420140000100008

Organización Mundial de la Salud, OMS (2016). Envejecimiento y salud. Nota descriptiva N° 404. Septiembre de 2015. Recuperado de: http://www.who.int/mediacentre/factsheets/fs404/es/

Profamilia (2000). Salud sexual y reproductiva en Colombia. Encuesta Nacional de Demografía y Salad. Resultados. Bogotá: Profamilia .

Rodríguez-Martín, Beatriz, Martínez-Andrés, María, Notario-Pacheco, Blanca, & Martínez

Vizcaíno, Vicente. (2016). Conceptualizaciones sobre la atención a personas con demencia en residencias de mayores. Cadernos de Saúde Pública, 32(3), e00163914. Epub April 12. Recuperado de: https://dx.doi.org/10.1590/0102-311X00163914

Santana IO , Coutinho MPL , Ramos N , Santos DS , Lemos GLC , Silva PB . (2012). Elderly woman: life experiences of institutionalization process . Ex Aequo.; 26 (1): 71-85

Santos, Ana Luísa Moreira dos, Amaral, Teresa Maria de Serpa Pinto Freitas do, & Borges, Nuno Pedro García Fernandes Bento. (2015). Undernutrition and associated factors in a Portuguese older adult community. Revista de Nutrição, 28(3), 231-240. Recuperado de: https://dx.doi.org/10.1590/1415-52732015000300001

Vera, Ivania; Lucchese, Roselma, Nakatani, Adélia Yaeko Kyosen, Sadoyama, Geraldo, Bachion, Maria Márcia, & Vila, Vanessa da Silva Carvalho. (2015). Factors associated with family dysfunction among non-institutionalized older people. Texto & Contexto -Enfermagem, 24(2), 494-504. Recuperado de: https://dx.doi.org/10.1590/0104-07072015001602014

Veras R . Forum. (2007).   Population aging and health information from the National Household Sample Survey: contemporary demands and challenges . Rep Pub Health.; 23 (10): 2463 – 2466

Recuperación Psicoafectiva e interferencias en el desarrollo en primera infancia

Viana Ángela Bustos Arcón, Ana Rita Russo de Sánchez

Introducción

La infancia comprende el periodo más importante del desarrollo humano, pues allí se concentran los procesos madurativo-constitucionales (Greenspan, 1992) primordiales del crecimiento y la personalidad. Es así como la psicología dinámica concede un lugar privilegiado en el desarrollo infantil a lo emocional y afectivo, pues los procesos básicos de los individuos ocurren a través de la consolidación de vínculos afectivos, y son éstos los que permiten el despliegue de los factores innatos y ambientales necesarios para el desarrollo durante la infancia.

Bajo esta premisa, el Programa de Desarrollo Psicoafectivo y Educación Emocional de la Universidad del Norte, en el ejercicio de sus 20 años de trabajo incansable por la infancia en Colombia y Latinoamérica promueve la maduración psicoafectiva, la autorregulación emocional, las relaciones afectivas sanas, la resolución de conflictos, la resiliencia y una cultura de paz en la niñez, a través de la formación emocional y técnicas lúdico-educativas.

Aunque son muchos los esfuerzos, nacionales e internacionales que ocupan la protección de la infancia, ésta enfrenta circunstancias de vulnerabilidad como el maltrato, abuso, negligencia, abandono, pobreza, violencia o conflicto armado, entre otras, que se constituyen en interferencias en el desarrollo y que afectan el curso esperado de los momentos evolutivos, causando graves daños en el desarrollo psicoafectivo de los niños, niñas y sus familias.

El Programa de Desarrollo Psicoafectivo y Educación Emocional de la Universidad del Norte, y el Instituto Colombiano de Bienestar Familiar-ICBF con el ánimo de favorecer el desarrollo psicoafectivo en condiciones de interferencias en el desarrollo, llevaron a cabo durante el año 2016, la ejecución del Programa de Recuperación Psicoafectiva, que comprende la formación de profesionales o equipos psicosociales en desarrollo psicoafectivo e interferencias en el desarrollo en la infancia, la implementación de técnicas lúdico-educativas (cuento, psicodrama, juego y relato vivencial) y tutorías.

Los resultados obtenidos por la evaluación Pretest y Postest, a través del instrumento C.A.T.-A permitió establecer cambios en las condiciones psicoafectivas de los niños y niñas participantes esencialmente en la forma de afrontar los conflictos evolutivos, la percepción del ambiente y el uso de mecanismos de defensa acordes a su desarrollo madurativo-constitucional.

Desarrollo emocional e Interferencias en el desarrollo

La psicología dinámica comprende el desarrollo como una relación no azarosa de los factores innatos y los factores ambientales de los individuos, a la vez que este encuentro permite el surgimiento de las condiciones del desarrollo emocional a través de las relaciones afectivas que tienen lugar entre el niño/a y el ambiente. Es así como "(…) Freud, Klein, Bowlby, Jung, Erikson, (…) han dejado una indeleble huella en el entendimiento actual de como el humano vive y experimenta la salud mental y cómo la pierde." (Romo y Patiño, 2014, p. 68). Pues, han otorgado a la infancia un lugar privilegiado en el desarrollo humano, y han permitido el establecimiento de las condiciones del desarrollo humano.

Usualmente, cuando se presenta el desarrollo, se subordina el desarrollo emocional a una dimensión meramente psicológica, como el aprendizaje o la memoria cuando lo cierto es que, su lugar es tan vital que comprende esfuerzos constantes de integración, pues el desarrollo no es integral por sí mismo, sino gracias al desarrollo emocional. Justamente "(…) es menos habitual contar con información relevante sobre un pilar del desarrollo infantil como lo es el desarrollo emocional." (Duro, 2012, p. 5).

Dado que "El psiquismo humano depende de varios sistemas que trabajan al unísono a través de diversos niveles de organización y no de un único sistema, (…) paralelos en su desarrollo y operatividad." (Bleichmar, 2005, p. 13). El desarrollo emocional es la vía desde la cual se llega a la integración.

Por supuesto, lo emocional comprende un aspecto importante en la consolidación tanto del desarrollo humano como de la personalidad, al comprender que "El proceso madurativo-constitucional es universal, pero el desarrollo emocional concede a cada individuo las características particulares que posee." (Bustos, 2017, p. 10). Con esto, se advierte que, aunque el crecimiento parece universal, y los conflictos constitucionales determinados, la forma en que surge se somete a las características del ambiente.

La infancia entonces, provee al individuo de lo indispensable para su desarrollo en etapas posteriores de la vida, y en particular es el cimiento de la personalidad. Y esto es así, por la ocurrencia de vínculos afectivos, que atienden las necesidades y demandas físicas y afectivas de los niños/as. Gómez (2013) citando a Bowlby (1980) señala que:

Los vínculos íntimos con otros seres humanos son el eje alrededor del cual gira la vida de una persona, no solo cuando es un infante o un niño o un escolar sino a lo largo de su adolescencia, sus años de madurez así como en la ancianidad. (p. 129)

El desarrollo emocional está determinado por lo afectivo, dado que "(...) las emociones se despiertan en el seno de las relaciones humanas y son el vehículo privilegiado en la comunicación afectiva." (Bleichmar, 2005, p. 65). Lo corporal, iniciado por efecto de la maduración provee las sensaciones y evidencia ansiedades que requieren ser interpretadas por la relación afectiva del niño/a y el ambiente, pues es esta relación afectiva la que permite "(...) ordenar el universo de las impresiones emocionales y sensoriales del niño (...)" (Segal, 2008, p. 40).

El desarrollo emocional es una constante, atravesada por los sucesivos momentos del desarrollo, que inician con una inmadurez estructural, en la que son vitales los cuidados y atenciones del ambiente. Los cuidados físicos y afectivos requeridos proveen recursos psíquicos y madurativos para superar la frustración ocurrida en cada uno de estos. Situaciones como alimentarse, caminar, hablar, etc., no solo se refieren a logros observables, sino que conducen paulatinamente a la independencia, y no solo física, también y en principio afectiva.

Es necesario señalar, que el desarrollo humano no es integral, si integralidad se debe principalmente al desarrollo emocional, pues la dimensión afectiva otorga a lo biopsicosocial su carácter de unidad. Se afirma que "(…) el crecimiento emocional del individuo, incluye la evolución de su capacidad para relacionarse con las personas y con el ambiente en general." (Winnicott, 1961b, p. 120). Es esta dimensión la que ordena las sensaciones corporales y las emociones, y ello radica la "(…) maduración, adaptación y estructuración (…)" (A. Freud, 1979, p. 65). Lo madurativo complejiza lo afectivo y viceversa. El despliegue de lo madurativo depende de las relaciones afectivas.

Frecuentemente se piensa que, el desarrollo humano es lineal y específico, olvidando la incidencia biopsicosocial y afectiva de su ocurrencia, es decir, se da por sentado que el desarrollo tendrá lugar, cuando ciertamente no es así. La psicología dinámica, evidencia que, por el contrario, el desarrollo del individuo se determina por el surgimiento del desarrollo emocional, el cual "(…) no es cómodo y no es natural (…)" (Bustos, 2017, p. 5).

Mientras que lo singular ocurre "(…) en la vida familiar, (que) es el medio ambiente en el que surge, lo que llamamos el desarrollo psicoemocional." (Cortese, 2004, p. 106). Pues, implica una dinámica en las transformaciones propias de los momentos evolutivos, los conflictos estructurales y las relaciones afectivas, y ello es único en cada individuo.

Ahora bien, al ser el desarrollo emocional un efecto de lo madurativo-constitucional, cuyo surgimiento ocurre tempranamente en el individuo, a saber, durante la infancia, es preciso considerar su incidencia tanto en la salud mental como en la enfermedad mental, y con ello cuestionar los pormenores del desarrollo psicoafectivo que tendría lugar en un escenario de interferencias en el desarrollo. Es decir, comprender la importancia del desarrollo emocional, permite pensar su ¿ocurrencia? en casos de abuso, maltrato, negligencia, abandono, desplazamiento, etc., sobre todo al conocer "(…) la importancia de las experiencias tempranas y su impacto en la psicopatología del adulto." (Romo y Patiño, 2014, p. 69). El interés aquí es pensar la recuperación psicoafectiva en interferencias en el desarrollo.

Recuperación Psicoafectiva e interferencias en el desarrollo

La recuperación psicoafectiva debe ser entendida como una forma de intervención psicológica que atiende los efectos negativos de una(s) interferencia(s) en el desarrollo, que impiden el curso esperado del desarrollo en una o todas sus dimensiones. Benjet (2009) afirma que "La infancia es una etapa crítica del desarrollo humano en la cual se siembran las semillas de la salud mental y el bienestar del futuro." (p. 234). Es indispensable entonces, ocuparse de la infancia en especial en casos donde las fallas ambientales indisponen su curso. (Mass, 2013; Mass, Ibáñez y Martínez, 2012; Mass, 2011).

Si la salud está "(…) relacionada con el establecimiento de figuras adecuadas, para darle una base segura al niño/a y la capacidad para colaborar en el establecimiento de una relación mutuamente gratificante." (Londoño, 2010, p. 280). Una falla en el ambiente, como el abuso, el maltrato, el abandono o el desplazamiento, imposibilitan el desarrollo emocional en tanto conjunto, es decir, a lo biopsicosocial.

Por otra parte, si las figuras primordiales no se experimentan seguras, y el ambiente incide en esta experiencia "(…) posiblemente se instauran en el niño/a, comportamientos que le impiden establecer relaciones caracterizadas por la confianza y la proximidad en el vínculo." (Londoño, 2010, p. 280). Por tanto, es indiscutible que "La salud mental está influenciada no solo por factores internos de la persona (como la genética y la resiliencia personal) sino también de manera muy importante por el entorno." (Benjet, 2009, p. 237). O sea, si el entorno fracasa, los estragos en la organización psíquica en la infancia podrían tener graves repercusiones en el desarrollo del niño/a y en consecuencia, en su personalidad.

La infancia se presenta vulnerable puesto que los niños/as "(…) cuentan con pocos recursos o poder para cambiarlo." (Benjet, 2009, p. 237). Lo que convoca a los adultos y profesionales a "(…) promover la recuperación física y psicológica y la reintegración social de todo niño víctima (…)." (UNICEF, 1989, artículo 39, p. 36). Y a conducir "La necesidad vital de hacer frente a la ansiedad, (…) a desarrollar mecanismos y defensas fundamentales." (Klein, 1946, p. 14).

Para hacer frente a los acontecimientos adversos, pues, las interferencias en el desarrollo, al no hacer parte de los procesos madurativo-constitucionales no proveen los recursos necesarios para su madurez, por el contrario, la limitan.

Aunque la infancia se presenta más vulnerable en comparación a otros grupos poblacionales, las características del desarrollo infantil, evidencian también su capacidad de sobreponerse a la adversidad. Winnicott (1963) advierte que existe en los individuos "La tendencia a la recuperación (…)" (p. 85). Es decir, una capacidad única de afrontar la adversidad, más recientemente Benjet (2009) señala que "(…) el propio proceso de desarrollo implica mayor plasticidad y por ende mayor adaptabilidad y receptividad a ser influenciado por él." (p. 237). Y es aquí donde, las estrategias de recuperación psicoafectiva cobran validez, relevancia y urgencia.

Recuperación Psicoafectiva: Intervención a través de técnicas lúdico-educativas

El Programa de Desarrollo Psicoafectivo y Educación Emocional-Pisotón de la Universidad del Norte y el Instituto Colombiano de Bienestar Familiar- ICBF en el marco del convenio de Asociación No. 1031 de 2016, bajo la premisa de la recuperación psicoafectiva, desarrollaron un programa de intervención en la infancia para interferencias en el desarrollo, a través de técnicas lúdico-educativas. Participaron 110 niños y niñas, de entre 3 y 6 años de edad, de Arauca, Barranquilla, Caquetá, Casanare y La Guajira.

El Programa de Recuperación Psicoafectiva, fue implementado por profesionales y/o equipos psicosociales con una profunda formación en desarrollo psicoafectivo e interferencias en el desarrollo. Las técnicas lúdico-educativas comprendieron: cuento, psicodrama, juego y relato vivencial.

El método comprende la investigación cualitativa y en particular el análisis de contenido, en el uso del Test de Apercepción Temática – CAT para niños en su forma A (Animal) se usaron las transcripciones de los reportes de los participantes.

Conjunto de procedimientos interpretativos de productos

comunicativos (mensajes, textos o discursos) que proceden de procesos singulares de comunicación previamente registrados, y que, basados en técnicas de medida a veces, cuantitativas (estadísticas basadas en el recuento de unidades), a veces cualitativas (lógicas basadas en la combinación de categorías), tienen por objeto elaborar y procesar datos relevantes sobre las condiciones mismas en que se han producido aquellos textos, o sobre las condiciones que puedan darse para su empleo posterior. (Piñuel, 2002, p. 2)

Las fuentes que corresponden al análisis de contenido pueden ser "(…) escritos (artículos, informes, planificadores, etc.) entrevista, observaciones, entre otros." (Valbuena, 2013, p. 214).

El propósito fue, establecer los cambios en las condiciones psicoafectivas de los niños y niñas participantes en los conflictos evolutivos y el nivel de ansiedad, el tipo de ambiente representado y el uso de los mecanismos de defensa, antes y después de la implementación del programa.

Para la implementación del programa en la población participante se realizó el siguiente procedimiento:

A. Formación de profesionales (psicólogos y trabajadores sociales) en las temáticas correspondientes al desarrollo psicoafectivo e interferencias en el desarrollo.

B. Formación de profesionales en técnicas lúdico-educativas y el Programa de Recuperación Psicoafectiva.

C. Implementación del Programa de Recuperación Psicoafectiva y seguimiento de aplicación con profesionales expertos.

D. Tutorías

Para la implementación del programa fue necesario el siguiente procedimiento, comprendiendo los procedimientos éticos y deontológicos de la psicología en Colombia.

A. Selección de niños/as participantes.

B. Presentación del Programa a los padres, para su aprobación y participación. (firma de la autorización para el uso de fotografías y video)

C. Presentación del Programa a los niños/niñas, para su aprobación y participación. (firma del asentimiento informado)

D. Aplicación del Pretest a los niños y niñas del grupo seleccionado (Uso de la prueba C.A.T-A).

E. Conferencia/taller para padres y madres sobre desarrollo psicoafectivo

El programa de recuperación psicoafectiva comprendió cuatro (4) momentos. Esta organización se determinó con el ánimo de establecer las condiciones psicoafectivas necesarias para la elaboración psíquica de las interferencias en el desarrollo.

El orden de presentación de las técnicas lúdico-educativas fue:

Proyección de serie animada, como técnica de estímulo desde lo evolutivo y Psicodrama, Juego, Relato vivencial, Cuento de Recuperación

El cierre de la implementación del programa de recuperación psicoafectiva se llevó a cabo:

a. Día de Encuentro Familiar/ Cartilla de recuperación psicoafectiva

b. Aplicación del Postest a los niños y niñas del grupo seleccionado. (Uso de la prueba C.A.T-A).

Las temáticas del programa de recuperación psicoafectiva comprenden dos (2) tiempos, primero se enfocan en las condiciones externas, es decir, las interferencias en el desarrollo y luego se dirigen a los fenómenos intrapsíquicos como la compulsión de la repetición, mecanismos de defensa y resiliencia. El orden de presentación fue:

Momento 1

Temática	Técnica 1	Técnica 2	Técnica 3	Técnica 4	Técnica 5
No. 1 Agresión- Maltrato	Proyección del video:	Psicodrama #1	Juego: *Ayudando en casa*	Relato Vivencial # 1	Cuento: *El día en que*

	Monstruos en Pantania				*Miguelito volvió a sonreír*
No. 2 Abandono	Proyección del video: *Mamá, yo voy contigo*	Psicodrama #2	Juego: *Hagamos historias felices*	Relato Vivencial # 2	Cuento: *Una segunda oportunidad*
No. 3 Abuso Sexual	Proyección del video: *El misterio del pastel pérdido*	Psicodrama #3	Juego: *Decidamos*	Relato Vivencial # 3	Cuento: *Yo aprendí a decir No*

Momento 2

Temática	Técnica 1	Técnica 2	Técnica 3	Técnica 4
No. 1 Compulsión a la repetición (Recordar	Cuento: *El imán ha perdido su fuerza*	Psicodrama #4	Juego: *Rompamos cadenas*	Relato Vivencial # 4

para no				
repetir)				
No. 2 **Mecanismos** **de defensa**	Cuento: *La capa protectora*	Psicodrama #5	Juego: *Las paletas defensivas*	Relato Vivencial # 5
No. 3 **Resiliencia**	Cuento: *La otra orilla*	Psicodrama #6	Juego: *La clave está en mí*	Relato Vivencial # 6

Las estrategias lúdico-educativas fueron diseñadas con el propósito específico de favorecer la resignificación emocional, centrado en apoyar al yo y generar mecanismos de defensivos más elaborados, adaptativos y maduros. Puesto "Los procesos […] defensivos son aquellos medios psicológicos que el yo utiliza para solucionar los conflictos que surgen entre las exigencias instintivas y la necesidad de adaptarse al mundo de la realidad, bajo determinadas influencias del ambiente familiar y social." (A. Freud, 1993, p. 9).

Es así como el psicodrama, el cuento y el relato vivencial posibilitan el reconocimiento, expresión y resignificación como condiciones indispensables para la Recuperación Psicoafectiva.

Finalmente, El programa de recuperación psicoafectiva centra sus esfuerzos en favorecer el curso normal del desarrollo, entendiendo que existen circunstancias adversas a las que los niños y niñas se enfrentan en Colombia. Promueve además la Recuperación Psicoafectiva a través de un programa diseñado para la atención de interferencias en el desarrollo, que permita reconocer, expresar y resignificar las experiencias traumáticas y las relaciones con el ambiente, facilitando así el curso esperado del desarrollo psicoafectivo en condiciones adversas.

Resultados de implementación del Programa de Recuperación Psicoafectiva

El Test de Apercepción Temática Infantil (forma Animal) -

C.AT-A, es un instrumento de uso clínico, de carácter proyectivo para niños, centrado en la proyección (Freud, 1900). Su premisa se basa en que un niño (a) se siente más cómodo cuando proyecta sus sentimientos, deseos o ansiedades en figuras dibujadas (animales), dada la naturaleza de los momentos evolutivos y sus conflictos. Comprende las características del contenido manifiesto (superficial) y el contenido latente (deseos, ansiedades, miedos, etc.), y las condiciones del yo, siendo visible los mecanismos de defensa, la capacidad de adaptación y funciones mentales en general.

El Test de Apercepción Temática Infantil (forma Animal) - C.AT-A comprende las siguientes dimensiones:

Lámina	Descripción- Contenido
Lámina 1	Problemas orales, rivalidad fraterna, vínculo (recibir de los padres), voracidad.
Lámina 2	Identificación del niño o la niña con la figura cooperante o no; pelea o juego; angustias: miedo a la castración o al castigo).
Lámina 3	Representación de la figura paterna, poder benévolo o peligroso; ratón: conflicto entre dependencia y autonomía.
Lámina 4	Rivalidad fraterna, relación con la madre, origen de los bebés, huida del peligro.
Lámina 5	Escena primaria, exploración y curiosidad
Lámina 6	Escena primaria, celos edípicos, elementos de masturbación.
Lámina 7	Miedo a la agresión y su reacción, grado de ansiedad, defensas y castración.
Lámina	Rol familiar, representación de figuras, constelación

8	familiar.
Lámina 9	Miedo a la oscuridad, a la soledad, curiosidad, temor al abandono, indicadores de abuso sexual.
Lámina 10	Concepciones morales, hábitos de limpieza y masturbación, tendencias regresivas. Es probable la aparición de fijaciones.

Para el análisis Pretest y Postest, y con el ánimo de especificar las condiciones generales y particulares de la aplicación fueron necesarias las siguientes categorías:

Categoría Pretest	Descripción	Categoría Postest	Descripción
Normal	Se refiere al contenido esperado	Normal	Se refiere al contenido esperado
Significativo	Comprende un contenido con gran ansiedad	Significativo Positivo	Comprende un contenido en elaboración
Resistencia	Corresponde a un contenido altamente conflictivo.	Resistencia	Corresponde a un contenido altamente conflictivo.
Anulado	Significa que su aplicación fue inapropiada	Anulado	Significa que su aplicación fue

			inapropiada

La comprensión categorial acerca de la experiencia del ambiente se estableció de la siguiente forma:

Experiencia Del Ambiente (Tipo)	Descripción
Ambiente Satisfactorio	El ambiente se experimenta satisfactorio cuando aparecen figuras de cuidado y protección, figuras de afiliación o apoyo.
Ambiente Angustiante O Peligroso	El ambiente es agresivo o angustiante cuando se relaciona con temor a situaciones de peligro, así como también a la ausencia de figuras cuidadoras o protectoras, o contiene agresiones a sí mismo o a otros.
Ambiente Ausente O Apático	El ambiente se percibe como ausente, cuando se experimenta rechazo o abandono, hay ausencia de figuras de protección o afiliación ante situaciones de peligro, sentimientos de tristeza o minusvalía.
Ambiente Ambivalente	El ambiente se experimenta como ambivalente cuando en ocasiones puede ser extremadamente satisfactorio y luego profundamente ausente o apático, en un mismo contenido o a lo largo de os contenidos.

El Inventario de Mecanismos Adaptativos en las Respuestas al CAT de Mary R. Haworth (1966) permitió establecer el uso de mecanismos de defensa de los participantes. El instrumento comprende:

Sección 1: Mecanismos de defensa adaptativos	Sección 2: Características fóbicas, inmaduras o desorganizadas	Sección 3: Identificación
a. Formación reactiva b. Anulación y ambivalencia c. Aislamiento d. Represión y negación e. Engaño f. Simbolización g. Proyección e introyección	a. Temor y angustia b. Regresión c. Controles débiles o ausentes	a. Adecuada, del mismo sexo b. Confuso, o con el sexo opuesto.

A continuación, se extraen los resultados más relevantes de la implementación del programa de recuperación psicoafectiva, referidos a la población, el tipo de ambiente, uso de mecanismos de defensa y contenidos de la prueba.

Población: La población participante del programa de recuperación psicoafectiva (2016) comprendió 111 niños y niñas de Araura, Barranquilla, Caquetá, Riohacha y Yopal.

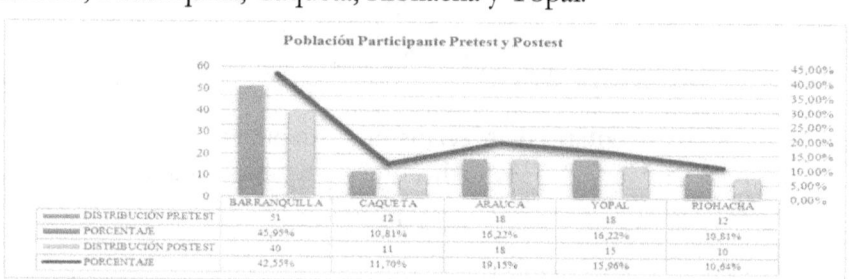

Población Participante Pretest y Postest

	BARRANQUILLA	CAQUETA	ARAUCA	YOPAL	RIOHACHA
DISTRIBUCIÓN PRETEST	51	12	18	18	12
PORCENTAJE	45,95%	10,81%	16,22%	16,22%	10,81%
DISTRIBUCIÓN POSTEST	40	11	18	15	10
PORCENTAJE	42,55%	11,70%	19,15%	15,96%	10,64%

Grafico 1. Población participante del programa de recuperación psicoafectiva en Colombia, a través del Convenio de Asociación No. 1031 de 2016 Suscrito entre el ICBF y la Universidad del Norte Formación en el Programa de Recuperación Psicoafectiva.

Como se puede observar, la participación principal en el Pretest y Postest ocurrió en Barranquilla dada la cantidad de niños y niñas participantes. Únicamente en Arauca se mantuvieron los niños y niñas participantes Pretest – Postest (18). Fueron anulados por fallas en la aplicación ocho (8) test en el Pretest y dos (2) test en el Postest.

Tipo de ambiente: Con respecto al tipo de ambiente, los resultados obtenidos fueron:

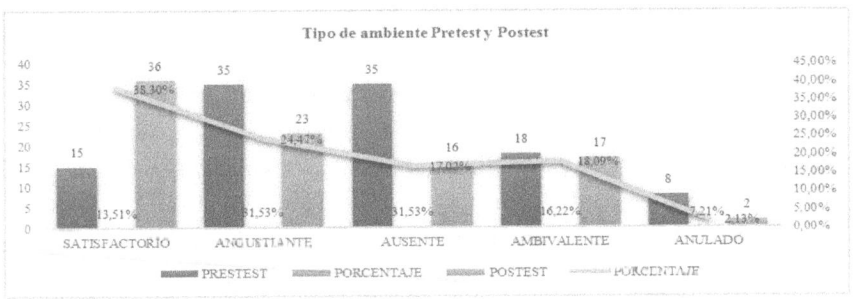

De acuerdo con los resultados, en el Pretest, los niños y niñas representaron el ambiente como altamente angustiante-peligroso (31,53%), ausente (31,53%), o ambivalente (16,22%). Es decir, un ambiente incapaz de proveer las condiciones necesarias para el despliegue del desarrollo psicoafectivo esperado, con un alto compromiso en el temor a la agresión y caracterizado por la ausencia de figuras de protección, cuidado o atención, y la exposición constante a situaciones de peligro, abandono o sentimientos de minusvalía.

El contenido es corto y pobre en proyección. Existe mayor tendencia a las explosiones emocionales (rabia, enojo, agresividad) y dificultades en el autocontrol, y en la aceptación de las normas y la autoridad. Luego de la implementación del programa de recuperación, los resultados en el Postest se evidencian un incremento en la percepción del ambiente en condiciones

167

satisfactorias (38,30%) y un descenso en la representación del ambiente angustiante (24,47%) y ausente (17,02%).

Los cambios son sustanciales en los niños y niñas al expresar los conflictos de acuerdo con sus condiciones evolutivas. Los contenidos son menos catastróficos, disminuye la angustia frente a las eventualidades del medio, hay mayores recursos psíquicos adaptativos, surgen figuras protectoras (familiares, amigos), el contenido es más prolijo y rico en proyecciones y en expresión, es posible la autorregulación y el dominio de sí mismo. Por otra parte, el ambiente angustiante, ya no se refiere a fuerzas externas o situaciones de peligro, sino a contenidos propios del momento evolutivo, es decir, la vivencia de la voluntad y el Complejo de Edipo, o sea, lo que se experimenta como peligroso, es en realidad, la frustración otorgada por acción del adulto, a través de normas, autoridad, límites, etc.

El ambiente ambivalente, aunque conserva valores similares Pretest-Postest, se centra en un carácter afectivo (no cognitivo, no conductual) y en proceso de integración emocional representado en los conflictos evolutivos, principalmente referidos a la autoridad y el ejercicio de la autonomía (lámina 3, lámina 8, lámina 10), cuya expresión se centra en la terquedad o desobediencia, sugiriendo altos controles superyoicos, y mayores esfuerzos de autocontrol o voluntad.

En general la percepción del ambiente en el Postest es más seguro y favorable, pues permite la expresión afectiva, la identificación y la expresión de los conflictos propios de los momentos evolutivos, en especial la regulación y la socialización (3-6 años). Cuanto más positiva es la vivencia del ambiente mayor es el despliegue del desarrollo psicoafectivo y los conflictos propios de los momentos evolutivos, desde la afectividad hasta la consolidación de la identidad.

Es posible comprender que cuanto mayor es la valoración positiva del ambiente, aumenta la percepción protectora del mismo, la satisfacción (oralidad) frente al ambiente (lámina 1, 4, 9), se viabiliza la autorregulación (lámina 7, 8 y 10), el ejercicio de la autonomía de forma regulada (lámina 2 y 3), se incrementa la consideración de la autoridad y existe la posibilidad de expresar conflictos propios de la edad como la sexualidad, la curiosidad, el temor a ser tercero excluido y la escena primaria en niveles esperados de ansiedad (lámina 5 y 6).

Mientras que, cuanto más angustiante o ausente se muestra o se percibe el ambiente mayores esfuerzos psicoafectivos son requeridos para compensar el desarrollo psicoafectivo, esfuerzos que en el Pretest se mostraron altamente ambivalentes (conductual) o sea agresivos.

Resultados por láminas Pretest-Postest: Con respecto a los conflictos evolutivos, los resultados evidencian que cuanto más negativa es la experiencia del ambiente, mayores dificultades se encuentran en el despliegue del desarrollo, y los conflictos evolutivos se viven con alta ansiedad, dificultando el desarrollo emocional, las relaciones afectivas y la autorregulación, que se asocian a problemas relacionados a la autoridad y la agresión.

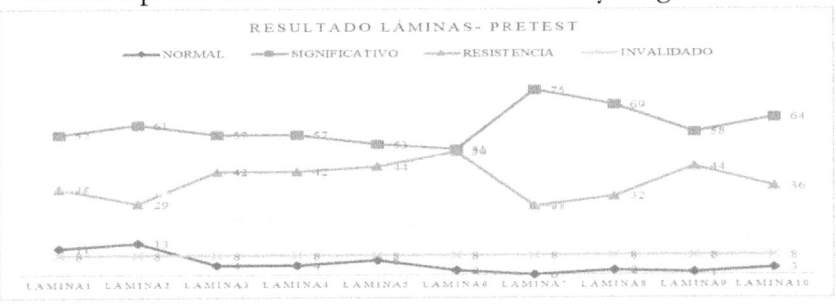

En el Pretest un alto grado de frustración (lámina 1), dificultades en la autonomía, temor a la agresión (lámina 2), dificultades en la representación de la figura parental, experiencias autoritarias (lámina 3), alta ansiedad frente a la rivalidad fraterna, sensación de peligro, y dificultades en el ejercicio de la autonomía (lámina 4) y alta preocupación por la sexualidad, curiosidad y exploración sexual (lámina 5 y lámina 6)

Aquí se encuentra el mayor grado de conflicto (resistencia y ansiedad) de todos los contenidos en la evaluación, observándose una alta tendencia al compromiso afectivo (miedo) y la preocupación por ser tercero excluido y la necesidad de hacer participar a ambos padres de tal escena (sin compromiso sexual).

Con respecto a la lámina 7 (lámina 3) y lámina 8 (lámina 1 y 4), cuanto mayor es la experiencia de frustración y desprotección del ambiente, mayor preocupación existe frente a la agresividad proveniente del ambiente y mayor es la preocupación por la necesidad de afiliación con figuras protectoras. Con respecto a la lámina 9 y 10, cuento mayor es la vivencia ausente o angustiante del ambiente, mayor es la necesidad del ejercicio de la autonomía, y la aparición de la terquedad y oposición (lámina 3).

Lo anterior coincide con el uso de mecanismos de defensa que pretenden un mayor control de los impulsos, en oposición a un difícil acercamiento de la realidad. Es evidente entonces la experiencia de un ambiente ausente o apático o angustiante o peligroso, en general no se siente protegidos por el medio y existen

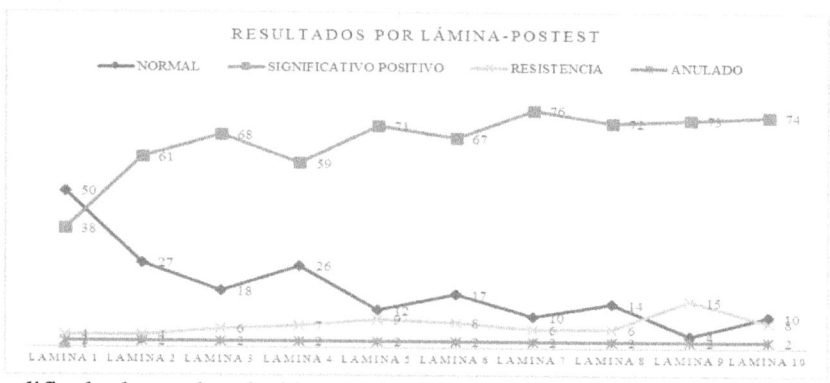

dificultades en la relación con las figuras primordiales.

Por su parte, en el Postest, se evidencia la disminución considerable de la intensidad de la ansiedad y la valoración de las amenazas internas y externas, a través de la depreciación de la resistencia a gran escala en la expresión de los contenidos evolutivos, es decir que la resistencia (conflicto) como situaciones de rechazo directo del conflicto o la ausencia de la fantasía no fue frecuente, por el contrario se evidencia una clara expresión de los conflicto evolutivos y un lenguaje más elaborado, extenso y detallado en los relatos.

Luego de la implementación del programa de recuperación psicoafectiva, se incrementa la elaboración emocional. Es decir, cambia la vivencia de los objetos (padres, amigos, u otros) con respecto a las necesidades vitales y afectivas (lámina 1). Se observa que, cuanto mayor es la valoración positiva del ambiente, aumenta la percepción protectora del mismo, la satisfacción (oralidad) frente al ambiente se incrementa (lámina 1, 4, 9), se viabiliza la autorregulación psicoafectiva (lámina 7, 8 y 10), el ejercicio de la autonomía se presenta de forma regulada (lámina 2 y 3), aumenta la consideración de la autoridad y existe la posibilidad de expresar conflictos propios de la edad como la sexualidad, la curiosidad, el temor a ser tercero excluido y la escena primaria en niveles esperados de ansiedad (lámina 5, lámina 6). Los valores normales se incrementan, lo que implica la elaboración psíquica de los conflictos, y los valores significativos positivos advierten del proceso de elaboración del conflicto, disminuida la angustia y la renovación de la vivencia del ambiente, induce a procesos más adaptativos del yo, la realidad y la frustración.

En general se refiere a una tendencia a la elaboración de los conflictos primordiales del momento evolutivo referidos a la experiencia del ambiente como favorable, la relación de los padres y la constelación familiar, la expresión de la curiosidad sexual, que tienen directa relación con lo observado positivamente en la lámina 1, lámina 2, lámina 3 y lámina 5, lámina 6, lámina 8, lámina 10, lo cual guarda estrecha relación con la alta valoración del ambiente en un carácter satisfactorio con un 38,30% persistiendo figuras protectoras, de apoyo y afiliación en los relatos, así como el uso de recursos para sobreponerse a las condiciones del medio externo (lámina 1, lámina 2, lámina 7, lámina 8, lámina 9).

Mecanismos de defensa:

Con respecto al uso de mecanismos de defensa, los resultados arrojaron diferencias acerca de su uso, en el Pretest se evidenció un uso masivo de recursos sin resultados adaptativos, mientras que, en el Postest, el uso selectivo de recursos se asocia a una relación más eficaz con la realidad.

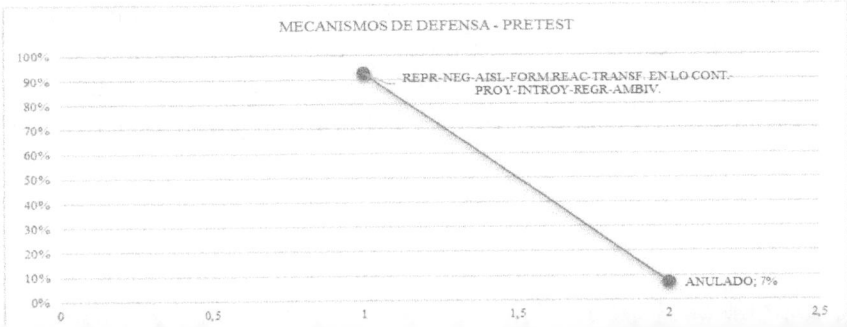

En el Pretest, el 93% (103) de los niños y niñas participantes tienen preferencia por mecanismos de defensa como: Represión, negación, aislamiento, formación reactiva, transformación en lo contrario, proyección, regresión y ambivalencia, en un uso masivo, lo que sugiere inmadurez y dificultad en el yo para lidiar con las condiciones internas y del ambiente. Lo anterior se relaciona a la percepción negativa que se tiene del ambiente, y de cómo ésta incide en el desarrollo esperado de los conflictos psicoafectivos evolutivos.

Adicionalmente, un 52% (54) niños y niñas dentro del 93% del total de los participantes también tuvieron preferencia por mecanismos de defensa como: Anulación, simbolización, identificación, controles débiles o ausentes y temor/angustia. Lo que se asocia a contenidos altamente conflictivos, miedos intensos y negación de la realidad. Esto se relaciona con un ambiente hostil, abusivo y agresivo. Un 7% (8) de los datos fue invalidado por aplicación inapropiada.

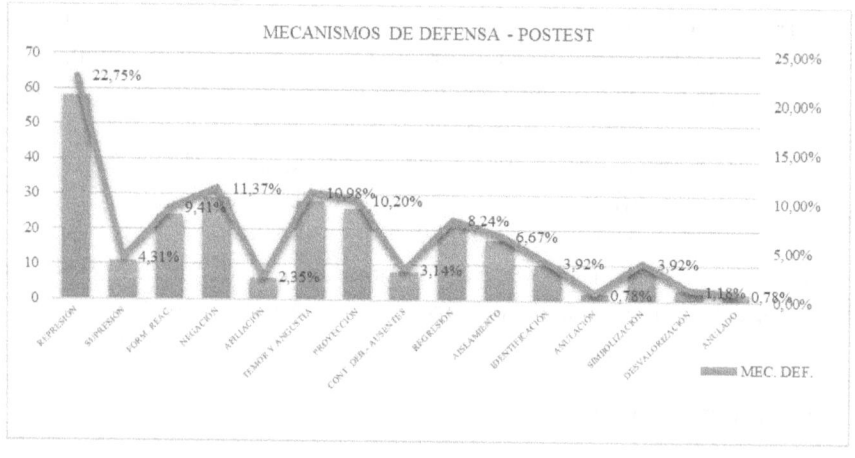

Luego de la implementación del programa de recuperación psicoafectiva, en el Postest, se observa un uso variado en los mecanismos defensivos, lo que sugiere mayor grado de madurez y síntesis del yo. Es visible el uso de la represión con un 22,57% de preferencia, que para el momento evolutivo corresponde a un mecanismo esencial en los procesos yoicos de adaptación. El uso de la represión sugiere capacidad para esperar, controlarse, aprender la lección, lidiar con los impulsos propios y las exigencias del medio, elaboración de la frustración.

La proyección con un 10,20%, la formación reactiva con un 9,41%, el aislamiento con un 6,67% y la identificación con un 3,92% corresponden a mecanismos adaptativos, y que se pueden asociar a la percepción favorable del ambiente (38,30%) es decir la percepción del ambiente facilita la adaptación y el despliegue del desarrollo psicoafectivo.

El uso de la proyección favorece la exteriorización de la frustración y la evaluación favorable del ambiente (lámina 1), la formación reactiva se centra en el ejercicio de la autoridad, experimentando terquedad u oposición (lámina 3, lámina 8), el aislamiento se asocia a la curiosidad sexual (lámina 5 y lámina 6) y la identificación se centra en el sentido de la cooperación y el complejo de Edipo (lámina 2 y lámina 6).

Los mecanismos defensivos de temor y angustia, regresión y controles débiles o ausentes, con un 10,98%, 8,24% y 3,14% respectivamente, se asocian a tendencias inmaduras o inadecuadas, lo que se puede relacionar con una visión angustiante (24,47%) o ausente (17,02%) del ambiente, donde se requieren mayores esfuerzos para lidiar con la realidad y los impulsos, comprendiendo la satisfacción (oralidad, expectativa del ambiente), la autoridad, el ejercicio de la autonomía y la expresión de la agresión o represalia del adulto (lámina 1, lámina 3, lámina 7 y lámina 10), se expresa en la terquedad, la desobediencia o la voracidad sugiriendo altos esfuerzos por el control de impulsos.

El temor y angustia se refiere a situaciones de peligro o sentimientos de peligro o abandono (lámina 1, lámina 7 y lámina 9), la regresión a condiciones específicas de referencias personales o a contenidos relacionados al control de esfínteres (lámina 10) y los controles débiles o ausentes a contenidos poco usuales, o la expresión directa de la agresión (lámina 5, lámina 6, lámina 7 y lámina 9).

En general disminuye el uso masivo de los mecanismos de defensa con respecto a la evaluación Pretest, mermando el control restrictivo, siendo ahora los niños y niñas, capaces de expresar los contenidos esperados en las láminas; especialmente en la lámina 5, lámina 7, lámina 8, lámina 9 y lámina 10, centrados en la curiosidad sexual, la representación del ambiente, la constelación familiar, control de esfínteres y normas, que coinciden con las dimensiones de la regulación, la sexualidad y la socialización propias del momento evolutivo.

Conclusiones

La Recuperación Psicoafectiva se comprenderá como el proceso de elaboración emocional de las interferencias en el desarrollo, es decir, de las experiencias traumáticas y sus relaciones con el ambiente, facilitando a través de esto las dimensiones evolutivas y emocionales del momento vital de los niños y niñas. Con respecto al programa de recuperación psicoafectiva, se destacan 3 condiciones que explican sus transformaciones a saber: La percepción del ambiente, el uso de mecanismos de defensa adaptativos y la relación ambiente-desarrollo psicoafectivo.

Percepción del ambiente: El principal cambio de la población se centra en la perspectiva del ambiente frente a la adversidad y la valoración del peligro. La percepción favorable del medio, permitió el uso selectivo de los mecanismos de defensa, en especial el uso de la represión, como mecanismo vital del momento evolutivo, que permite la relación con la realidad, la adaptación y el control efectivo de las necesidades internas y las demandas externas.

Las figuras protectoras, de apoyo o afiliación, el ambiente se vive seguro y, permite la expresión afectiva, la identificación y la expresión de los conflictos propios de los momentos evolutivos, en especial la regulación y la socialización, la figura parental es amorosa y favorece la regulación.

Mecanismos de defensa adaptativos: El uso selectivo de los mecanismos de defensa se evidenciaron un carácter apropiado a los contenidos del momento evolutivo. La represión ocupó un lugar privilegiado en la experiencia del ambiente y las condiciones de la realidad, la interpretación eficaz de los hechos internos y externos, la elaboración de la frustración y el autocontrol. Existe menor compromiso afectivo, y los niños y niñas expresan con mayor precisión los estados afectivos propios y de los demás y pueden conciliar la realidad con los propios deseos (formación reactiva, proyección, afiliación, etc.).

Relación ambiente-desarrollo psicoafectivo: Cuanto mayor es la experiencia favorable del ambiente, más favorecedor es el despliegue del desarrollo psicoafectivo. Es decir, la experiencia del medio fue favorable desde la percepción de las condiciones para la satisfacción, la cooperación, la rivalidad fraterna, en su contenido satisfacción-frustración y la constelación familiar. Las figuras primordiales (de afiliación, apoyo o protección) facilitan la integración psíquica, la regulación y el control de impulsos, la afirmación afectiva y la adaptación (realidad-frustración).

Los resultados de la implementación del programa de recuperación psicoafectiva, son favorables e invitan a seguir trabajando en pro del proceso de desarrollo infantil, centrado en lo emocional, pues el desarrollo es un efecto de las relaciones afectivas básicas necesarias para el despliegue de todos los procesos madurativo-constitucionales.

Los padres, como figuras primordiales, requieren mayor apoyo en la comprensión de los procesos afectivos, y mayores herramientas en los hábitos de crianza. El ímpetu de las necesidades económicas y políticas ha incidido en el surgimiento de nuevas dinámicas de interacción familiar, así como también en la aparición de nuevas necesidades afectivas.

La dimensión emocional, al referirse a contenidos afectivos y relacionales, requieren de nuevos métodos de abordaje y medición.

Así, cuando se trata el tema de la investigación cualitativa (…) en salud mental, nos enfrentamos a tres cuestiones: una que la cualitativa es una modalidad de investigación que no encaja en el modelo hegemónico de salud, dos que, en este modelo, por lo general, los cuidados (…) se encuentran en la periferia de la actividad terapéutica y tres que en la práctica se tiende a separar la mente del cuerpo, convirtiéndose en variables de estudio. (Cuesta, 2007, p. 5)

Adicionalmente, no es urgente entender que "La complejidad humana no es susceptible de ser medible por instrumentos numéricos, cuantitativos o estadísticos. (…) El dolor humano, solo puede expresarse en la medida de su contenido y la afectación que produce." (Bustos, 2017, p. 4). Y la afectación producida en los niños, niñas, adolescentes o adultos, no ésta en su capacidad de sentir dolor, sino en la posibilidad de expresarlo y resignificarlo, todos los otros actos serán infructuosos, mientras no entendamos que el desarrollo emocional da valor y asidero a todas las demás dimensiones humanas.

Referencias

Benjet, C. (2009). Salud mental de la niñez y la adolescencia en América Latina y el Caribe. En Epidemiología de los trastornos mentales en América Latina y el Caribe. Organización Panamericana de la Salud. Oficina Regional de la Organización Mundial de la Salud. Recuperado: http://apps.who.int/iris/bitstream/10665/166275/1/9789275316320.pdf?ua=1

Bleichmar, E. (2005). Manual de psicoterapia de la relación padres e hijos. Buenos Aires: Editorial Paidós.

Bustos, V. (2017). Perspectiva analítica de la angustia y el desarrollo emocional. Aportes a la comprensión de la infancia. Alemania: Editorial Académica Española.

Cortese, E. (2004). Los conceptos de normalidad-anormalidad, salud-enfermedad. En Psicología médica salud mental. 101-109. Buenos Aires: Nobuko. Recuperado: https://mmhaler.files.wordpress.com/2010/06/psicologia-medica-y-salud-mental2.pdf

Cuesta, C. (2007). Investigación cualitativa y Enfermería de salud mental. Presencia, revista de enfermería en salud mental. Vol. 3 (6). Recuperado: https://rua.ua.es/dspace/bitstream/10045/17052/3/Pre%20print%20Presencia.pdf

Duro, E. (2012). Prólogo. En: Desarrollo emocional. Clave para la primera infancia. UNICEF&KALEIDOS. Recuperado: https://www.unicef.org/ecuador/Desarrollo_emocional_0a3_simples.pdf

Freud, A. (1979) Normalidad y patología en la niñez. Argentina: Editorial Paidós Psicología profunda.

Gómez, E. (2013). Trauma relacional temprano. Chile: Ediciones Universidad Alberto Hurtado.

Greenspan, S. (1992). Infancy and Early childhood: The practice of clinical assessment and intervention with emotional and developmental challenges. Madison: International University Press.

Klein, M. (1946). Notas sobres algunos mecanismos esquizoides. En: Envidia y gratitud. Y otros trabajos. 10-33. Argentina: Editorial Paidós.

Londoño, D. (2010). Agresividad en niños y niñas, una mirada desde la psicología dinámica. Revista Virtual Universidad Católica del Norte. No. 31, p.274-293. Recuperado: http://revistavirtual.ucn.edu.co/index.php/RevistaUCN/article/viewFile/45/99

Mass, L. (2011). Familia contemporánea y maltrato infantil. Una lectura desde la Teoría Psicoanalítica. Alemania: Editorial Académica Española.

Mass, L., Ibáñez, S. y Martínez, P. (2012). Vínculo madre-hijo en relación con las formas de maltrato infantil en la familia contemporánea. Cultura, Educación, Sociedad 3(1), 45-55. Recuperado: http://repositorio.cuc.edu.co/xmlui/bitstream/handle/11323/399/ARTICULO%204.pdf?sequence=1

Mass, L. (2013). Familia y maltrato infantil: Una Revisión Teórica en torno a la Clínica Contemporánea. Cultura, Educación y Sociedad 4(2), 35-43. Recuperado: http://revistascientificas.cuc.edu.co/index.php/culturaeducacionysociedad/article/view/982/pdf_200

Piñuel, J. (2002). Epistemología, metodología y técnicas del análisis del contenido. Revista Estudios de Sociolingüística. Vol. 3 (1) pp. 1-42. Recuperado: http://anthropostudio.com/wp-content/uploads/2015/04/Jos%C3%A9-Luis-Pi%C3%B1uel-Raigada.-Epistemolog%C3%ADa-metodolog%C3%ADa-y-t%C3%A9cnicas-del-an%C3%A1lisis-de-contenido..pdf

Romo, F. y Patiño, L. (2014). Ciclo vital y salud mental. En: Salud mental y medicina psicológica. 2-5. México: McGraw-Hill.

Segal, H. (2008). Introducción a la Obra de Melanie Klein. Buenos Aires. Editorial Paidós

UNICEF (1989) Convención sobre los derechos del niño. Recuperado: http://www.unicef.org/argentina/spanish/7.-Convencionsobrelosderechos.pdf

Valbuena, E. (2013). El análisis del contenido: De lo manifiesto a lo oculto. En: La investigación en Ciencias Sociales: Estrategias de investigación. 213-224. Bogotá: Universidad Piloto de Colombia.

Winnicott, D. (1961b). Variedades de psicoterapia. En: El hogar, nuestro punto de partida. Ensayos de un psicoanalista. 117-129. Buenos Aires: Editorial Paidós.

Winnicott, D. (1963). El valor de la depresión. En: El hogar, nuestro punto de partida. Ensayos de un psicoanalista. 84-93. Buenos Aires: Editorial Paidós.

Sociabilidades intelectuales que han aportado a la psicología en el caribe colombiano

Marta Silva Pertuz

Identificar las sociabilidades intelectuales aportadoras o constructoras de saberes o redes de saber que gestaron y contribuyeron en la asimilación del conocimiento en el ámbito de la Psicología y la educación en la Región Caribe, es uno de los objetivos que convoca el aporte de hombres, mujeres, investigadores, educadores y seres humanos polifacéticos y dialógicos interregionalmente en el país y fuera de él, que guía la ruta de pesquisas e indagaciones históricas acerca de la formación de psicólogos y el pensamiento psicológico en el Caribe Colombiano entre 1975 – 2007.

Personajes como Ann Elisabeth Meisel (pedagoga que arribó a la Región Caribe Colombiana como miembro de la Primera Misión Alemana que llegó al país a finales del Siglo XIX al puerta de Santa Marta), filósofos como Julio Enrique Blanco y Luis López de Mesa, el Psiquiatra José Francisco Socarrás, Mercedes Rodrigo Bellido, el sociólogo Orlando Fals Borda; quienes no sólo legaron sus conocimientos y experiencias para nutrir la Historia Social de la Ciencia en Colombia y Latinoamérica, sino que fueron protagonistas de primera línea en la construcción de un proyecto de nación -proceso siempre vivo, dialéctico e interdependiente, con y a pesar de las controversias, realidades e imaginarios que alrededor de ello se generan.

Definición de Sociabilidad e Intelectualidad

La historia de las disciplinas científicas es un proceso desarrollado por personas en contextos, temporalidades y espacialidades específicas, por esto es necesario comprender el significado de dos conceptos esenciales: Sociabilidad e intelectualidad.

Por sociabilidad en este ámbito, se comprende la capacidad de interacción o relación del ser humano con otros a través de procesos racionales y sensibles que posibilitan una comprensión del mundo para poder vivir y actuar en él, (Myers, 1991). La sociabilidad humana es un hecho de experiencia común. Lo social aparece como una característica de la vida humana que implica pluralidad, unión y convivencia.

El hombre histórico se concreta en comunidades y asociaciones, tales como la familia, la nación y el Estado que constituyen algunas de estas entidades sociales. La evidencia del hecho de que el hombre vive y convive en sociedad se impone por sí misma.

En concordancia con lo expresado en el documento "Influencia Social e Influencias Culturales" de Myers, en cuanto a que el hombre no se basta a sí mismo para atender a las necesidades de la vida; precisa de la ayuda de los otros para conocer lo que necesita para su subsistencia y procurarlo; es esencialmente comunicativo como lo demuestra el hecho del lenguaje; gracias al lenguaje podemos heredar los conocimientos, técnicas y valores que la humanidad ha ido perfeccionando durante siglos y que ningún individuo podría alcanzar partiendo en solitario de cero.

Pero este instrumento natural que es el lenguaje, únicamente se actualiza como tal, como lenguaje humano, en el marco de la sociedad. Por consiguiente, más allá de la propia supervivencia, la existencia digna, la existencia humana en cuanto tal, implica la satisfacción de una serie de necesidades materiales y espirituales (morales y culturales) que exigen naturalmente la sociabilidad. Además, el hombre no sólo necesita recibir de los demás, sino también dar, comunicar, compartir.

La propia condición del ser humano hace de él un ser naturalmente social y nacido para la convivencia. La persona es un ser que siente la necesidad de relacionarse con los otros hombres, de mantener con ellos relaciones interpersonales.

De este modo, la sociedad es una exigencia de la persona no sólo en razón de sus necesidades materiales y espirituales, que no podría satisfacer en soledad, sino, más profundamente, en razón de su propia perfección y plenitud, que se comunica y expande en la mutua relación; en ello radica la importancia del medio ambiente social (Fox, 1977).

Los aportes de Jurgen Habermas estudiados por Gallego (1994) sobre la teoría de la acción comunicativa como pragmática universal en donde Habermas expresa:

La acción comunicativa es aquel tipo de interacción en la que por lo menos, dos sujetos capaces de habla y de acción, tratan de llegar a un acuerdo, para la coordinación y ejecución de sus planes de acción, es decir, aquel tipo de interacción en la que sujetos lingüística e interactivamente competentes, participan en procesos de entendimiento con el propósito de llegar a un acuerdo sobre la base del cual poder coordinar y ejecutar sus planes de acción...el acuerdo que promueve la acción comunicativa, es un acuerdo sobre algo en el mundo, es decir, con sus emisiones o manifestaciones os actores en diálogo o sociabilidad, se refieren a algo en el mundo -psicología- y se hace necesario entonces precisar el sentido en que los actores pueden referirse con sus emisiones o manifestaciones a algo (Habermas, 1992).

En cuanto a la categoría intelectual, haciendo una síntesis sobre diversas definiciones, pudiera decirse que el intelectual es quien dedica una parte importante de su actividad vital al estudio, a la reflexión y a la búsqueda del conocimiento

Al estar dotado socialmente de un valor de prestigio, se entiende que su actividad pública previa y simultáneamente es dedicarse a cultivar el pensamiento y desarrollar la investigación; el intelectual tiene una dimensión y una repercusión que en esta y otras investigaciones se consideran de gran valía y aportan a un saber, como es el caso de nutrir el pensamiento psicológico y a la formación de psicólogos.

Como consecuencia de lo anterior, los intereses y las distintas opiniones y opciones ideológicas, políticas y sociales hacen que la aplicación del término intelectual dependa del grado de afinidad que tenga quien lo aplica con respecto de la persona que se esté considerando. Para el investigador Gilberto Loaiza Cano, adscrito al Departamento de Historia en la Universidad del Valle:

El intelectual es un político en potencia (a veces parece un político frustrado) acostumbrado a influir directamente en auditorios restringidos y dispuesto a influir en otros más amplios y se halla ubicado de tal manera en su sociedad, que puede disfrutar más fácilmente que otros de los goces del poder como también padecer más directamente sus efectos aniquiladores (Loaiza, 2002, pp. 64-65).

Tal como lo vivieron en su momento Orlando Fals Borda, José Francisco Socarrás, Mercedes Rodrigo Bellido, entre otros, que serán estudiados en el presente capítulo. Esta investigación se apoyó en diversos planteamientos de Loaiza Cano, cuando considera que el desarrollo de las ciencias sociales y la consolidación contemporánea de nuevas disciplinas que privilegian la observación sistemática de la sociedad han permitido que se definan grupos específicos de intelectuales que examinan con detenimiento los vaivenes de la vida pública, las cambiantes y tensas relaciones entre los actores de la vida política y científica.

La política no sólo ha sido ese oscuro objeto del deseo para los intelectuales, también su objeto de observación según una inventada y aparentemente aséptica distancia metodológica. Sociólogos, historiadores, psicólogos, politólogos, antropólogos y psiquiatras, entre muchos oficiantes disciplinarios evalúan detallada e interesadamente pequeños y grandes procesos; estudian formas contemporáneas pasadas de expresión política y científica de una sociedad; diagnostican y vaticinan arrastrados con frecuencia por la emoción y la ilusión de determinadas coyunturas.

Loaiza (2002) manifiesta además que se le puede agregar a lo anterior, los llamamientos esporádicos desde la academia universitaria para formar una organización política de los intelectuales o, por lo menos, lograr que se impongan en el escenario cierto tipo de intelectuales.

Un intelectual es alguien que más o menos, representa el papel del innovador en los estudios humanos y en la literatura, incluidos la poesía y el teatro. Para el caso de esta investigación, a las personas que representan más o menos regularmente este papel en la producción, la distribución y el consumo, serán llamadas intelectuales (Wright Mills, 1994).

Estos planteamientos posibilitan rescatar para este trabajo, algunas de las sociabilidades intelectuales que dinamizaron el objeto de estudio de esta investigación y continúan haciéndolo como es el caso de Anna Elisabeth Meisel, Luis López de Mesa, Julio Enrique Blanco, José Francisco Socarrás y Orlando Fals Borda.

Anna Elisabeth Meisel (1849-1915)

En la década de los años sesenta del Siglo XIX, arriban al Caribe Continental Colombiano, como miembros de la Primera Misión Alemana, los esposos Carl y Anna Elisabeth Meisel; esta última como psicopedagoga legará su impronta a la educación en esta región al norte del país. Similar experiencia habrá de vivir y aportar la Educadora, Psicóloga y Exiliada Española Mercedes Rodrigo Bellido en Bogotá hacia finales de los años 30 del Siglo XX.

Dos mujeres nacidas en dos países diferentes de Europa con aportes que innovaron en su momento en el contexto educativo y la institucionalización y praxis psicológica...Pero tenías ya los aires necesarios para cierta interminable tenacidad, que los siglos hicieron polvo de santuario... (García, 1985)

Con una reflexión en sentido similar al verso garcíaustiano, los recuerdos de la Familia Meisel Haase y sus descendientes se sistematizan bajo el farol memorioso de Anatole France, citado por Meisel Juliao:

Todos los que han vivido, cual nosotros, en la impaciencia y en la dificultad, a veces tolerable. Cada uno en su época, a su manera, en el desafecto o en el amor ha llevado a cabo el sueño de la existencia. Realicemos ese sueño cuando nos corresponda con complacencia y alegría, si es posible, y comencemos a vivir (Meisel, 1996, p. 7)

Anna Elisabeth Meisel (ver figura 7) nació el Jueves 8 de Marzo de 1849 en Berlín (Alemania) y se graduó en Pedagogía, el 22 de Abril de 1868 en la ciudad de Brandeburgo en el Real Colegio Prusiano de Pedagogía (ver figura 8); dominó diversos idiomas como el alemán, el español, el inglés y el francés.

Se unió en matrimonio mediante el rito católico, el 3 de Enero de 1872 en Berlín, con Carl Meisel Weisch (ver figura 9), quien aportaría también un sólido legado a la educación. Los Esposos Meisel Haase llegaron a la ciudad de Santa Marta, ubicada al Norte de Colombia, en Febrero de 1872, que presentaba unas circunstancias y un contexto sociopolítico muy diferente al vivido en su Alemania natal

Figura 7. Anna Elisabeth Meisel

Fuente: Tomada de los Archivos de la Familia Meisel Juliao y Meisel Roca, 2007

Figura 8. Diploma de grado

Fuente: Tomada de los Archivos de la Familia Meisel

Figura 9. Carl Meisel Weisch

Fuente: Tomada de los Archivos de la Familia Meisel Juliao y Meisel Roca, 2007.

La situación política en el Estado Soberano del Magdalena entre 1860 y 1880, al igual que en el resto del país se caracterizó por los permanentes conflictos entre liberales y conservadores, las guerras civiles y los constantes cambios en el control del aparato político y administrativo del Estado. Frente a lo anterior la Iglesia Católica jugó un papel importante como aliada del partido conservador y como blanco de las medidas radicales (Santos 2000).

El inicio de la labor pedagógica de los Meisel, se debe contextualizar en el gobierno de los entonces denominados Estados Unidos de Colombia bajo la presidencia de la progresista

184

administración del General Eustorgio Salgar, considerada una de las mejores que históricamente ha tenido el país. A este mandatario, se le atribuyen las siguientes palabras: "Para que un pueblo sea republicano y libre, no basta que lo diga su constitución; es preciso que se lo permitan su inteligencia y estado social" (Meisel, 1996, p. 19).

La administración Salgar (1870-1872) ha sido reconocida por haber reglamentado la instrucción pública primaria, terminar el tramo del Ferrocarril de Bolívar (desde Puerto Colombia hasta Puerto Salgar, bahía contigua al antiguo Puerto de Sabanilla, labores iniciadas el 2 de Febrero de 1869 y concluidas el 1 de Enero de 1871); contrató la Primera Misión Pedagógica Alemana en 1871 para llevar a cabo las reformas educativas que el país requería -en el período de dos años, desde el 1 de Abril de 1870 al 1 de Abril de 1872, que era el término presidencial de entonces- entre otras realizaciones en ingeniería, finanzas y optimización de los recursos naturales y manufacturados en el país, según describe Guillermo Meisel Juliao (1996).

La política de los radicales era socavar el poder que la Iglesia encarnaba tanto en lo económico como en el control espiritual e ideológico de la población civil (Santos, 2000). Las medidas contra el poder del clero comenzaron al expedirse la Ley 23 de 1863 que estipulaba la desamortización de bienes de manos muertas. Posteriormente, se sancionó el Decreto Orgánico de 1870 y un lustro después, fueron expedidas las leyes sobre la inspección civil en materia de cultos, las cuales terminaron por separar a la Iglesia de cualquier relación con el Estado, con represión a los clérigos que participaran en actividades políticas.

Por todo lo referenciado anteriormente, la Iglesia Católica, en el período de los gobiernos radicales en el Estado del Magdalena y en todo el país, vio mermado sus poderes e intereses terrenales y espirituales. José Romero, Obispo de Santa Marta desde 1865 y líder fundamental dentro del discurso político e ideológico de la Iglesia en los años setenta del Siglo XIX, y abanderado del Proyecto Regenerador planteado por el Presidente Rafael Núñez, se colocó febrilmente en contra de los radicales, por el decreto de 1870 que declaró la educación bajo control del Estado, es decir, laica (Santos, 2000).

Santos, arriba referenciado, encuentra también que estas críticas eran difundidas en cartillas desde las cuales se procedía a atacar y mostrar cómo el sistema educativo en manos de los radicales amparados en la máscara del progreso, buscaba acabar con los valores éticos y morales de la sociedad.

Por tal razón, se pretendía demostrar cómo la escuela de los radicales sólo servía para manipular, subvertir a los jóvenes y degradar a la sociedad. Otra de las circunstancias que irritó al clero, fue la llegada a Colombia de un grupo de profesores alemanes. A partir de la llegada a Santa Marta de los Docentes Carlos y Ann Elisabeth Meisel; el Obispo Romero, advertía a los curas sobre el peligro de que el protestantismo se expandiera en el país con terribles consecuencias para la fe católica.

Escribía el Obispo José Romero en 1874 a los curas del Estado Soberano del Magdalena:

¿Qué hacen cuando vemos llegar lobos rapaces para que descarríen el rebaño de Jesús Cristo i a quiénes les entregaran los pequeñuelos para que los lleven a beber en la fuente impura del protestantismo? ¿Qué hacer? Levantar la voz para escitar a nuestro clero se muestre vijilante i redoble sus esfuerzos en la lucha que se continúa bajo otros sistema contra la relijión que, descendida del cielo nos legaron nuestros padres (Santos, 2000, p. 23)

En cuanto las reformas al sistema educativo se iban dando, las críticas del clero se hacían cada vez más fuertes. El obispo José Romero afirmaba y difundía lo siguiente:

En nombre de la instrucción se hacían esfuerzos para atribuir – y atraer – a la juventud en las más perniciosas doctrinas, levantándola sin el conocimiento de Dios i sus leyes diarias, procurando solo materializar el ser moral. Una propaganda impía con visos de ilustración i amor a la juventud, es lo que se ha organizado sistemáticamente, i para llevarla a cabo se cuenta con los recursos de muchos padres de familia que contribuyen al sostenimiento de las escuelas y colejios, i aún para publicaciones diarias. I no se crea que exajeramos, esto es un hecho palpitante.

Entremos a esos planteles de educación, examinemos los textos de enseñanza i resultará que todo el propósito es adornar el entendimiento de ciertas verdades especulativas, pero nada que hable al corazón en el amor i santo temor de Dios. El sensualismo por Bentham, el materialismo por Tracy; tal es lo que se enseña para cosechar el fruto, según sus miras (Santos, 2000, p. 26)

Según las indagaciones para su investigación, Adriana Santos establece que la crítica del Obispo Romero era errada. Los radicales estaban más interesados en difundir y estimular un tipo de educación basada en la pedagogía alemana y francesa; hablaban y practicaban más sobre los métodos de Lancaster y Pestalozzi.

Era claro que entre otros, el Obispo Romero incluía en sus críticas y "dardos" a los Esposos Meisel. A pesar de las críticas, la historia evalúa la labor psicopedagógica de los Esposos Meisel, durante una década en Santa Marta; Carl Meisel como regente de la Escuela Normal de Institutores del Estado Soberano del Magdalena, institución que abrió sus puertas en Abril de 1872, asimismo se dio apertura a la Escuela Anexa a la Normal para Párvulos, el 7 de Mayo de 1872 con la dirección de Anna Elisabeth Meisel. Sobre esta misión alemana en la cultura colombiana y particularmente, en la Región Caribe, la Revista "Senderos" (1935) publica un párrafo que fue parte de una investigación de Manuel J. Huertas:

La labor de la profesora Meisel en Santa Marta fue de positiva entidad para el magisterio, toda vez que la Normal allí organizada por tan competente institutora fue semejante a lo que hoy llamamos cursos de información para maestros graduados, de donde data, en justicia, el origen de esta innovación y de las facultades de Pedagogía. Desarrollaron en Colombia junto a otros miembros de la Misión Alemana, el método de enseñanza Pestalociano creado por el reformador suizo de la educación, Sr. Johann Heinrich Pestalozzi (1746 – 1827) en la forma como se practicaba en Prusia, implementado por el profesor Theodor Hoffmann.

Método que constituye un sistema de educación en el cual las percepciones del niño son desarrolladas, primordialmente, en forma libre y gradual, continuando luego con las demás facultades del intelecto en lo que se estima ser el orden natural del aprendizaje (Meisel, 1996).

Se reseña en la misma publicación, que para aplicar y cumplir los objetivos pedagógicos, los Educadores Meisel, importaron de Alemania, material de enseñanza especializado para las diversas áreas de las ciencias. Entre estos, laboratorios de química, física, cartografía, métodos audiovisuales, aparatos de gimnasia, mobiliario, bibliotecas, textos y otros elementos de común uso escolar en Alemania. Con lo anterior se posibilitó el desarrollar nuevos horizontes para la formación y preparación práctica de maestros normalistas, contra el empirismo escolástico que imperaba en gran parte del territorio nacional.

Aunque en algunos estados se encontró oposición a la Misión Pedagógica Alemana, por ejemplo en el Estado de Boyacá; en el Estado Soberano del Magdalena, el esposo de Elisabeth Ann Meisel, propició y mantuvo cordiales relaciones con todos los estamentos sociales y, particularmente, con la jerarquía eclesiástica en la Costa Atlántica (como anteriormente se le denominaba a la Región Caribe).

Su actitud, su generosidad, su forma de ser y su apertura a corrientes innovadoras y de progreso, así como la receptividad con los extranjeros que ingresaban por estos puertos caribeños a la Nueva Granada son visible en una carta encontrada en el Archivo General de la Nación.

Guillermo Meisel Juliao registra en "El Libro de Carl y Ann Elisabeth", que en 1881, cuando termina el contrato con el Estado Soberano del Magdalena, entonces conformado por lo que hoy son los Departamentos de la Guajira, Magdalena, Cesar y Ocaña -en Norte de Santander-, Carlos Meisel se trasladó a la ciudad de Barranquilla, que pertenecía entonces al Estado Soberano de Bolívar, constituido en la actualidad por los Departamentos de Atlántico, Córdoba, Sucre y Bolívar.

Anna Elisabeth Haase de Meisel falleció el martes 11 de Mayo de 1915 en la ciudad de Barranquilla; seis años después murió el Profesor Carl Meisel, en la misma ciudad, el martes 22 de Marzo de 1921. Actualmente los restos de los Esposos Meisel Haase reposan en la nave central de la Iglesia de San José en Barranquilla. Colegios, institutos y un barrio en Barranquilla llevan el apellido de estos dos educadores alemanes de nación y colombianos de corazón. Se llamó a la época de esta Primera Misión Pedagógica Alemana, "La edad de oro de la educación en Colombia" (Meisel, 1995, p. 33).

Anna Elisabeth, una mujer y educadora que si bien es nombrada en algunas cátedras y por algunos educadores debe visibilizarse mucho más su aporte en las facultades y programas de Psicología y educación y en estudios con perspectiva de género. Es importante destacar su labor en la educación, en las investigaciones histórico-sociales, en especial, en la Región Caribe de Colombia, debido a que generaron en las postrimerías del Siglo XIX, una ruta de formación de pedagogos en la región norte del país (ver figura 10).

Figura 10. Mapa de los Departamentos de Bolívar y Magdalena

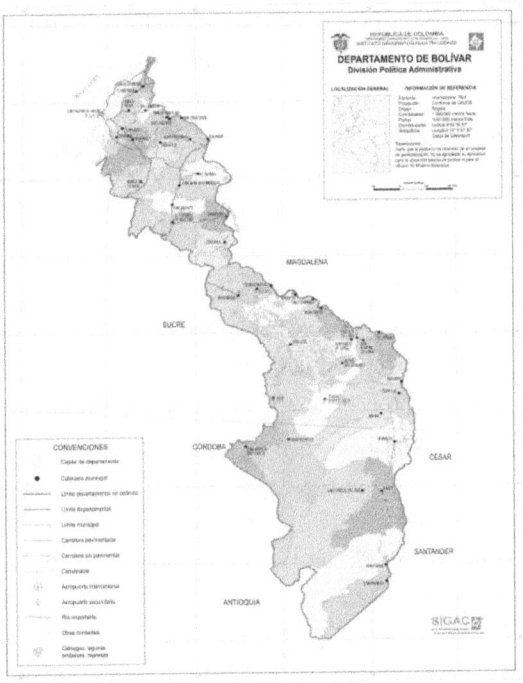

Fuente: Recuperado de http://www.zonu.com/America-del-Sur/Colombia/Bolivar/Politicos

Un reconocimiento a la labor psicopedagógica de los Esposos Meisel, lo aporta el Médico Psiquiatra, citado Meisel Juliao (1996), José Francisco Socarrás cuando relata:

Cuando hice mis estudios elementales en la Escuela Pública de Valledupar tuve un maestro graduado en la Normal de Santa Marta, que debió estar influido por las ideas de los pedagogos alemanes venidos en 1870 (sic). Lo primero, para ese buen educador, era enseñarnos a respirar, correr, caminar, sentarnos,

189

acostarnos para reposar, bañarnos, evitar las enfermedades corrientes. De la alimentación se sabía muy poco, pero él nos acostumbró a defendernos de torceduras de la columna vertebral y otros males por posiciones viciosas... (Meisel, 1996, p. 24)

Al indagar a quien se refería este intelectual, se encontró que se trataba de su primer maestro en la Escuela Pública de Valledupar: Miguel Benci, sobre quien se expresa con afecto y gratitud por la forma en que impartía sus enseñanzas.

De acuerdo con el testimonio anterior, la formación que el Maestro Benci recibió expresa influencia de los aportes psicopedagógicos de Pestalozzi por parte de los pedagogos alemanes que a su vez, fueron determinantes en la formación del Psiquiatra Socarrás y de lo cual nunca se desprenderá y lo inspirarán como fundador y rector de la Escuela Normal Superior de Tunja (Boyacá) a partir de 1937 y hasta 1944, cuando renuncia a la rectoría de ésta, en la cual se formaron generaciones de educadores colombianos.

En el prólogo del libro "Facultad de Educación y Escuela Normal Superior. Su Historia y Aporte Científico, Humanístico y Educativo", escrito por José Francisco Socarrás, el Historiador Javier Ocampo López, reconoce en la introducción:

El Doctor José Francisco Socarrás, fue el rector magnífico de la institución en la década del máximo esplendor de la Escuela Normal Superior, en los años comprendidos entre 1937 y 1945. El rector imprimió una filosofía de la educación propia para el hombre colombiano, e insistió en la necesidad de métodos de investigación científicas aplicables a nuestra propia realidad. Docencia y alta investigación científica fueron los dos pilares académicos que sirvieron de base para la Escuela Normal Superior de Colombia. Los mismos que se transmitieron a las facultades de educación del país (Ocampo, 1987).

Lo anterior connota una coincidencia en las perspectivas de lo socio-educativo en dos intelectuales del Caribe Colombiano: El Sociólogo Orlando Fals Borda y el Médico Psiquiatra José Francisco Socarrás, ambos importantes figuras para enriquecer la formación de psicólogos y el pensamiento psicológico en el Caribe Continental Colombiano.

José Francisco Socarrás Colina (1907-1995)

Intelectual caribeño que nació en Valledupar (Cesar) el 5 de Noviembre de 1907 y murió el 23 de Marzo de 1995 en Bogotá-. Nacido en una familia librepensadora para la cual lo natural, era cultivar la vida, la que debía respetarse con su genética y etnias, más, cuando había posibilidad de conciencia y saber. Su madre organizaba tertulias por la tarde y en la noche, con amigos y vecinos; mujer emprendedora que hacía estudiar a su hijo José Francisco a la luz de las velas. Narraciones del Maestro Socarrás (ver figura 11).

Figura 11. José Francisco Socarrás

Fuente: Recuperado de www.iishtaria.blogspot.com

En 1922 viajó por primera vez a Bogotá para ingresar al Colegio Mayor del Rosario y luego estudiar Medicina en 1924. Una vez en Bogotá, un amigo de su padre fue su acudiente, era el Doctor José Manuel Manjarrés, Escritor de El Tiempo (donde más tarde y durante 20 años escribió su columna "Por la Salud Mental"). Fue él quien lo inició en esta ciudad. En el Colegio del Rosario se encontró con paisanos, los Lafouries, Cotes y Patiño, con quienes conformó un grupo literario llamado José Asunción Silva, en compañía de Pablo Patiño.

En esa época se leía a Voltaire, Rousseau y Darwin. En su formación como médico, Socarrás comienza los estudios de psiquiatría con el Doctor Maximiliano Rueda y por quien fue nombrado jefe de trabajo en la clínica psiquiátrica; y como esta ciencia tenía una orientación clínica y psicológica decidió interesarse más por las ciencias mentales que por las biológicas. Ocurrió que el famoso Doctor Patiño Camargo, cuando estudiaba bachillerato le dejó durante las vacaciones, un baúl lleno de libros filosóficos y psicológicos, éstas fueron sus primeras lecturas sobre su futura especialidad. Sánchez Medina (1996) acota sobre José Francisco Socarrás:

Siendo él estudiante de bachillerato, pensaba que tenían la influencia filosófica francesa y, recordaba que llegó a las ciencias mentales también por la influencia de la educación de esa época, en la que predominaba el pensamiento de Santo Tomás de Aquino; creía él que ese, fue el punto clave para dedicar su pensamiento a la psiquiatría y la misma libertad del pensamiento, más aún con el tipo de educación que dirigía Monseñor Carrasquilla (Sánchez, 1996)

Socarrás fue referenciado hacia 1926, como médico que podía enseñar psicología en el Colegio Mayor del Rosario, cuando aún era un estudiante de medicina, y que sin graduarse había dictado cátedra de psiquiatría; es entonces nombrado profesor de Psicología.

La preocupación entonces de Socarrás fue buscar textos sobre estas disciplinas; los temas que se trataban según él, estaban relacionados con los instintos, las asociaciones de ideas, las percepciones, las sensopercepciones, pero no se alcanzaban a ver las formaciones de pensamiento abstracto, la generación del pensamiento y el papel del lenguaje, asimismo se pasaba por alto el tema de la voluntad y el sexo, decía Socarrás, citado por Sánchez Medina (1996):

Solamente me encontré un libro de psicología en francés; la formación de las ideas generales estaban muy confusas, ni el profesor, ni el estudiante entendían; al año siguiente conseguí un excelente texto y así pude enseñar bien la psicología y luego psicoanálisis en la Externado y en la Universidad Libre (p. 35)

El primer libro sobre psicoanálisis que Socarrás encontró en Colombia fueron las obras completas de Freud, traducidas por López Ballesteros al español. Así Socarrás se instruyó de Freud. En 1930 se recibe como médico cirujano en la Universidad Nacional, con la tesis "Los Principios Fundamentales del Psicoanálisis" y publica en El Gráfico de Bogotá, su ensayo sobre el duelo y el superyó.

En esa época, la clínica y terapéutica psiquiátrica se realizaba en la Calle 5ª. de Bogotá, donde estaba el manicomio. Los pacientes se encontraban encerrados con rejas de hierro como si fueran presos y se utilizaban las camisas de fuerza. El manicomio tenía un aspecto de presidio; los enfermos estaban bastante mal atendidos; según la clasificación de la época había maníaco-depresivos, con parálisis general, depresiva, melancólica y demente.

Los doctores Maximiliano Rueda y Luis López de Mesa llevaban enfermos al manicomio; Socarrás recordaba esto muy bien porque fue la primera vez que vio hacer psicoterapia a sus profesores, realmente pasaban horas hablando con sus pacientes.

En ese entonces, Socarrás era el jefe de la clínica, teniendo que atender con tres médicos una gran cantidad de pacientes. El 17 de Diciembre de 1930 fue nombrado presidente del IV Congreso Nacional de Estudiantes, reunido en Santa Marta (Magdalena) con motivo del centenario de la muerte de Simón Bolívar; durante los dos años siguientes ejerció la medicina en la zona bananera del Magdalena, en donde atendía pacientes entre 12 y 16 horas diarias, sin ganarse un centavo, pues la situación económica y la crisis de los años 30 afectó por completo la estabilidad del país, además acababa de suceder la masacre de las bananeras y el negocio del banano se había venido abajo, era impresionante la miseria que había.

Al ser elegido concejal de Ciénaga (Magdalena), creó la biblioteca pública y a los maestros de escuela les dictó clases de Psicología. En 1933 dirigió El Estado, Periódico Samario fundado por Gabriel Echeverría y es nombrado tesorero del Departamento del Magdalena; en 1934 fue nombrado médico en Santa Marta, un año después fue nombrado director de educación del departamento y divulga el Código de Instrucción Pública del Departamento del Magdalena, además de ser profesor en el Liceo Celedón. En 1936 regresó a Bogotá como director nacional de enseñanza secundaria en el Ministerio de Educación Nacional.

En entrevista publicada en el Periódico El Heraldo de Barranquilla (29 de Agosto de 1982) le responde al Escritor Roberto Montes Mathieu (1982): Empecé a escribir en serio en Santa Marta, hacia 1933, cuando me dediqué de lleno a escribir editoriales como director de El Estado, periódico fundado por

Gabriel Echeverría y sus hermano.

Ese fue mi primer contacto con el periodismo, después he colaborado con otras publicaciones del país, hasta ahora que mantengo una columna en el Periódico El Tiempo, "Por la Salud Mental", desde 1974. La historia la hacen los hombres y los hechos se van formando y entrelazando en la urdimbre del tiempo; es así como la historia de la psiquiatría, la psicología, la pedagogía, la psicopedagogía y el psicoanálisis se entremezclan e interrelacionan con la del Profesor Socarrás.

Sánchez Medina (1996) se interroga con respecto a José Francisco Socarrás de la siguiente manera: "¿Cómo y qué ocurrió en su formación y qué consecuencias fueron las que provinieron de ella como ser humano, bachiller, médico psiquiatra, psicoanalista, educador, profesor, académico, culto, pensador y maestro?. ¿Cuál fue la relación causa-efecto?".

El mismo autor se contesta que se debe contemplar la respuesta desde su herencia, las enseñanzas de sus padres, su estudio, los profesores que tuvo, el ambiente con académicos brillantes, la época que vivió, las identificaciones que hizo con sus antepasados y maestros, de quienes aprendió la disciplina, hasta los libros que leyó y estudió prolijamente, con pensamientos muy elaborados y profundos, todo ello hizo la amalgama de su honestidad, lealtad, saber, conocer y pensar, para construir "la maestría del maestro".

Sánchez Medina y el Escritor Costeño Roberto Montes Mathieu, coinciden en que hay que diferenciar a José Francisco Socarrás como médico, como psiquiatra, como filósofo pensador, como escritor, como científico, como historiador y sobretodo, como gran humanista y por su talante y compromiso en la amistad. Este polifacético perfil resulta modélico para muchos coterráneos caribeños, especialmente de la comunidad de médicos y cientistas sociales y de la salud.

El Escritor Colombiano Antonio Cardona Jaramillo (2006), en su ensayo "Socarrás, un Cuentista", comienza haciendo una descripción estableciendo una relación entre los relatos escritos por Socarrás y la Región Caribe, no sólo desde el punto de vista geográfico sino también socio-económico; así mismo Eduardo Zalamea , en igual análisis, los ubica dentro del realismo social en la literatura comprometida y de denuncia que identifica la presencia de temas como los efectos psicológicos devastadores de la violencia, la superstición, la magia, la relación hombre-naturaleza y la desventaja del hombre ante lo natural y lo sobrenatural como ingredientes propios de la composición etnográfica de esta zona colombiana.

José Francisco Socarrás ha sido reconocido como uno de los pioneros del cuento en el Caribe colombiano, así lo ratifica Guillermo Tedio, Profesor y Narrador Caribeño, donde resalta como en líneas anteriores, la presencia de temas relevantes en la literatura del Profesor Socarrás tales como la violencia política, el incesto, la compra y venta de mujeres, la brujería, los mitos, el despojo y la lucha de los hombres para defenderse de los fenómenos naturales, tal como lo anota el Profesor Tedio, refiriéndose a "Vientos del Trópico", libro que no ha sido objeto de estudio en las instituciones educativas, escolares y universitarias, lo cual ha limitado el proceso de difusión y conocimiento de la obra de Socarrás, como escritor, quien en un momento en que la literatura de nuestro país estaba en decadencia, ofreció un texto innovador con una alta calidad de escritura.

José Francisco Socarrás, como educador, se ve reflejado en "La generación del Centenario", escrito en el cual afirma que el renacimiento de la nueva escuela con la libertad de enseñanza vino con la República Liberal desde 1930. Con el gobierno de Enrique Olaya Herrera empezó a cambiar el panorama y lo siguieron Alfonso López Pumarejo y Eduardo Santos.

Se adoptó la escuela activa para propiciar el desarrollo intelectual del niño y se abolieron los castigos. En el bachillerato se implantó el sistema progresivo y se colocó en primer plano, el trabajo de los alumnos para acabar con el memorismo.

De igual manera, se reabrieron las escuelas normales y se colocó la Psicología en el lugar que le corresponde para la formación de buenos maestros; se procuró dar a los establecimientos la dotación necesaria, se reemplazó el sistema monopolístico por la libertad de enseñanza sometiendo a los colegios a la inspección y vigilancia del gobierno. Se dieron cambios fundamentales como la creación de la Facultad de Educación (después Escuela Normal Superior) para formar docentes.

Las reflexiones del Maestro Socarrás, abarcaron temas como el currículo de bachillerato, la escuela activa, el Instituto Etnológico, los centros preescolares, la enseñanza de la historia y la geografía, la Psicología en Colombia, la evaluación escolar, la educación de los ciegos, la asesoría escolar, la prensa y la educación, la obra de Jean Piaget, la Universidad a Distancia, el sexo y la educación; y los movimientos estudiantiles, entre otros. Fue impulsor de la creación de cursos para padres de familias (hoy día Escuela de Padres), cuyo propósito era el de enseñar cómo educar con amor a los hijos.

De igual manera, el diálogo abierto en la presente investigación se mantiene con el legado de José Francisco Socarrás a través de su libro "La Sierra Nevada de Santa Marta y sus Culturas Indígenas" (1991), en donde no sólo hace una descripción de las riquezas naturales y minerales propias de la Sierra; los yacimientos minerales, las rocas y nieves, los vestigios glaciales, la cara que mira al mar, la depresión tairona, el muro llamado inalcanzable, la zona bananera, que conforman "una región como transparencia o mirada al infinito o como un paisaje que no se puede olvidar", sino que también describe la fauna propia de la Sierra, así como de la organización, pensamiento e identidad de sus habitantes.

La Sierra Nevada de Santa Marta era el país de las ciudades, la tierra en que vivían los aborígenes, en donde el hombre y sus creencias fueron una consecuencia continua para desarrollar un pensamiento filosófico, una organización social especial, para preservar la identidad, la lengua, las costumbres y su terruño quedándose en la cima de las montañas cerca del cielo (Socarrás, 1991).

De igual manera describió la morfología de los habitantes indígenas de la Sierra: Pequeños, cobrizos, con ojos mongólicos, posiblemente descendientes de orientales, de los Arahuacos, con carácter manso, parcos de agresividad, reservados y humildes, bastantes infantiles, desarmados para la lucha contra el mundo moderno, muy sensibles. Según Socarrás, el país se encuentra en mora para remediar sus precarias condiciones, revelando en ese estudio, su interés por su terruño, región y la defensa que el hombre hace del medio ambiente y el desarrollo.

De tal manera que en su obra y quehacer diarios (en los espacios académicos, científicos y laborales) buscaba siempre analizar los principios de causalidad y de interrelación del ser con el hacer, interrelacionaba los fenómenos psíquicos con los sociales, políticos, económicos, con el lenguaje, las costumbres y las raíces, dándole además una importancia al biotipo para interpretar los procesos mentales.

Muestra del constante interés de Socarrás por los temas políticos, económicos, sociales, culturales y psicológicos, es la columna "Por la Salud Mental" que escribió en el Periódico Colombiano El Tiempo desde 1973 hasta 1994, de la cual se conserva una pequeña colección en el Archivo Histórico de Barranquilla, y que corresponde a los escritos entre 1990 y 1994 (Anexo 1).

En estos artículos se puede observar el diálogo constante o sociabilidad intelectual que hace el Maestro Socarrás con otros compatriotas de diversos campos de acción, diálogos que dinamizaron el desarrollo de diversas áreas sociales y de salud en la Colombia de los años 40 y que han sembrado las bases para las generaciones presentes; un ejemplo de cómo estas redes de sociabilidad se tejen en relación directa con la formación de los psicólogos de los años 70 y posteriores en la Costa Caribe Colombiana, más exactamente en Barranquilla, es el de José Luis Torres Laborde, primer decano de la Facultad de Psicología de la Universidad del Norte (1974-1979) mencionado en líneas anteriores, quien en una amplia entrevista comenta lo siguiente:

En esa época, las credenciales eran tu palabra, después estudié psicoanálisis y fui psicoanalizado por José Francisco Socarrás. En ese momento "Pacho" como le decíamos sus amigos, estaba incursionando en la psicoterapia de grupo; de hecho continué después de salir de Bavaria; la clínica que se hacía era en grupos...De José Francisco Socarrás, años más tarde me enteré que fue él quien le habló de mí a José Tcherassi, quién era miembro de la junta directiva en ese entonces, de la Universidad del Norte y me entrevistó Julio Muvdi.

Con "Pacho" la cosa era difícil, porque él me confrontaba, yo era un tipo muy creído, "sobrado", yo había tenido éxito muy joven, él me ponía "los pies sobre la tierra" y aprendí con él a distinguir la fantasía de la realidad, podía seguir con mis fantasías sin olvidarme de la realidad, a poner los pies sobre la tierra... (Torres Laborde, 2010)

Un costeño caribe oriundo de los territorios que hoy conforman los Departamentos de La Guajira y Cesar; su vasta obra (libros -entre ellos uno polémico: "Laureano Gómez: Psicoanálisis de un Resentido", documentos académico-administrativos, artículos periodísticos para su columna "Por la Salud Mental" en El tiempo) y su formación polifacética en psicología, psiquiatría, periodismo, literatura y política, quien además recibió el aporte en su educación de docentes formados por profesores de la Primera Misión Alemana a la cual se hizo referencia, es José Francisco Socarrás, piedra angular para el pensamiento psicosocial/educativo, nacional y caribeño, así como su concreto y prolífico aporte a la formación de pedagogos, psicólogos y profesionales de otras disciplinas.

El Maestro Socarrás recibió los influjos de una "generación fogosa" -surgida en las tres primeras décadas del Siglo XX-desilusionada de La Guerra de los Mil Días (1899-1903), por la pérdida de Panamá, por el asesinato del General Rafael Uribe Uribe y el poder dictatorial de los conservadores y la Iglesia.

Julio Enrique Blanco (1890-1986)

El espacio entre el nacer y el morir se presta a muchas actividades. Es así como la historia concreta es motivación para la reflexión filosófica. (Jesús Ferro Bayona, Rector Universidad del Norte de Barranquilla - Colombia)

Julio Enrique Blanco (ver figura 12) fue un Filósofo nacido en las entrañas del Caribe Continental Colombiano y vivió entre los años 1890 y 1986. Es una figura de la intelectualidad caribeña en diálogo nacional y regional -sobre lo universal- del pensamiento filosófico. No fue ajeno a lo psicológico, sobre lo cual se ocupó en forma directa algunas veces, de manera indirecta en otras.

Figura 12. Julio Enrique Blanco

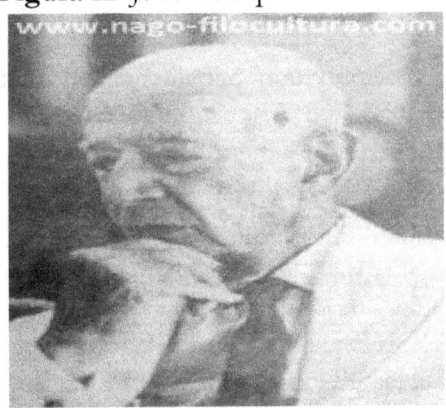

Fuente: Recuperado de
http://www.nagofilocultura.com/Imagenes/galeria/45%20copy.jpg

Inauguró la enseñanza de la filosofía en la Costa Caribe, mediante las cátedras de Historia Comparada de los Sistemas Filosóficos, en el Colegio Barranquilla en 1937, donde se dieron a conocer por primera vez en Colombia y sin mediación de José Ortega y Gasset, las ideas de Edmund Husserl. En este mismo año, el Médico Psiquiatra José Francisco Socarrás se convertía en el primer rector de la Escuela Normal Superior -mixta primero y luego por presión de los sectores políticos conservadores, se divide quedando la sección femenina en Bogotá y la masculina en Tunja (Boyacá).

La dedicación de Julio Enrique Blanco a la actividad filosófica en Colombia y sus aportes sobre el desarrollo de nuestra cultura en general fue definitiva. Según Julio Núñez Madachi (1987), para Blanco, como para López de Mesa, la filosofía fue una sublimación del saber científico: Blanco parte de la matemática, la física, la biología, avanza por la filosofía, la Psicología y la exégesis…Y amaestrándolas en Kant, llega a desarrollar sus tesis de los arquetipos ontológicos, usiagónicos etc., que vertebran toda doctrina.

Blanco siguiendo lo anteriormente señalado, fue uno de los dos "grandes solitarios" y patriarcas de la filosofía contemporánea en Colombia, y por ende en la Región Caribe; junto con el antioqueño (en el interior del país) Luis López de Mesa, quien parte de las ciencias naturales, la física y las matemáticas y profundiza cuanto puede en la Psicología para acceder a la metafísica de la posibilidad absoluta.

Otro elemento común que une los diálogos entre estos filósofos, representantes de dos regiones geo-históricas colombianas -Andina y Caribe- es el gran interés por la Psicología y sus aportes para integrarlos en sus disertaciones filosóficas.

En la Universidad Metropolitana de Barranquilla, existió entre los años setenta y la década de los ochenta del siglo XX, la primera facultad de filosofía en una universidad privada en el Caribe. En el Siglo XIX, la hoy Universidad de Cartagena -entonces Universidad del Magdalena e Istmo-, creada el 11 de Noviembre de 1828, a través del Señor Pastor Restrepo, en respuesta al decreto expedido el 18 de Marzo de 1826, mediante el cual se dispuso el establecimiento de universidades centrales en Caracas, Bogotá y Quito expresa que "los primeros programas académicos con los que se inició la recién fundada universidad fueron:

La Escuela de Filosofía y Letras, en la que se recibía el título de Bachiller en Filosofía y Letras para ingresar a estudios superiores" (Restrepo, s.f.)

Julio Enrique Blanco fue un intelectual que pudo dialogar en la universidad barranquillera arriba mencionada, con los pocos jóvenes que corrían a formarse como filósofos, entre ellos Eduardo Bermúdez y Mario Zapata para éstos en consonancia con Jesús Ferro Bayona, Julio Enrique Blanco De La Rosa encaró la historicidad y el oficio de pensar con la tensión reflexiva que es el pensar filosófico.

No hizo esto en función de los poderes políticos o del dinero, sino con el objetivo de andar el camino de la creación; como ocurre frecuentemente, esto da pie para toda suerte de sospecha sobre quienes se vuelven interlocutores de esos poderes y pretenden, a su amparo, que su actividad intelectual se perciba y valore como producto de la libertad (cuando no lo es); Julio Enrique Blanco en relación con esto, fue una de las pocas excepciones.

El interlocutor epistolar de Julio Enrique Blanco, el Doctor Luis López de Mesa, de acuerdo a la compilación de la correspondencia realizada por Núñez Madachi, no creó escuelas y a pesar de la soledad y el aislamiento, la incomunicación y muchas veces la incomprensión y desinterés de su medio, señalaron rutas y propusieron posturas y métodos:

Dudo que haya un colombiano entre un millón que acierte en apreciar esa intención suya: Aquí generoso amigo, el nivel mental no alcanza para desentrañar alusiones así sean tan útiles como la que informa su trabajo...Es fuerza decirles pan, pan; vino, vino y aun así lo declararán a uno ininteligible y hasta farsante, cuando son vehementes

Y López de Mesa arremete:

Qué quiere decir Usted, si ya sabíamos que nuestra manía de filosofar no tiene aún ambiente en esta cultura incipiente colombiana, más ello nos obliga a insistir heroicamente en determinar este rumbo fundamental e ineludible de los destinos de nuestra patria: A Usted y a mí nos corresponde gran cometido en esta tarea, lo sabemos. Lo que significa que no presumamos de genios de tamaña creación, pero sí de elementos catalíticos, de excitantes conscientes de una necesidad y de una oportunidad indeclinable. Usted podrá ir más lejos y más atinadamente que yo; su devoción indeficiente por estas materias y su envidiable preparación en ellas así lo garantizan.

El irrenunciable compromiso ético e histórico de formular una filosofía vernácula de las Américas con Destua en Perú, Caso y Vasconcelos en México, Koun en Argentina, Farías Brito en el Brasil y Vaz Ferreira en Uruguay, lo asumen en Colombia el Caribeño Julio Enrique Blanco y el Antioqueño Luis López de Mesa.

El esbozo en tres grandes saltos a través de ocho milenios: Richelieu-Mahoma-Isis que desarrolla Julio Enrique Blanco en su trabajo "Aberraciones Mentales en la Historia de la Humanidad" resulta valioso para un buen número de profesionales de la comunidad de psicólogos en el Caribe, especialmente en Barranquilla, que se interesan o desempeñan en el campo clínico. Con una gran maestría en el manejo de los cuadros psicopatológicos -desde una mirada psicoanalítica- de los tres personajes señalados, manifiesta que:

En connotación de esto se pueden señalar, como ejemplos

de muchas notas, tres grandes figuras que ejercieron su decisiva influencia: Dos ya en la realidad histórica, una en la semi-realidad protohistórica. En retrospectiva cronológica, las dos primeras son las de Richelieu y la de Mahoma. La tercera es la mítica y teológica (por cuanto atinente a una fabulosa diosa) de Isis. Señaló aspectos como se van a ver, de tanto realismo, que por crudos que sean, ninguna filosofía de la historia humana puede ya dejar de considerar (Blanco, 1984)

Así como el diálogo intradisciplinario, posibilita trascender las fronteras regionales, de igual forma diálogo interdisciplinario entre diversas áreas -como se ha visibilizado en líneas anteriores- que forman parte de las ciencias sociales, la disciplina psicológica se nutre de conceptos, metodologías, formas de abordar y concebir los fenómenos que nos rodean; lo que remite necesariamente a un personaje con calidades personales y profesionales comprometidos con su país: Orlando Fals Borda.

Orlando Fals Borda (1925-2008)

Entre el 11 de Julio de 1925 y el 12 de Agosto de 2008 trascurrió la vida de Orlando Fals Borda (OFB), hombre con un rostro que integra ternura y convicción, raigambre, temática de estudio y discurrir intelectual urbano. Se proyectó desde muy temprana edad, sabio y comprometido con su terruño, el Caribe y Colombia (ver figura 13) en franco diálogo con los cuatro puntos cardinales del orbe. En su faceta desconocida Tatis, manifiesta lo siguiente:

Me bautizaron en la Iglesia Presbiteriana de Barranquilla. Mis padres se convirtieron al protestantismo. Enrique Fals Álvarez, mi padre era hijo de inmigrante catalán de origen bautista, de quien heredé el amor por los libros. Mis padres eran profesores de Gramática y Sociales. Tuve como compañero a Álvaro Cepeda Samudio. No voy a despejar el enigma de dónde nací: la polémica todavía sigue entre Barranquilla y Mompox. Lo cierto es que me gustaría que me enterraran en el cementerio de Mompox construido por los masones. Allí quiero estar con Candelario Obeso y Hermógenes Maza (Tatis, 2005)

Figura 13. Orlando Fals Borda

Fuente: "Orlando Fals Borda: Un Maestro Ejemplar". Recuperado de www.prensarural.org

El Periodista Tatis escribe cómo este hombre prolífico y humanista se ruboriza cuando descubre que su nombre, Orlando, es el nombre de la memoria de toda una comunidad de investigadores en el Caribe. En su travesía de más de medio siglo no sólo reconstruyó la dispersa tradición oral y la sabiduría ambulante de las personas de esta región norteña de Colombia sino que descubrió a un hermano negro del que su familia no tenía noticia alguna: "Es a donde quisiera volver, a San Martín de Loba - Sur de Bolívar-, porque allí encontré a mi Hermano Negro Alfredo Fals".

En esta memorable entrevista, el Maestro Fals Borda evoca a sus dos abuelas sentadas en mecedoras leyendo todo el tiempo. La Abuela Ana Angulo le leía a la Abuela Paterna Cándida Álvarez que era ciega. Un día cuenta el maestro, no tenían las abuelas nada que leer y el Niño Orlando les dijo: "Les voy a escribir una novela para que no se fastidien", así escribió cuatro cuadernillos para ese par de abuelas.

Así empezó su vida de escritor: "Me volví escritor para verme con mi gente". Fue OFB el esposo de Maria Cristina Salazar su interlocutora personal y temática y la compañera de las vicisitudes socio-políticas que vivió y con quien ya está reunido en una dimensión diferente a la terrenal.

Fals Borda perteneció a una generación que buscó asimilar los cambios que operaban en Colombia durante la segunda mitad del Siglo XX mediante la integración del conocimiento y la acción política, quien hizo sus estudios secundarios en Barranquilla, capital del Departamento del Atlántico al Norte de Colombia y realizó estudios de literatura e historia en la Universidad de Dubuque (Iowa) graduándose en 1947 -éste fue también un año crucial para otra ciencia social en Colombia:

La Psicología, la cual ese año recibió estatus como disciplina científica al legalizarse en el país la formación de profesionales en la Universidad Nacional de Colombia-, en donde Fals sería más de una década después, protagonista de primera línea; obtuvo un Magíster en Sociología en 1953 en la Universidad de Minnesota y un Doctorado en Sociología Latinoamericana en 1955 en la Universidad de La Florida.

Según el Artículo "Ciencia y Compromiso" (Cataño, 1987) se reseñan los roles más significativos del Maestro Fals Borda: Consultor en 1957 de la OEA-Organización de Estados Americanos- en Brasil; entre 1959 y 1961 funge como Director General del Ministerio de Agricultura; de sus aportes más definitorios para la historia de las ciencias sociales en Colombia y el continente se destaca el ser cofundador junto al Sacerdote Camilo Torres Restrepo , de la Facultad de Sociología de la Universidad Nacional en Bogotá, primera en el país y en Latinoamérica, de la cual fue su primer decano hasta 1967.

Fueron estos entre otros, los inicios de sus seis décadas ininterrumpidas de trabajo científico-social, docente-investigativo, político y literario.

El Sociólogo y Maestro Fals Borda

Como fundador, decano y educador de la Facultad de Sociología, se propuso crear una escuela en esta disciplina científica, sembrada y contextualizada en las realidades colombianas mediante la observación y la catalogación metodológica de los hechos sociales locales, aunque sin perder de vista la dimensión universal de la ciencia. Siguiendo esta premisa funda la primera Junta de Acción Comunal en el país y de su escuela comunal en Saucio,

Chocontá (Cundinamarca) en 1957.

Asimismo fue director de investigaciones para el desarrollo social -UNRISD- en Ginebra (Suiza) entre 1968 y 1970; director de la Rosca de Investigación y Acción Social en Bogotá y Montería y de la Editorial Punta de Lanza entre 1970 y 1975; miembro del comité editorial de la Revista Alternativa, conjuntamente con Gabriel García Márquez y Enrique Santos Calderón en 1974; fue también encargado del programa de participación popular de la OIT -Oficina Internacional del Trabajo- en Ginebra en 1986; coordinó igualmente el estudio sobre conocimiento y poder popular en Colombia, Nicaragua y México (OIT, entre 1982 y 1984), fue Viceministro de Agricultura a los 29 años de edad en el gobierno de Alberto Lleras Camargo.

Hasta el momento de su muerte, el 12 de Agosto de 2008 se desempeñaba como profesor especial en el Instituto de Estudios Políticos y Relaciones Internacionales de la Universidad Nacional de Colombia. En 1962 lideró la constitución de la Asociación Colombiana de Sociología y entre 1964 y 1969 propició la apertura de la Escuela de Graduados PLEDES -Programa Latinoamericano para el Desarrollo-, para formar profesionales especialistas en la sociología comprometida con las transformaciones socio-culturales de América Latina.

Dos investigaciones sobre sociología rural -en su maestría y doctorado respectivamente, señalan el derrotero de Fals Borda: "Campesinos de los Andes" (1955) y "Hombre sin Tierra en Boyacá" (1957), fueron sus obras más importantes donde un caribeño dialoga con lo andino desde Colombia y desde un país de América del Norte.

Datos demográficos, históricos y etnográficos que le posibilitaron caracterizar un retrato de los modos de vida cundiboyasence; sobre ellos, estudió su pasado, su hábitat, su cultura y sus vínculos con la naciente sociedad urbano-industrial (una integración de la perspectiva sociológica con la histórica y la antropológica), esta visión integradora hizo destacar su nombre y liderazgo dentro del concierto de las ciencias sociales en Latinoamérica cuando arribaba a los 30 años de edad.

Su trabajo en 1955 fue recibido, reseñado y celebrado por prestigiosos profesionales sociales como el Sociólogo Thomas

Lynn Smith, el Geógrafo James J. Parsons y el Antropólogo Eric Wolf, reconocidos latinoamericanistas.

Las anteriores habilidades investigativas fueron estimuladas en Minnesota por Lowry Nelson (1893-1986), un ícono de la sociología rural estadounidense, con estudios en agronomía y autor de un influyente manual de sociología rural, que Fals Borda estudió con atención y que Nelson había trabajado sobre los mormones del Estado de Utah, su patria chica y sobre la vida rural caribeña en su libro "Rural Cuba" (1950), un clásico en este campo. En este trabajo Nelson investigó sobre los hábitos familiares, los métodos de explotación agrícolas, la tenencia de la tierra, las oportunidades educativas, los niveles de vida y las clases sociales en esta isla caribeña.

La información recabada para este estudio se obtenía a partir de las entrevistas, observaciones en el terreno -in situ-, análisis censales y aportaciones históricas.

Es pertinente destacar la acotación del Investigador Gonzalo Cataño cuando resalta que durante los estudios de maestría de este educador latinoamericano, en el Departamento de Sociología de la Universidad de Minnesota, en los años 50, todavía se sentía la huella y el influjo del Ruso Pitrim Sorokin, el teórico, investigador y crítico social y político quien dejó su impronta en los más diversos campos del análisis sociológico. Sorokim escribió en esos claustros universitarios de Minnesota en unión con Carl Zimmerman y Charles J. Galpin, el "patriarca" de la sociología rural estadounidense, dos obras fundacionales en este campo sociológico:

"Principios de Sociología Rural y Urbana" (1929) y la monumental "Fuentes Sistemáticas de la Sociología Rural", en tres tomos (1930-1932), obras que ejercieron notoria influencia e interés en Fals Borda, lo cual se amplía y profundiza cuando va a realizar su doctorado a la Universidad de La Florida, ya que allí recibe clases de Thomas Lynn Smith, alumno de Nelson y Sorokim en Minnesota y autor de varios trabajos en Colombia, Brasil y México.

En Colombia se conocía a Smith desde 1944 por una monografía sobre el Municipio de Tabio, que inició la sociología rural en el país y estimuló el recorrido por este camino a su joven y talentoso Estudiante Fals Borda con investigaciones y publicaciones socialmente relevantes, en un momento histórico en que la reforma agraria y la discusión de la situación de la población campesina estaba fuerte y candente en América Latina (aún lo sigue estando), lo cual orientó la labor de Fals Borda hacia los estudios y propuestas de acción frente a la pobreza rural, los ofensivos sistemas de tenencia de la tierra y sobre los sistemas de valores de los grupos tradicionales resistentes al cambio.

Su objetivo era mostrar que la sociología y sus procedimientos de investigación podrían aclarar situaciones complejas y proponer soluciones a los nuevos problemas del país. El Investigador Cataño al respecto plantea lo siguiente:

La ciencia estudiaba la realidad con instrumentos objetivos y la difusión de sus resultados podría promover tomar conciencia de las dificultades en los grupos políticos con influencia y capacidad decisoria; no en vano la tesis de doctorado sobre la tenencia de la tierra en Boyacá llevaba el atractivo subtítulo de: Bases Socio-Históricas para una Reforma Agraria (Cataño, 1987)

Cataño reseña además que la calidad de los primeros libros del Profesor Fals Borda era un hecho incontrovertible, generando el éxito e impacto psicosocial y político de su obra, debido a un aspecto permanente y básico en ésta, como es el estudio e intervención de temáticas y procesos socialmente relevantes, como anteriormente se había señalado. Expresa el Investigador Cataño en uno de sus documentos que:

En los años que siguieron a sus estudios de postgrado, Fals dedicó sus energías a la fundación de la Facultad de Sociología de la Universidad Nacional. Quería transmitir sus experiencias y crear una comunidad de investigadores sobre fundamentos estables. El "Informe Lebret", elaborado por la Misión Economía y Humanismo (1958, p. 366), había recomendado poco antes la formación de expertos que conozcan las técnicas recientes de análisis sociológico practicadas en Europa y en los Estados Unidos, con capacidad de adaptarlas a la realidad colombiana (Cataño, 1987).

Fals tomó como suya esta recomendación y en 1959 comprometió a las autoridades de la Universidad Nacional para abrir estudios de sociología, esfuerzo que tuvo su asiento inicial en la Facultad de Ciencias Económicas. Para las tareas docentes incorporó al Sacerdote Camilo Torres y a varios egresados de la desaparecida Escuela Normal Superior de Bogotá, la institución que 25 años atrás había emprendido el primer intento moderno de formación de científicos sociales en el país, institución que tuvo entre sus directivos a otro destacado caribeño colombiano: El Médico Psiquiatra José Francisco Socarrás.

Fue así como a su alrededor concentró las labores de enseñanza e investigación de los Antropólogos Virginia Gutiérrez de Pineda, Roberto Pineda, Milcíades Cháves y Segundo Bernal, y algo más tarde a los Licenciados en Ciencias Sociales Miguel Fornaguera y Darío Mesa. A ellos se unió el Geógrafo Ernesto Guhl, el Historiador de origen ucraniano Juan Friede, el Abogado Eduardo Umaña Luna y el Sociólogo y Antropólogo Carlos Escalante.

Pero Fals no se limitó a emplear los recursos que ofrecía el medio. Su prestigio hizo que varios analistas extranjeros se vincularan al proyecto en calidad de profesores visitantes. Por la Facultad de Sociología de aquellos años pasaron el Inglés Andrew Pearse, el Germano-Brasileño Emilio Willems y los Norteamericanos Everett Rogers, Arthur Vidich, Aaron Lipman, Eugene Havens, William Flinn y su Profesor Thomas Lynn Smith.

Todos ellos, nacionales y extranjeros, contribuyeron a crear en la novísima Facultad de Sociología, un clima de apertura y pluralismo intelectuales poco frecuente en las universidades de América Latina. Y no obstante las dificultades políticas de la época, rápidamente se afirmó como el principal centro formativo de los sociólogos colombianos

Al lado de estas labores organizativas, Fals no se olvidó de sus trabajos académicos. Sabía bien que académico y administrativo del Departamento de Ciencias Sociales que no haga investigación carece de legitimidad para exigírsela a sus estudiantes. Junto a sus tareas administrativas emprendió investigaciones sobre la violencia, la educación, la modernización y la acción comunal, que difundió en la Colección "Monografías Sociológicas", órgano oficial de la facultad.

Y con ayuda de los colegas y de su colaborador más cercano, Camilo Torres, fundó la Asociación Colombiana de Sociología para promover el encuentro y las publicaciones de los sociólogos. Por aquellos años, la Asociación tuvo a su cargo la dirección del VII Congreso Latinoamericano de Sociología (Julio de 1964) y la organización del I y II Congreso Nacional de Sociología que se realizaron en Bogotá en 1963 y 1967.

Fals Borda, el político comprometido desde la Sociología.

La década de los 60 e inicios de la segunda etapa en la obra falsbordiana se caracteriza en este educador y sociólogo por su preocupación por el cambio social y la forma de estimularlo y lograrlo, lo cual plasmó en varias de sus obras, especialmente lo relacionado con mecanismos y alternativas para subvertir y redefinir "el orden establecido". En estas obras analiza los movimientos populares y la capacidad del Estado Colombiano para asimilar los conflictos y demandas de cambio. Al respecto, en el Periódico El Universal de Cartagena, Cristo García expresa que:

Bien puede decirse que Fals Borda encarna el Kaziyadu , el "nuevo amanecer", el "despertar" de un modo y método de estudio, interpretación y transformación de la sociedad colombiana, a la cual consagró sin mezquino interés su vocación de científico social y su praxis política conjugada en la relación directa con los actores y realidades sociales objeto de su investigación y consagrado ejercicio académico e intelectual…Fals Borda, era un sabio del Caribe. Un constructor sin pausa de lo colectivo desde la identidad que transforma y reivindica (García, 2008)

El Columnista García manifiesta que por la fidelidad a unos principios, a un compromiso que del mismo modo que lo era con las ciencias sociales en función del ser humano individual y colectivamente, lo era también con la política, siempre en perspectiva de construir una sociedad más armónica y menos excluyente, instaurada en la equidad y el humanismo.

Reitera García en su escrito que cuanto tenga que decirse del hombre y del científico que encarnaba Orlando Fals Borda, tiene que estar signado por la integridad que lo caracterizó.

De este período se destaca la obra "La Violencia en Colombia" (1962) escrita por Fals Borda, Eduardo Umaña Luna y el Sacerdote Germán Guzmán Campos, dos tomos que encaran el trauma de la violencia en la vida nacional, en una etapa sangrienta de la medianía del Siglo XX con repercusiones hasta la fecha; obra de testimonios, de denuncia, más que de intención académica -que para su estudio en este contexto es de gran valía-, de decidida intención política no en el sentido partidista sino de enjuiciamiento histórico a las élites gobernantes responsables del desangre en éste y posteriores fases de la vida nacional.

Igualmente el libro "La Subversión en Colombia. Visión del Cambio Social en la Historia" (1967), revisada y relanzada esta obra en 1968 con el título "Subversión y Cambio Social", es un serio y controvertido trabajo (con una crítica irónica por parte del sociólogo inglés de ascendencia polaca Stanislav Andrevski, señalando además que su título es un pleonasmo, porque subversión implica cambio, e igualmente destacada y referencial en su versión al inglés publicada por la Universidad de Columbia en Nueva York: "Subversión and Social Change in Colombia" (1969) donde analiza las frustraciones de los movimientos sociales y la capacidad del Estado Colombiano para asumir y responder a las demandas de los sectores populares.

Varios autores han opinado sobre este texto, como un documento de sociología viva, sobre la marcha de los acontecimientos que captaba las llamadas "lecciones del pasado" para comprender el presente y orientar el futuro, replanteando el compromiso del investigador/científico social, lo cual le llevó e invitó a revisar los presupuestos epistemológicos de sus anteriores obras basadas en la "objetividad" y una sociología (¿psicología?) "libre de valores".

La noción de neutralidad se disuelve en el pensar y hacer hasta convertirse en un predicado vacío, la calidad de miembro/integrante activo de una sociedad conlleva irremediablemente a tomar posiciones ante realidades escindidas, excluyentes y discriminatorias y en permanente disputa, y aún más en países en ´vía de desarrollo´ como Colombia, donde el sociólogo, así como otros científicos sociales, no pueden evadir las valoraciones:

Todos los sectores, especialmente los empobrecidos, esperan de él ellos, un diagnóstico de la sociedad en transición, en construcción y la elección de la mejor alternativa para alcanzar los anhelos de igualdad y justicia sociales (Cataño, 2008)

La década de los 70, es testigo temporal y social de varias obras necesarias para analizar, comprender y debatir el estado de la cuestión social, política, económica y educativa en Colombia y esta región continental: "Revoluciones Inconclusas en América Latina" (1970), ampliación y reconfirmación de la obra reseñada en el párrafo anterior y publicada en español e inglés en 1967, 1968 y 1969 respectivamente; "Ciencia Propia y Colonialismo Intelectual" (1972) e "Historia de la Cuestión Agraria en Colombia" (1975), son textos a leer, releer y consultar para conocer contextualmente la dinámica política e intelectual de estos años.

Durante los años 80, Fals Borda y su esposa María Cristina Salazar fueron capturados por su supuesta vinculación con el Movimiento 19 de Abril (M-19), se le acusaba de ser uno de sus ideólogos. En los años 90, el Maestro Fals Borda fue presidente de la Alianza Democrática M-19 y delegado por esta misma colectividad política a la Asamblea Nacional Constituyente que elaboró en 1991 la actual Constitución Política Colombiana.

En la última década del Siglo XX, participó en la creación del Frente Social y Político -FSP- lo cual se ha percibido como una inspiradora iniciativa sindical, liderada por Luís Eduardo Garzón, quien logró ascender y conformar un equipo de gobierno en la capital de Colombia; este frente político tiene su representación en el Caribe a través del denominado Movimiento Ciudadano y en la región surcolombiana representado, entre otros, por líderes políticos como: Angelino Garzón, Parmenio Cuéllar, Floro Tunubalá y Guillermo Alfonso Jaramillo.

Fals Borda hizo parte además de los cuadros directivos de las agrupaciones y movimientos políticos Firmes, Anapo Socialista, Colombia Unida, Alianza Democrática M-19, que como se mencionó llegó a través de esta alianza, a la Asamblea Nacional Constituyente de 1991 con grandes empeños de transformación socio-política, algunos de cuyos aportes han quedado consignados o propiciaron la redacción de un marco ético-legal más incluyente en la actual Carta Política de nuestro país.

Fue Fals Borda, fiel al ideario que estimulaba y promovía el trabajar por la dignidad de los pueblos dominados y explotados, contra el intervencionismo extranjero, particularmente el "norteamericano" (léase Estados Unidos), en pro de desarrollar una ciencia propia, la nacionalización de las empresas del Estado, la educación pública gratuita, la autonomía universitaria y las reformas agraria y urbana, así como estimular la construcción y autenticidad regional y nacional.

Todo lo anterior se conjuga en su monumental obra en cuatro tomos "La Historia Doble de la Costa" (2003). No se puede hablar de la historia del Caribe sin mencionar a Fals Borda, para él y muchos, en esta obra está la esencia de la Costa. La cultura del Caribe es una mezcla de pasión, trabajo, informalidad, decisión, entusiasmo y dejadez, todo esto forma parte de la realidad costeña. Al periodista Tatis le expresa:

Sin los pueblos de la Costa Caribe yo no hubiese escrito este trabajo, lo escribí para que le sirviera al pueblo, a los pueblos, a los humildes, ellos fueron los que me ayudaron a través de los archivos de baúl y de sus testimonios para reconstruir la esencia de la costeñídad, sentí una necesidad de devolverme a la costa. La Costa Caribe ha tenido a lo largo de la historia un protagonismo cultural de primer orden en las artes, en la política, en la literatura, en la ciencia y en el deporte (Tatis, 2005)

La   IAP-Investigación-Acción-Participación,   La Comunicación Alternativa, La Teoría de la Configuración Regional y Los Paradigmas Abiertos en las Ciencias Sociales

Fals Borda junto a Camilo Torres Restrepo, fueron los fundadores/creadores de la metodología procesal que integra el investigar para actuar y generar participación en las comunidades, como un método de investigación cualitativa que pretende no sólo conocer las necesidades sociales de un grupo sino también aunar esfuerzos para transformar favorable e incluyentemente esta realidad, en sintonía con los planteamientos marxistas.

Este enfoque teórico-metodológico va a caracterizar la tercera etapa en el quehacer extrauniversitario y la escritura de sus textos e informes, alejándose en consecuencia de su labor docente: "Salí de la universidad hace 18 años y, definitivamente no me arrepiento de haberlo hecho", dijo en un encuentro de investigadores (Fals B., et al, 1986, en Cataño, 2008).

Con la anterior decisión, favoreció su trabajo en pro de proyectos y cooperativas campesinas, con órganos de difusión y

212

publicación, que los medios de comunicación social al servicio o con intereses de las élites, no tenían acceso, éstos eran mecanismos alternativos de comunicación y visibilización de las mayorías empobrecidas frente a las élites minoritarias y poderosas.

Por otra parte, el Simposio Mundial sobre la IAP (Cartagena, 1977) a donde asistieron entre otros académicos, Wallerstein , Chambers y Max-Neef y en el que las voces y las experiencias del "Tercer Mundo" fueron determinantes, se sostuvo la tesis sobre la recuperación histórica local y regional, historia en el presente, revolución del conocimiento, intervención y participación social, que anticiparon, complementaron o reorientaron trabajos convergentes en Francia, España, Suiza, Austria, Holanda, Suecia, Estados Unidos y en múltiples escenarios de Colombia.

El influjo euronorteamericano, revisado, criticado y redefinido por voces y movimientos en el lejano y cercano Oriente, en África, Asia y Oceanía; acude a una visión, y una acción autonómica de nuestras circunstancias y problemas, lo cual ha posibilitado además que la corriente de pensamiento del Centro hacia la Periferia se haya venido revezando y viendo como ella está tomando una interesante y a investigar, derivación Sur-Sur, que aún está por investigar.

Al interior de Colombia esa orientación de la reconfiguración regional, basada en las características del ordenamiento territorial y las especificidades socio-culturales, plurales, diversas y a la vez constitutivas de un territorio nacional, que requiere a su vez de un sistema de administración territorial que se soporte en estos aspectos, con todo y los pesimismos y obstáculos por salvar, está generando una visibilización y aportaciones, diferenciales aún, de las regiones periféricas colombianas (la Región Caribe, la Región Pacífica y la Orinoquía-Amazonía), con respecto a la Región Central (Eje Andino).

Para poder transitar bajo la anterior perspectiva y acción socio-política, educativa y cultural se requieren miradas distintas al positivismo a ultranza, a la causalidad y linealidad al asumir estas diversidades regionales en la unidad nacional o continental, para reconocer las relaciones histórico- culturales que las regiones hacen del territorio como regiones, es a esto lo que se ha denominado Paradigma Abierto, impregnado de una visión compleja, circular/realimentadora, respetuosa e inclusiva, autonómica e interdependiente. (Falta profundizar sobre la metodología IAP, en qué consiste exactamente).

Fals Borda, el Maestro de Maestros

Un maestro de la vida y por la vida. Un educador latinoamericano que desde la sociología, tendió puentes comunicantes con estudiantes y profesionales de la sociología, la antropología, la educación, la psicología (especialmente de la psicología social), de la historia, las ciencias políticas, la economía, la geografía, el trabajo social y el derecho, entre otras disciplinas.

Identificar las sociabilidades intelectuales aportadoras o constructoras de saberes o redes de saber que gestaron y contribuyeron en la construcción y/o asimilación del conocimiento en el ámbito de la Psicología y la educación, en la Región Caribe, es uno de los objetivos que convoca el aporte de hombres, mujeres, investigadores, educadores y seres humanos polifacéticos y dialógicos interregionalmente en el país y fuera de él, que guía la ruta de pesquisas e indagaciones acerca de la formación de psicólogos y pensamiento psicológico en el Caribe Continental Colombiano entre 1975 y 2007.

Entre otros, Julio Enrique Blanco, José Francisco Socarrás, Orlando Fals Borda, María Cristina Salazar, Lucía Cediel, Ann Elisabeth Meisel, Mercedes Rodrigo Bellido, Luis López de Mesa; quienes no sólo legaron sus conocimientos y experiencias para nutrir la Historia Social de la Ciencia en Colombia y Latinoamérica, sino que fueron protagonistas de primera línea en la construcción de un proyecto de nación, proceso siempre vivo, dialéctico e interdependiente, con y a pesar de las controversias, realidades e imaginarios que alrededor de ello se generan (Silva, 2009).

El rastreo de los actores -profesionales de diversas disciplinas científicas- que han "tejido" -consciente o no de ello- una red de saberes y sensibilidades, es un aspecto que esta tesis inscrita en una línea que investiga sobre la historia social de la educación y por tanto con perspectiva histórica, hizo objeto de sus pesquisas. Según Loaiza (2002) no son muchos los antecedentes de obras cuya explícita preocupación sea descifrar y describir sociohistóricamente -psico-históricamente en esta investigación- a los intelectuales en Colombia. Prosigue Loaiza:

Menos se conocen estudios que apliquen viejos o novedosos modelos interpretativos que suministren a guisa de ejemplo, la historia del proceso del mundo intelectual o la historia de las funciones predominantes que han cumplido los intelectuales en determinadas épocas y contextos (Loaiza, 2002)

En tal sentido, las indagaciones así como lo consignado en este capítulo, fue un esfuerzo inicial para realimentar en investigaciones y trabajos posteriores lo que desde la óptica falsbordiana se conoce como investigar, actuando y participando contextualmente desde paradigmas compartidos.

Este proceso de sociabilidad permitió -como se verá en capítulos posteriores- dar cuenta que a principios del Siglo XX, época de auge académico e investigativo, la emergencia de conceptos, teorías y posturas, el interés genuino, si se puede decir de establecer un intercambio de experiencias, que fue visto como una manera de construir, desarrollar y fortalecer las ciencias sociales, humanas y naturales que en ese momento se vivía.

No es casualidad que una Misión Alemana llegara a Colombia, y se dispersara hacia todos sus rincones regiones-; el ambiente político, económico, social, cultural, así lo requería y que a partir de esa enseñanza "pestalozziana", se fortalecieran y abrieran otras formas de pensar y sentir el mundo, tampoco que en este sistema educativo se formaran estudiantes curiosos y ávidos que en un futuro mediano y lejano se convertirían en pioneros de la psiquiatría en Colombia, y desde otras latitudes mantuvieran el diálogo regional, nacional e internacional.

Diálogo que permite la realimentación constante pues se entendió al hombre en su contexto, desde diversas miradas -biológicas, sociales, individuales, políticas, étnicas, entre otras- que posibilitó el desarrollo de diversas disciplinas científicas, entre ellas la Psicología y la Sociología, que no surgieron en el vacío, sino más bien como producto de todas estas sociabilidades, que han tejido el macrocosmos de teorías, conceptos, ideas, creencias y prácticas propias del hombre actual.

Referencias

BLANCO, J.E (1984). Aberraciones Mentales en la Historia de la Humanidad, en Revista Huellas No 12-Agosto, pp. 29-39. ISSN 0120-2537. Universidad del Norte.

CATAÑO, G. (1987). Ciencia y Compromiso. Asociación Colombiana de Sociología.

CATAÑO, G. (2008). Orlando Fals Borda, Sociólogo del Compromiso. En: Revista de Economía Institucional. Vol. 16, No. 19, pp. 79-98.

FALS BORDA, O. (1986). Historia Doble de la Costa.

GALLEGO, F. (1996). Aspectos Estructurales de la Teoría de la Acción Comunicativa de Jurgen Habermas, pp. 184-186, en Revista de Historia y cultura de la Facultad de Ciencias Humanas, No 3, Año II, ISSN 0121-7046.

GARCÍA, U. J. (2008). Los "Bárbaros" Costeños y la Modernización de las Letras Nacionales. En: Memorias. El Caribe en la Nación Colombiana

GARCÍA, U. J. (1999). Una Mirada Plural a la Región. En: Revista Aguaita. No. 1. Cartagena. ISSN 0124-0722

HABERMAS, J. (1992). Teoría de la Acción Comunicativa, Madrid, Taurus, pp. 184-186.

LOAIZA, C. G. (2000). Los Intelectuales y la Historia Política de Colombia. En: Ayala Diago, Cesar. "La Historia Política Hoy. Sus Métodos y las Ciencias Sociales. Bogotá: Universidad Nacional de Colombia. Pp. 56-94.

MEISEL A. y CALVO, H. (1999). El Rezago de la Costa Colombiana. Santa Fe de Bogotá: Banco de la República.

MEISEL, G. (1996). El Libro de Carl y Anna Elisabeth. Editorial Antillas.

OCAMPO L. J. (1987) Educación, Humanismo y Ciencia. Tunja, Universidad Pedagógica y Tecnológica de Colombia, 1978. Socarras, Francisco. Facultades de Educación y Escuela Normal Superior; su historia y aporte científico, humanístico y educativo. Tunja, Universidad Pedagógica y Tecnológica de Colombia.

SÁNCHEZ M. G. (1996). El Maestro José Francisco Socarrás. Biografía, Recuerdos y Recuentos. Tunja: Universidad Pedagógica y Tecnológica de Colombia.

SANTOS, A. (2000). La Oposición del Clero al Proyecto Educativo Radical en el Estado Soberano del Magdalena. En: Ensayos de Historia, Educación y Cultura. Doctorado en Ciencias de la Educación-RUDECOLOMBIA.

SILVA P., M. (2003). Desde los Tres Robles. Cartagena: Editorial Ideas Gráficas.

SOCARRÁS, J.F. (1987) citado por JAVIER OCAMPO LOPEZ:(1987) Educación, Humanismo y Ciencia. Historia de la Universidad Pedagógica y Tecnológica de Colombia. Tunja/ Boyacá, Editorial de la Universidad Pedagógica y Tecnológica de Colombia.

TATIS, G. G. (2005). Orlando Fals Borda, el más Grande Investigador del Caribe Colombiano. En: Periódico El Universal de Cartagena. Mayo 29 de 2005. Pág. 2B.

TORRES, L. J. (2010). Primer director Programa de Psicologìa-Universidad del Norte. Barranquilla (Colombia). Entrevista.

WRIGHT, M. C. (1994). De Hombres Sociales y Movimientos Políticos. México: Siglo XXI.

PARTE III

Reflexiones psicosociales desde diversas perspectivas

"El hombre es hombre, y el mundo es mundo. En la medida en que ambos se encuentran en una relación permanente, el hombre transformando al mundo sufre los efectos de su propia transformación" Paulo Freire

El psicoanalista en la institución: entre el oro y el cobre

Julio Hoyos , Juliana Bueno, Mariluz González, Paula Martínez

Introducción

Freud en 1918 se pregunta cómo sería un psicoanálisis por fuera del dispositivo clásico, sugiriendo una aleación entre el oro puro del análisis y el cobre de la sugestión. A casi 100 años de esa referencia, es menester indagar ¿Cuál ha sido la posibilidad real para que los analistas lleven a cabo su práctica por fuera del dispositivo clásico privado? Colombia no ha tenido una tradición, por lo menos permanente, de la presencia de analistas en las instituciones de salud o de otra índole.

Distinto es el caso de países como Argentina y Brasil donde la presencia de psicoanalistas ha sido permanente en los ámbitos institucionales. Recurrir entonces a la experiencia de la práctica de analistas en esos países puede ser de utilidad para comprender cómo justifican su práctica y cómo conservan el Oro analítico. Tal ha sido el propósito de la investigación titulada "Práctica de los psicoanalistas en las instituciones de salud mental en el contexto latinoamericano. Un estado del arte 2000-2013"

Antecedentes

Entre el oro y el cobre: perspectiva freudiana del psicoanálisis en la institución

En el marco del 5to Congreso Psicoanalítico Internacional celebrado en Budapest en el año de 1918, Freud presenta un escrito que es considerado como su última elaboración puramente técnica. Se interesa en mostrar el estado de la terapia psicoanalítica en aquel momento y la disposición que tendrían los psicoanalistas por reconocer las limitaciones e imperfecciones que surgen en el conocimiento psicoanalítico, lo que daría lugar a nuevos procedimientos en la medida que se observen nuevas direcciones en las que la terapia podría desarrollarse.

Al final de esta conferencia, Freud reflexiona sobre lo que podría acontecer al psicoanálisis en un futuro, teniendo en cuenta que su eficiencia terapéutica no es muy amplia en cuanto la cobertura que tendría para las masas y que son pocos quienes se empeñan en sostener esta labor, lo que limita sus efectos a un número mínimo de enfermos ante la imposibilidad de llegar al sufrimiento neurótico de las masas.

Él hace conjeturas y piensa en la posibilidad de que algún día existan los suficientes analistas para tratar grandes masas de hombres y con ello una modificación en las políticas a nivel de salud pública donde tanto ricos como pobres puedan acceder a un tratamiento de sus neurosis, las cuales afirma Freud no constituyen una menor amenaza para la salud que la tuberculosis.

Ante esto, vislumbra que se crearán sanatorios o lugares de consulta donde harán presencia profesionales con formación psicoanalítica, quienes, aplicando el análisis contribuirán mediante un tratamiento gratuito a volver tanto a hombres como mujeres y niños más productivos y capaces. Existe en Freud la certeza de que esta situación alguna vez ocurrirá, y con ella se le planteará entonces al psicoanálisis adecuar su técnica a estas nuevas condiciones.

Ante esta nueva perspectiva de la tarea psicoanalítica, Freud afirma que en dicha aplicación de la terapia a las masas será necesario alear el oro puro del análisis con el cobre de la sugestión directa, donde el influjo hipnótico podría volver a hallar lugar. Sin embargo, dice: "los ingredientes más eficaces e importantes seguirán siendo los que ella tome del psicoanálisis riguroso, ajeno a todo partidismo" (1918/1976, pág. 63).

De igual manera, Freud también resalta que para el trabajo analítico por fuera del consultorio "se nos planteará la tarea de adecuar nuestra técnica a las nuevas condiciones" (pág. 63). Estas nuevas condiciones podrían sugerir otras formas de pensar el estatuto del cobre en esta aleación (Paola, 2008), ya no solamente como la sugestión, entendiendo por ella, toda forma de alienación a un Otro que funge como amo.

En este caso la institución regida por la políticas en salud pública, no ajenas a la lógica de la economía de mercado, donde se evidencian algunas particularidades sobre el tiempo (ojalá breve), honorarios (el más bajo posible), el diagnóstico (ya no estructural sino siguiendo códigos internacionales CIE o DSM), el historial clínico (regido por normas ISO y codificado electrónicamente) entre otras.

Hasta este punto podemos concluir que ya desde Freud había una apuesta por adecuar la técnica psicoanalítica más allá del dispositivo tradicional, un psicoanálisis extendido a la práctica pública haciéndose cargo de demandas de las que antes había estado por fuera. La idea que nos deja Freud es que aún en estas circunstancias puede conservarse el oro puro del psicoanálisis, pues al tratarse de oro, puede ser maleable sin romperse. ¿Cuáles serían los elementos que podrían modelarse y resistir las aleaciones que implica una práctica analítica por fuera de las condiciones habituales del dispositivo clásico?

Max Eitingon y la Policlínica de Berlín: experiencia del psicoanálisis en la institución.

La referencia a Max Eitingon y la policlínica de Berlín es un acontecimiento histórico que da cuenta de cómo por primera vez el psicoanálisis fue pensado a la luz de condiciones inusuales a las tradicionales, condiciones que en su momento imponían ciertas variaciones en su práctica.

El 16 de febrero de 1920, la Sociedad Psicoanalítica de Berlín inauguró la "Berlin Poliklinik für Psychoanalytische Behandlung Nervöser Krankheiten" (conocida como la Policlínica de Berlín), el primer servicio ambulatorio psicoanalítico caracterizado por ofertar tratamientos gratuitos, que siguiendo las palabras de Freud en el congreso de Budapest, abrió sus puertas a los sectores menos favorecidos de la sociedad, bajo la dirección de los psicoanalistas Max Eitingon y Ernest Simmel.

En la Policlínica se ofertaban tratamientos gratuitos, sin embargo, se estableció una escala móvil de honorarios dónde cada paciente decidía cuánto podría pagar. Los problemas clínicos planteados por el tratamiento gratuito comenzaron a aparecer dentro y fuera de la Policlínica, se generaron controversias y emergió la angustia de ciertos analistas acostumbrados al modelo de la práctica privada.

Eitingon argumentaba su trabajo bajo el respaldo del discurso de Freud en Budapest, y en la idea de que un interés ajeno a lo material fortalecería la posición y autoridad de los analistas de la institución. Se dice que el mayor logro que se obtuvo de la Policlínica fue una alta calidad de analistas (Schöter, 2004), y aunque la Policlínica fue en su momento una apuesta de adecuación al dispositivo tradicional del psicoanálisis justificada en las nuevas condiciones, en general lo que se resalta en diversas publicaciones es la importancia del instituto en cuanto a la formación de analistas.

En 1933, las actividades y principios del Policlínico de Berlín fueron absorbidos por la ideología nazi, y si bien su cierre no fue absoluto, a comienzos de ese año, quemaron públicamente las obras de Freud, Simmel fue arrestado y Eitingon debió emigrar a Palestina después de entregar la conducción del Instituto a Felix Boehm y Karl Müller-Braunschweig.

Inicios del psicoanálisis en América Latina: psicoanalistas en la institución

El ingreso del psicoanálisis en América Latina tuvo sus inicios en Argentina, para luego expandirse a países como Brasil, pues gran número de analistas brasileros fueron formados en Buenos Aires. Es así como Rosa Falcone en su artículo Condiciones de inicio de la clínica psicoanalítica en Argentina (2007) sostiene que en los momentos inaugurales de esa práctica en este país, se llevaba a cabo al interior de las instituciones públicas. Fue solo hacia 1942 con la fundación de la Asociación Psicoanalítica Argentina (A.P.A) que el psicoanálisis se vuelca al ámbito privado.

Diferentes factores, dice la autora, influyeron y crearon el contexto propicio para el surgimiento de los conceptos psicoanalíticos en el ámbito institucional. En primer lugar, la crisis de la psiquiatría asilar y orgánica hacia 1930 da lugar a la introducción de las psicoterapias en el tratamiento de las afecciones mentales, abriendo un espacio de trabajo para las disciplinas que acogen la subjetividad, siendo el psicoanálisis una de estas.

En segundo lugar, en 1929 se crea la Liga Argentina de Higiene Mental que agrupa las nuevas instituciones, no asilares, encargadas de atender las demandas de atención en salud mental. Dichas instituciones tenían el objetivo de "modernizar" la atención a los pacientes psiquiátricos siguiendo los modelos recién implantados en Francia e Inglaterra, países en los que se promovió el relevamiento de las instituciones psiquiátricas asilares tradicionales.

En consecuencia, la importancia de la Liga Argentina de Higiene Mental radica en que las instituciones que ella agrupa son los primeros lugares de inserción de los psicoanalistas en Argentina. Así, se institucionaliza la práctica del psicoanálisis debido a que el objetivo de la Liga no podía ser alcanzado sólo con la creación de nuevos espacios, se requerían además nuevas políticas, prácticas y teorías (Falcone, 2007, pág. 4)

La orientación lacaniana

Al respecto, en el ámbito del psicoanálisis lacaniano surge una discusión acerca de lo que se nombra como el psicoanálisis aplicado y el psicoanálisis puro. Sin embargo, existen diferentes concepciones sobre estas dos nociones. Para algunos, el psicoanálisis aplicado sería todo aquel que se lleva a cabo por fuera del ámbito del consultorio privado, por ejemplo en el marco institucional.

En este punto, algunos analistas cuestionan que se pueda llamar psicoanálisis a este tipo de intervenciones, otros en cambio sostienen su validez en tanto psicoanálisis. Para quienes critican el psicoanálisis aplicado, el psicoanálisis propiamente dicho sería el puro, o sea el que estaría inscrito en la lógica del dispositivo analítico tradicional, en el ámbito de lo privado. Otra manera de concebir el psicoanálisis aplicado es en tanto se aplica a obras artísticas o literarias, sea para "analizarlas" o para a través de ellas hacer interpretaciones sobre el autor.

Una lectura más al respecto es la Miller en su artículo Psicoanálisis puro, psicoanálisis aplicado y psicoterapia (2001) donde señala que el psicoanálisis no debe dejar de serlo "bajo el pretexto de la terapéutica y que no se deje arrastrar a franquear ese límite y esa diferencia" (pág. 9). Aquí, es importante aclarar que para este autor el psicoanálisis puro y el aplicado no son conceptos que se encuentran en oposición, sino que por el contrario hacen parte de lo mismo sólo que de forma diferente.

"El psicoanálisis puro, intentémoslo así, es el psicoanálisis en tanto que lleva al pase del sujeto. Es el psicoanálisis que se concluye con el pase" (pág. 27). Con respecto al psicoanálisis aplicado dice: "El psicoanálisis aplicado es el que le concierne al síntoma" (pág. 27). Mientras que en el psicoanálisis puro se trata "de un más allá del síntoma donde se encuentra el fantasma" (pág. 28). Así, desde esta perspectiva todo psicoanálisis sería aplicado.

No obstante, encontramos otra referencia de Miller al respecto, en la que su posición acerca del psicoanálisis aplicado es diferente. En su texto Sutilezas analíticas (2011) propone que el psicoanálisis aplicado a lo terapéutico no es más que una psicoterapia autoritaria.

Metodología

Según Hoyos (2000) la investigación sobre Estado del Arte se denomina también investigación documental o estado del conocimiento porque tiene como fin dar cuenta de la investigación que se ha realizado sobre un tema central, desde donde se desglosan núcleos temáticos que son investigaciones afines y delimitan el campo de conocimiento.

Un estado del arte nos permite dar cuenta de un saber acumulado en determinado momento histórico acerca de un área específica del saber, por lo cual, no se considera un producto concluyente, por el contrario, da origen a nuevos campos de investigación y éstos a su vez generan otros en el área sobre la cual se ha investigado. Para la presente investigación se revisaron un total de 50 referencias provenientes de diferentes fuentes como material bibliográfico, entrevistas, revisión de páginas web de instituciones y conferencias.

Se procedió a la construcción de una ficha manejada en el programa Excel de Microsoft, en la que se plasmaron las categorías de análisis que fueron emergiendo a lo largo de la revisión de fuentes. Dicho trabajo arrojó los siguientes hallazgos:

Hallazgos

Tal como se pudo hacer evidente en el recorrido anterior la ubicación del psicoanálisis y los psicoanalistas por fuera del dispositivo clásico ha sido un asunto de interés y sobre todo de disenso entre sus practicantes. ¿Cómo han intentado resolver "la tarea" planteada por Freud, los analistas que se han mantenido en el ámbito institucional? ¿Qué ha implicado esto para el psicoanálisis? ¿Será una respuesta a ello lo postulado por algunos analistas en torno al psicoanálisis aplicado, entendido como terapéutica del síntoma? (Miller, 2001). ¿Será este el sentido de la expresión de Lacan al declarar que…

"El psicoanálisis sólo se aplica, en sentido propio, como tratamiento y, por lo tanto, a un sujeto que habla y oye"? (Lacan, 1958/1989, pág. 727). Fueron estos algunos de los interrogantes que guiaron la labor investigativa.

Respecto a la discusión entre el psicoanálisis puro y el psicoanálisis aplicado se encontró que se trata de uno de los puntos de mayor controversia entre los analistas, pues incluso en las definiciones de los términos no hay consenso. A lo largo de las lecturas realizadas durante la investigación se evidenciaron al menos cinco definiciones de aplicado:

1. Aplicado a analizar los autores de obras literarias y de arte (Demoulin, 2003) (Lacan, 1958/2015, pág. 444) (Lacan, 1968/2008, pág. 20)

2. Aplicado como tratamiento a un sujeto que habla y oye (de donde se pueden derivar unos efectos terapéuticos) (Lacan, 1958/1984)

3. A lo terapéutico, que apunta al síntoma (Miller, 2001)

4. Aplicado, ajustando el psicoanálisis a la práctica institucional y con una utilidad social (Meurer & Aguiar, 2011)

5. Psicoanálisis aplicado a un síntoma en particular, por ejemplo a enfermos de cáncer, pacientes trasplantados, depresión, duelos, fobias, adicciones etc. (Fundación Causa Clínica) (Centro Oro: asistencia, docencia y prevención en salud mental) (Pausa)

A pesar de no haber consenso respecto al término aplicado, insiste la articulación entre lo terapéutico y lo institucional, en este punto se identificaron al menos dos posiciones:

1) El psicoanálisis en la institución no quiere decir dejar de lado los principios del psicoanálisis. En el artículo A Clínica Psicanalítica na Saúde Pública: Desafios e Possibilidades (Meurer & Aguiar, 2011) los autores afirman que en las condiciones institucionales que procuran la normalización o eliminación del síntoma, el analista puede formular las condiciones de un psicoanálisis aplicado a la terapéutica sin alienarse a la premisa de eliminación del síntoma propia de las instituciones regidas por el discurso de la medicina (Castro, 2015)

2) La otra postura está en concordancia con la concepción de Miller en su texto de 2011 Sutileza analíticas en el que expresa que lo terapéutico en la institución hace referencia a psicoterapias regidas por la sugestión que apuntan a la eliminación del síntoma, desconociendo la función de este.

En consecuencia, no sería posible considerar esta práctica como psicoanalítica, pues implicaría renunciar a uno de los principios del psicoanálisis según el cual el alivio del síntoma se produce como consecuencia de un trabajo epistémico, es decir del trabajo respecto al saber inconsciente.

No obstante, en varios autores que siguen los postulados de Miller, no se evidencia este rechazo al trabajo de analistas en el ámbito institucional. Una explicación para ello pudiera ser que los que trabajan en instituciones defienden su práctica como analítica, mientras que aquellos que se mantienen en el ámbito de lo privado se permiten criticar dicha práctica en las instituciones señalándolas como psicoterapias sugestivas.

Con respecto al psicoanálisis aplicado en su articulación con el trabajo institucional, encontramos otra dimensión que está en relación con la discusión entre lo puro y lo impuro. En ella hay un eco a la frase de Freud, ya mencionada, que alude a la aleación entre el oro puro del análisis con el cobre de la sugestión directa. Encontramos algunos analistas para quienes lo puro se realizaría en lo privado, mientras lo impuro se llevaría a cabo en la institución.

En esta vía de interpretación, justificada en la referencia de Freud, la praxis del psicoanálisis en el ámbito de lo público sería llevar el psicoanálisis a un territorio al que no pertenece de manera "natural"; lo institucional y lo social.

De ello se desprende una praxis que se ha dado en llamar psicoterapia de orientación analítica o psicoterapia psicoanalítica con la cual se intenta responder a los imperativos de eficiencia y eficacia que dicta la época, los cuales aparecen ya mencionados por el mismo Freud cuando recuerda "un viejo aforismo médico afirma que una terapéutica ideal debe obrar rápidamente, producir resultados seguros y no causar molestias al enfermo" (1917/1976).

Este modo de trabajo implica la aleación impura entre el psicoanálisis como dispositivo clásico y las psicoterapias comandadas por la sugestión. Quizá por esta razón, surge con frecuencia, al modo de una defensa, la expresión que explica la praxis realizada como inspirada en el psicoanálisis "pero eso no es psicoanálisis" (Castro, 2015) (Mejía, 2015) como si ello los defendiera de la herejía de plantear la posibilidad de un psicoanálisis en la institución.

Hay otros analistas, en cambio, que han podido servirse de la propiedad física del oro, a saber la maleabilidad, que implica su capacidad de sufrir grandes deformaciones sin cambiar su estructura molecular. Así entonces el psicoanálisis, el oro, con su maleabilidad, permite encontrar opciones de intervención sin que se pierda su pureza.

Desde esta perspectiva no sería necesario una aleación de lo puro del análisis con el cobre de la sugestión directa, para poder realizar una praxis en la institución, pues es posible apelar a la maleabilidad del psicoanálisis riguroso.

Para lograr esto, se hace necesario diferenciar lo imaginario del dispositivo, de la estructura del mismo (Elía, 2015) Quizás en este último punto radica la confusión de quienes se oponen al trabajo del analista en los dispositivos institucionales, pues privilegian el aspecto imaginario representado en el consultorio particular (el diván, los honorarios, la frecuencia de las sesiones etc), sin percatarse que lo esencial radica en la estructura que se juega en el dispositivo mismo, independientemente del lugar donde se escenifique.

Dependiendo de la respuesta que se dé a la pregunta ¿qué es un psicoanálisis?, se determina si lo que se hace en la institución es o no psicoanálisis. Si la respuesta apunta a lo imaginario del dispositivo o a lo estructural de este. Desde esta última perspectiva podría decirse que psicoanálisis es la cura que se espera de un analista (Lacan, 1968/2009, pág. 317) y solo se es analista en el acto, eso no depende entonces del ámbito institucional o privado (Cuellar, 2016) (Rinaldi, 2002)

Así entonces, es pertinente anotar que uno de los aspectos que tuvo mayor insistencia en las fuentes revisadas durante la investigación es la propuesta según la cual el psicoanálisis no deja de serlo por el hecho de encontrarse en el ámbito institucional, pues lo fundamental es que se conserven los elementos estructurales del dispositivo.

Surgen entonces alusiones a nociones como el deseo del analista, ética del psicoanálisis, posición del analista y dirección de la cura. Serían entonces estas nociones la condición para nominar como psicoanalítica una práctica sin importar el lugar donde ella se efectúe.

Respecto a la dirección de la cura y a la posición del analista, no se plantea una especificidad del estatuto que tendrían al interior de la institución, por el contrario, la reflexión permanece en torno a cómo cura el psicoanálisis en términos generales, y a cómo responde el analista frente a la demanda del analizante.

Por lo tanto, ni la dirección de la cura ni la posición del analista se modifican por el hecho de que se esté insertado en un dispositivo institucional. De igual manera, la mayoría de los autores sustentan que la formación del analista que trabaja en el campo de la salud mental, es la misma de cualquier analista que se desempeñe en el ámbito privado, implica la formación teórica en la enseñanza del psicoanálisis, su análisis personal, y el control de casos (Cuellar, 2016) (Mendonça, 2008) (Meurer & Aguiar, 2011) (Zabalza, 2012)

Ahora bien, a lo largo de los textos y entrevistas que se realizaron (Gallo, 2016) (Mendonça, 2008) (Ramírez, 2012) (Rinaldi, 2002) (Rodriguez, 2007) (Rodriguez, 2013), se encontró que varios de estos proponían el deseo del analista como aquella condición sin la cual no es posible hablar de un dispositivo analítico. De igual manera, sería este deseo del analista lo que justificaría, y haría posible sostener la presencia de un analista en un marco institucional.

En efecto, dicha condición no es algo que se enmarque o dependa de las lógicas institucionales, sino que es un efecto, consecuencia del tramo final de un análisis. O sea, que estar en posición de analista, o no, será un asunto que se juegue cada vez, con cada paciente, en cada encuentro. ¿Cómo entender eso enigmático que se nombra como deseo del analista?. El deseo del analista no se trata de un anhelo, tampoco se trata del deseo de la persona que ocupa el lugar de analista, ese deseo remite a una función, la función de causar en el analizante un deseo de saber sobre su inconsciente, y sobre el goce cifrado en sus síntomas.

El trabajo institucional pone a prueba el deseo del analista, supone que un analista sea lo suficientemente flexible para poder estar en la institución, crear en ella un lugar para el psicoanálisis con sus particularidades y aún así apostarle a que la ética del psicoanálisis se sostenga en ese lugar. Es el deseo del analista lo que hace existir en la institución un lugar para el inconsciente (Gallo, 2015). El deseo del analista, señala la incompletud, el no todo, es contradictorio con los ideales institucionales que son de completud, de felicidad, eficacia etc.

En las referencias que fueron analizadas existe un consenso frente a la premisa de que el psicoanálisis no apunta a la normalización, ni adaptación de un sujeto a los estándares o ideales de salud. Tampoco se menciona un interés por la desaparición del síntoma del sujeto, o una prisa por producir efectos terapéuticos rápidos a pesar de las limitaciones temporales que pueden existir en el trabajo institucional.

Al respecto, Rita Meurer & Fernando Aguiar (2011) dicen que los efectos terapéuticos son innegables y que generalmente no tardan en aparecer, pero que de ninguna manera son el objetivo del trabajo analítico, pues el psicoanálisis no apunta a normalizar el sujeto o de adecuarlo a estándares, tal como se espera en las instituciones de salud orientadas por una ética del bien supremo o el bien hacer.

¿Cómo resolver la aporía que aquí se evidencia?

El deseo del analista puede dar la flexibilidad necesaria para más que irse en contra del marco institucional, tan contrario a la ética del psicoanálisis, se encuentren las opciones de posibilidad para alojar al sujeto en su singularidad y poco a poco ir permeando los discursos imperantes en las diferentes instituciones.

Las categorías antes mencionadas son atravesadas por la ética del psicoanálisis, es esta la que establece los principios que orientan la posición del analista, la dirección de la cura y la función deseo del analista. De hecho, en las fuentes analizadas existe un consenso al pensar la ética del psicoanálisis como el concepto que posibilita la dirección de un tratamiento en condiciones institucionales, cuya apuesta es el encuentro del sujeto con su deseo, distanciándose pues del apaciguamiento sintomático.

Se propone entonces una "versatilidad" en la que se resalta el rigor ético, una libertad táctica donde la posición del analista no sea prescriptiva, sino que posibilite la emergencia de respuestas singulares producidas por el sujeto (Mendonça, 2008, pág. 63), y esto se consigue en la medida en que el analista sitúe su trabajo desde un lugar distinto a la ética del bien, a saber, la ética del deseo (Bezerra, 2013)

Contrario a lo que podríamos llamar "conclusión general" que apunta a que los principios del psicoanálisis pueden sostenerse en el ámbito institucional, y en esa medida la práctica que allí se lleva cabo, por un analista, es nombrada como psicoanalítica. No obstante lo anterior, encontramos en referencias colombianas la dificultad para nombrar el trabajo institucional como psicoanalítico, así estén operando con los principios del psicoanálisis.

Dicho rasgo fue encontrado en la mayoría de fuentes colombianas que se revisaron, salvo en dos de ellas que tienen la particularidad de haberse pensado desde el principio como orientadas por el psicoanálisis (Sierra, 2010) (Cuellar, 2016) a diferencia de las otras donde el profesional psi llega a ocupar un lugar en la institución regida por otro discurso y le es difícil nombrarse como analista y más aún reconocer su praxis como analítica.

Quizá ese rasgo, que en algunos alcanza el de pudor, termina obstaculizando la inserción del psicoanálisis en la institución, pues es una posición ambigua, tanto hacia la institución como hacia el psicoanálisis. Es posible preguntarse qué se transmitió, qué ocurrió, en la historia del psicoanálisis en Colombia que hace que haya que aclarar que lo que se hace en la institución no es psicoanálisis, quizá a modo de defensa ante la comunidad de analistas. Como si se tratara de una herejía hablar de psicoanálisis en el ámbito institucional. Será menester ocuparse en una nueva investigación de esta pregunta que surge como resultado del recorrido realizado.

Referencias

Bezerra, D. S. (2013). O lugar da clínica na reforma psiquiátrica brasileira. Curitiba: Editora CRV .

Castro, X. (29 de Mayo de 2015). Entrevista investigación. (M. Gonzalez, Entrevistador)

Centro Oro: asistencia, docencia y prevención en salud mental. (s.f.). Recuperado el 10 de Mayo de 2013, de http://www.centrooro.org.ar

Cuellar, U. (28 de Noviembre de 2016). Entrevista investigación. (M. González, Entrevistador)

Demoulin, C. (2003). ¿El psicoanálisis terapéutico? Medellín: Editorial no todo .

Elía, L. (2015). O cristal estilhaçado: lógica, estrutura e cole(tiva)ção dos fragmentos no inconsciente freudiano. Trabalho apresentado na Plenária I do XI Simpósio do Programa de Pò-sgraduação em Psicanálise do Instituto de Psicologia da UERJ: Cem anos de Metapsicologia: os conceitos fundamentais. Rio de Janeiro .

Falcone, R. (2007). Condiciones de inicio de la clinica psicoanalítica en Argentina. Anuario de Investigaciones, 15(4).

Freud, S. (1917/1976). La terapia analítica. En S. Freud, Obras completas Vol. XVI (págs. 408-421). Buenos Aires: Amorrortu.

Freud, S. (1918/1976). Nuevos caminos de la terapia analìtica. En S. Freud, Obras completas Vol XVII (págs. 151-164). Buenos Aires: Amorrortu .

Fundación Causa Clínica. (s.f.). Recuperado el 10 de Mayo de 2013, de http://www.causaclinica.com.ar/educacion.php

Gallo, H. (2 de Agosto de 2015). Entrevista investigación. (M. González, Entrevistador)

Hoyos, C. (2000). Un modelo para la investigación documental. Guía teórico-práctica sobre construcción de Estado del Arte con importantes reflexiones sobre la investigación. Medellín: Señal Editora.

Lacan, J. (1958/1984). La Juventud de Gide o la letra del deseo. En J. Lacan, Escritos 1 (págs. 703-726). México: Siglo XXI.

Lacan, J. (1958/2015). Seminario 6. Buenos Aires : Paidós .

Lacan, J. (1968/2008). Seminario 16. Buenos Aires: Paidós.

Lacan, J. (1984/1958). Juventud de Gide o la letra del deseo. En J. Lacan, Escritos 2 (págs. 703-726). México: Siglo XXI .

Lacan, J. (1986/2009). Variantes de a cura tipo . En J. Lacan, Escritos 1 (págs. 311-346). Mexico: Siglo XXI.

Mejía, M. (29 de Mayo de 2015). Entrevista investigación. (M. González, Entrevistador)

Mendonça, S. (2008). A dimensão ética da psicanálise na clínica da atenção psicosocial. Estudos e pesquisas em psicologia UERJ, 8(1), 58-66.

Meurer, R., & Aguiar, F. (2011). A Clínica Psicanalítica na Saúde Pública: Desafios e Possibilidades. Psicologia: Ciência e profissão, 31(1), 40-49.

Miller, J. A. (2001). Psicoanálisis puro, psicoanálisis aplicado y psicoterapia. Freudiana, 32, 7-42.

Miller, J. A. (2011). Sutilezas analíticas . Buenos Aires : Paidós .

Paola, C. (2008). El oro y el cobre (del A-meghino y otros fragmentos). Buenos Aires : Escuela Freudiana de Buenos Aires .

Pausa. (s.f.). Recuperado el 10 de Mayo de 2013, de http://www.pausaurgencias.com.ar/paginas/inicio.html

Ramírez, J. (2012). La dirección de la cura en el contexto institucional, una reflexión desde el psicoanálisis.

Rinaldi, D. (2002). O desejo do psicanalista no campo da saúde mental: problemas e impasses da inserção da psicanálise em um hospital universitário. En S. Alberti, & L. Elìa, Clínica e pesquisa em psicanálise (págs. 19-36). Rio de Jainero: Rios Ambiciosos.

Rodriguez, R. (2007). El sigma. Obtenido de El sigma: http://www.elsigma.com/hospitales/la-referencia-al-psicoanalisis-en-el-hospital/11409

Rodriguez, R. (2013). Youtube. Obtenido de https://www.youtube.com/watch?v=6TEsyfoNEpA&feature=youtu.be &list=PLPNgYJHtsrdJz4QgjtoTVjPMhfXpFwu6m

Schöter, M. (2004). The early history of lay analysis, especially in Viena, Berlin and London:Aspects of an unfolding controversy. International Journal of Psychoanalýsis(85), 159-178.

Sierra, G. (2010). La atención psicológica y el uno por uno . En G. Sierra, Los trazos del alma y la relación al saber. De la vida anímica y sus efectos en el aprendizaje (págs. 201-260). Medellín: Corporaciòn Ser Especial .

Zabalza, S. (20 de Agosto de 2012). El sigma. Recuperado el 10 de mayo de 2014, de El sigma: www.elsigma.com/interdisciplina-entre-el-arte-la-ley-y-el-goce

¿Unicidad del sujeto hablante?

(Polifonía enunciativa y multiplicidad de voces en el narrador de la novela "el otoño del patriarca" de gabriel garcía márquez)

Renato Martínez Martínez

Introducción

Este trabajo tiene como objetivo señalar algunas marcas polifónicas y rastros de una pluralidad de voces implícitas en la narrativa desarrollada por Gabriel García Márquez en su novela "El otoño del patriarca". Dichas marcas serán examinadas bajo los conceptos propuestos por O.

Ducrot en su texto "El decir y lo dicho" sobre algunas formas de expresión, de negación y de intertextualidad, empleadas por los hablantes en las distintas modalidades del denominado Discurso Referido. La pluralidad de voces en el discurso y la polifonía enunciativa que O.

Ducrot examina, son aspectos clave para replantear la noción de la unicidad del sujeto hablante y ofrece nuevas alternativas en los estudios de la comunicación, la psicología, el psicoanálisis y la lingüística en general. La importancia de este trabajo radica en comprender que los hablantes hacemos uso de las estrategia polifónicas como formas de argumentación cotidiana y también especializada.

EL otoño del patriarca es, a su vez, una novela enmarcada dentro del movimiento literario llamado Realismo Mágico. Narra la historia de un dictador en decadencia de algún país del Caribe, bajo la figura anónima de un patriarca cuyo poder soberano se desborda, al tiempo que lo aísla de los demás seres del mundo.

Lo insólito del texto de García Márquez es que su narrativa mezcla las distintas voces de sus personajes con la de un narrador omnisciente, que también participa de la historia, pero que al mismo tiempo cede su voz a otros locutores que asumen su papel en primera persona y en tiempo presente, incorporando una multiplicidad de puntos de vista, muchas veces sin marcas lingüisticas, que da como resultado un ejercicio estructural sin precedentes en las técnicas narrativas literarias contemporáneas.

Polifonía enunciativa y voces del discurso.

El nuevo concepto de polifonía enunciativa surgió a partir de las investigaciones de base lingüística que a principios del siglo pasado desarrolló Mijail Bajtin en el marco de la teoría literaria y que a mediados de los años sesenta replantearon, entre otros, E. Benvesiste, Anscombre y O.

Ducrot. Básicamente, Bajtin planteaba la necesidad de tener en cuenta la intersubjetividad como componente esencial de la lengua y considerar a los protagonistas de hecho discursivo: autor, hablante, lector y receptor, como ejes del intercambio comunicativo (García Negroni- Tordesillas Colado. 2001).

De esta manera llegaría la revisión de O. Ducrot en su obra El decir y lo dicho, la cual reúne diversos trabajos del autor desarrollados entre 1968 y 1984, relacionados con los problemas lingüísticos de la enunciación en la lengua, que plantean una concepción polifónica de la enunciación y descubre, desde el punto de vista de los enunciados que "el decir es como una puesta en escena o representación teatral, como una polifonía en la que hay una presentación de diferentes voces abstractas y varios puntos de vista, cuya pluralidad no puede ser reducida a la unicidad del sujeto hablante .

Según Ducrot, en un mismo enunciado están presentes varias entidades polifónicas con niveles lingüísticos y funciones diferentes. Figuras discursivas que el propio sentido del enunciado genera, pero es el autor del enunciado quien las fusiona en su voz y las hace aparecer. El autor del enunciado habla a través de tres entidades polifónicas diferentes vinculadas con su sujeto hablante: el sujeto empírico; el locutor y los enunciadores.

En este punto Ducrot nos aconseja que el locutor y los enunciadores dentro del discurso deben ser el objeto de interés de los estudios de la lengua y el habla.

El sujeto empirico es el autor efectivo del discurso, el productor del enunciado, quien dice o escribe las palabras.

El locutor es el ser del discurso al que se atribuye la responsabilidad del enunciado y de la enunciación de éste. En la mayoría de los enunciados el locutor está inscrito en el sentido mismo del enunciado y está designado en las marcas de primera persona y deícticos en general como: yo; me; ¡ay!; mi; por ejemplo. La voz del locutor tiene una dimensión verbal, se le atribuyen palabras (Ducrot. 2001).

Ducrot llama enunciadores, por definición plurales, a los orígenes de los diferentes puntos de vista que se expresan a través de la enunciación y que se presentan en el enunciado, son puntos de vista abstractos. Locutor y Enunciador son, para Ducrot, seres del discurso. El autor presenta el sentido del enunciado como lo hace Bajtín en su teoría de la polifonía, reconociendo que en un discurso atribuido a un solo locutor varias voces hablan simultáneamente, entendiendo por ello que el sujeto de la enunciación adopta una serie de máscaras diferentes cuando dice algo.

A diferencia de Bajtín que aplica sus conceptos sólo a textos, es decir, a series de enunciados, Ducrot extiende el análisis hacia los enunciados que componen esos textos y afirma que el autor de la enunciación presenta el sentido del enunciado como una escena de teatro en la que se cristalizan en un discurso distintas voces o puntos de vista introducidos en escena por el locutor. Este locutor muchas veces se identifica con alguno de esos enunciadores que toman la palabra y otras veces toma distancia de ellos.

El enunciador es al locutor, lo que el personaje es al autor. La polifonía resulta de la pluralidad de sus puntos de vista confluidos.

Casos de Polifonía

Los casos de polifonía se dividen en tres grupos, de los cuales algunos se subdividen en otros más concretos. Los diferentes tipos de textos polifónicos son:

Discurso Reproducido: Reflejo de la heterogeneidad

enunciativa. Se subdivide en Discurso Directo (DD); Discurso Directo Libre (DDL) (Cita directa); Discurso Indirecto (DI); Discurso Indirecto Libre (DIL) (Cita indirecta)y Discurso Mixto (DM).

Enunciados Ecoicos: el concepto de "ECO" ayuda a explicar los marcadores de Evidencialidad, el Condicional de Rumor y pretérito imperfecto de indicativo (llego mi hermano cuando yo le escribía). La negación polémica denominada por Ducrot (juan esta , juan no está), la Ironía y la autoridad polifónica, encuentran en la polifonía las claves para su interpretación.

Los Intertextos: es la incorporación explicita de otros textos, completos o no, en el discurso. Pueden componerse de enunciados que no tengan locutor, como refranes o proverbios, donde el responsable de lo que decimos es ajeno a la situación del discurso en la que nos encontramos.

Discurso Reproducido.

Este tipo de discurso plantea el problema de la inserción de una situación de enunciación en otra y por extensión de los recursos que la lengua propone para tal efecto.

Discurso Directo (D.D): en el cual el receptor oye dos voces del discurso, la del locutor- enunciador y la de otro enunciador, introducida o enmarcada por el locutor. Quien habla reproduce las palabras de otro emisor mediante diferentes recursos tipográficos (Comillas, guiones largos, dos puntos, etc.). El siguiente aparte tomado de "El otoño del patriarca" lo ejemplifica:

Tu (a través de tu locutor padre) hablándole a tu hijo: ayer dijeron que el robo de celulares es el crimen más presentado (enunciador sintético) y tú con ese aparato por la calle…"

(…) y entonces me llevó del brazo frente a la ventana del mar, me ayudó a dolerme de ésta vida puñetera que sólo camina para un solo lado, me consoló con la ilusión de que me fuera para allá y me dijo: << Mire, allá, en aquella casa enorme que parece un trasatlántico encallado en la cumbre de los arrecifes donde le tengo un aposento con muy buena luz y buena comida, y mucho tiempo para olvidar junto a otros compañeros en desgracia>>. Tenía una terraza marina donde a él le gustaba sentarse (…)

Como se puede ver en el ejemplo, el Discurso Directo

(D.D) repite la forma y el significado del discurso citado. Mediante el uso de acotaciones se pretende ajustar el mensaje a la realidad, tratando de mantener los gestos y las tonalidades de la enunciación.

Discurso Directo Libre (D.D.L): el locutor cede su voz y su visión a las de un enunciador por un momento. Las palabras del enunciador en cuestión van señaladas por algún rasgo tipográfico de la presencia del locutor. Por ejemplo:

Tú (a través de tu "locutor padre") hablándole a tu hijo: -¿No ves las noticias? (locutor hombre genérico, aquí se identifica con su discurso), ayer dijeron que el robo de celulares es el crimen más presentado (enunciador sintético) y tú con ese aparato por la calle...

(...) Se hizo llevar a la niña escolar que le puso una flor al cadáver y le concedió lo que más quiero en este mundo que era casarme con un hombre de mar, pero a pesar de aquellos actos de alivio su corazón aturdido no tuvo un instante de sosiego(...)

Discurso Indirecto (D.I): es el que reproduce el significado, pero no las palabras textuales del primer emisor, que quedan introducidas en la del locutor después de un verbo de lengua y la conjunción completiva "Que" ("Dijo que..., aseguró que..."). Un ejemplo de este tipo de discurso es el siguiente tomado de un texto de El otoño del patriarca:

(...) y fue por eso que lo hicimos mi general, palabra de honor, y entonces él exhaló una bocanada de alivio, ordenó que les dieran de comer, que los dejaran descansar esa noche y que por la mañana se los echen a los caimanes (...).

Un ejemplo coloquial sería: "Ya tu sabes, si no te bajas de ese árbol, viene mi mamá CON LA CORREA Y TE DA DURO PA QUE APRENDAS"

Discurso Indirecto Libre (D.I.L): Consiste en transcribir los contenidos de una conciencia de tal modo que se produzca una confluencia entre los puntos de vista del locutor y del enunciador y se manifieste en la superficie del texto. Se elimina el verbo de lengua y el nexo completivo. Ejemplo:

(...) Sólo que Bendición Alvarado despreció los ornamentos imperiales que la hacen sentir como la esposa del Sumo Pontífice y prefirió las habitaciones de servicio junto a las seis criadas descalzas (…).

Ejemplo coloquial: "No llore, porque los hombres no lloran" le dice una hermana a un niño.

Discurso Mixto (D.M): Este combina varios modos del Discurso Referido como puede ser la utilización de fragmentos literales con Discurso Indirecto (D.I) o Discurso Directo Libre (D.D.L). Por ejemplo:

(…) Porque todo el mundo estaba en la rebatiña de los papeles de los globos mi general, los gritaban en los balcones, repetían de memoria abajo la opresión, gritaban, muera el tirano, y hasta los centinelas de la casa presidencial leían en voz alta por los corredores <<La unión de todos sin distinción de clases contra el despotismo de siglos, la reconciliación patriótica contra la corrupción y la arrogancia de los militares>> no más sangre, gritaban, no más pillaje, el país entero despertaba del sopor milenario en el momento en que él entró por la puerta de la cochera y se encontró con la terrible novedad mi general de que a Patricio Aragonés, su doble perfecto, lo habían herido de muerte con un dardo envenenado (…) .

Debemos tener en cuenta que la presencia de marcas de la primera persona indica que la enunciación es imputable a un locutor, salvo, como indica Ducrot, en el discurso transmitido en estilo directo.

Se trata de un caso de doble enunciación: Una parte del enunciado que se atribuye globalmente a un locutor, primero es imputado a otro locutor. Por ejemplo: si Juan dice: "Pedro me dijo: Yo vendré" vemos dos marcas de primera persona (me y yo) que remiten a dos locutores diferentes. El sentido del enunciado atribuye la enunciación a dos locutores distintos, aunque la enunciación es obra de uno de los dos (Ducrot. 1986).

La negación: Siguiendo estas mismas nociones polifónicas de la enunciación, Ducrot explica que la negación polémica consiste en que los enunciadores no sean confundidos automáticamente con el locutor. Si un enunciador es asimilado con un locutor, lo es en virtud de una identificación particular, ya que la identificación puede asimilar también tal o cual enunciador a personajes que no son el locutor, al alocutario, por ejemplo.

De este modo conviene en aceptar que un enunciado negativo (Por ejemplo: yo no voy a venir) presenta su enunciación como la efectuación de dos actos, esto es, como la aserción de la persona que habla va a venir y como la negación de esa aserción respectivamente.

Ducrot agrega: "(…) es evidente que esos dos actos no son atribuidos al mismo ser. Es cierto que el rechazo o negación es atribuido al locutor (Persona a la que remite el Yo tácito de la proposición), pero la aserción negada se atribuye a alguien que puede ser el alocutario, o un tercero determinado, o la opinión pública: de este modo la enunciación del locutor puede ser prestada parcialmente, por así decir, a un personaje que no es él, y que solamente es un enunciador".

Podemos ver dos ejemplos de la negación polifónica en el texto "El otoño del patriarca" a continuación:

1- (…) Se lamentaba de que ahí donde ustedes lo ven con su carroza de entrochados mi hijo no tenía ni un hoyo en la tierra para caerse muerto(…).

2- (…) Los vio cagándose en las ánforas de alabastro a pesar de que ella les advirtió que no, señor, que no eran excusados portátiles sino ánforas rescatadas en los mares de Pantelaria, pero ellos insistían en que eran micas de ricos, señor, no hubo poder humano capaz de disuadirlos(…).

Cabe destacar que Ducrot justifica este planteamiento diciendo que la afirmación está presente en la negación mas de lo que la negación está presente en la afirmación, articulando, además, la siguiente subdivisión a la negación:

A. *Negación polémica*. Esta corresponde a la mayoría de los enunciados negativos y tiene siempre un efecto reductor: el locutor (a quien se atribuye la responsabilidad de la enunciación en el enunciado) de "Pedro no es amable", al asimilarse al enunciador que la repulsa, se opone, no a un locutor, sino a un enunciador primero al que pone en escena en su mismo discurso (por ejemplo, puede ser un interlocutor). La negación polémica opone el punto de vista de dos enunciadores antagónicos.

B. *Negación descriptiva*. Este tipo de negación en la

teoría de la polifonía presenta un estado de cosas sin ser presentada como opuesta a un discurso adverso. Se podría decir que no siempre el negativo supone el positivo previo.

C. Negación metalingüística. Consiste en contradecir los términos mismos de un habla efectiva previa a la cual se opone y, en este sentido, no opone dos enunciadores, sino dos locutores distintos o un mismo locutor en momentos diferentes.

Autoridad polifónica: esta figura discursiva argumentativa supone también un dialogo entre enunciadores al interior del discurso proferido por un locutor, pero es una forma de argumentación que, según Ducrot, se encuentra inscripta en forma directa en la lengua. Tiene dos movimientos o etapas:

a)   El locutor L muestra un enunciador (que puede ser él mismo u otro) que aserta cierta proposición X, es decir, que introduce en su discurso una voz –que no es necesariamente la suya- responsable de la aserción X.

b)   L basa en esta primera aserción una segunda aserción, que tiene que ver con otra proposición Y. esto significa dos cosas: 1. Que el locutor se identifica con el sujeto que aserta Y. 2. Que lo hace fundándose en una relación lógica entre las proposiciones X y Y. basándose en el hecho de que la verdad de X hace que la verdad de Y sea necesaria en todo caso probable. Un ejemplo de esto es:

(…) porque nadie sabía quién era quién ni de parte de quién en aquel palacio de puertas abiertas dentro de cuyo desorden descomunal era imposible establecer dónde estaba el gobierno (…).

Cierto tipo de conjunciones como "parece ser"; "Como todos saben", "es bien sabido que", etc. Pueden servir para esclarecer este tipo de autoridad polifónica

Intertextualidad.   Finalmente esta figura polifónica la encontramos repetidas veces durante la obra de García Márquez como uno de los recursos narrativos más llamativos y graciosos en el otoño del patriarca. Se trata de una voz colectiva que a lo largo de la novela aparece dejando rastros de la realidad real que es aludida por el escritor.

Según Ducrot se trata de la incorporación explicita de otros textos, completos o no, que se pueden componer de enunciados que no tengan locutor, como un refrán o un proverbio, donde el responsable de lo que decimos es ajeno a la situación del discurso en la que nos encontramos, pero no es posible que no posean un sujeto empírico.

Si como locutores utilizamos la cita o el refrán, sólo somos responsables de utilizarlos adecuadamente, de aplicar de modo apropiado, hic et nunc (Aquí y ahora), el contenido ajeno. Sin embargo García Márquez lo utiliza de manera inversa a la explicación de O.

Ducrot y utiliza los intertextos para traer la narración una voz social, colectiva que se forma fuera de su discurso, pero que a su vez lo fortalece, en el sentido que podríamos también aplicarle los principios de la autoridad polifónica que vimos anteriormente a esa voz formada en la intertextualidad de la narración. Ejemplos de esa intertextualidad en "El otoño del patriarca":

1. (…) Y renunció a sus ínfulas precoces de identidad propia y a toda vocación hereditaria de veleidad dorada de simplemente soplar y hacer botellas (…)

2. (…) Pero Patricio aragonés no quería tanto, sino que quería más, quería que lo quisieran, porque ésta es de las que saben de donde son los cantantes mı general (…)

3. (…) Y había una manifestación permanente en la Plaza de Armas con gritos de adhesión y letreros de dios guarde al magnífico que resucitó al tercer día de entre los muertos (…)

4. (…) su madre de mi alma, Bendición Alvarado, a quien los textos escolares atribuían el prodigio de haberlo concebido sin concurso de varón y de haber recibido en un sueño las claves herméticas de su destino mesiánico (…)

Como podemos apreciar, en el primer ejemplo se alude a un refrán popular, el segundo ejemplo hace alusión a una canción cubana del trío cubano "Matamoros" de principios del siglo XX, que a su vez se convirtió en frase de uso popular y los dos últimos ejemplos de intertextos remiten a la historia judeo-católica del nacimiento y la muerte sobrenaturales de Jesucristo. Los intertextos para que funcionen deben contar con la competencia y conocimiento del mundo de los alocutarios y receptores, sin embargo es muy común su utilización en todo tipo de discurso referido.

Conclusión

La unicidad del sujeto hablante es un concepto cuya revisión se ha demostrado necesaria en las áreas de interés de la lingüística, la psicolinguistica, el análisis del discurso, la teoría literaria, la lingüística textual, la narratología, la semiótica, la sociolinguistica, la psicología, el psicoanálisis y la filosofía entre otras áreas.

Hoy, son muchos los autores que se interesan por la polifonía enunciativa y la pluralidad de voces en el discurso. Bajtín, Benveniste, Anscombre y Ducrót, entre otros, han trabajado por llevar esta nueva perspectiva adelante en los estudios literarios y muchos autores como Gabriel García Márquez han puesto a prueba tales convicciones como lo acabamos de ver. Cabe anotar que los ejemplos que podemos encontrar sobre polifonía y pluralidad de voces en El otoño del patriarca, son innumerables.

Casi podemos afirmar que toda la obra es muestra de ello, pero sólo nos hemos remitido a unos cuantos ejemplos de la totalidad que allí abunda. Para finalizar transcribiré uno de los apartes de la presentación que hizo la casa editorial Sudamericana de esta novela en su decimotercera edición en el año 1995:

"El autor de Cien años de soledad y El coronel no tiene quien le escriba ha escrito una nueva obra maestra que no sólo replantea las posibilidades de un tema ya cíclico en la literatura latinoamericana, sino también los límites de las estructuras y técnicas narrativas de la novela de hoy, incorporando la multiplicidad de puntos de vista al contexto del monólogo, apoyando la tensión narrativa en acordes temáticos inesperados y exactos, en la acumulación de precisiones insólitas, en las imágenes de una poesía visionaria expresada en la voz de un narrador natural que es a la vez un maestro incomparable del lenguaje"

Referencias

GARCÍA MÁRQUEZ, Gabriel. El otoño del patriarca (1995). 13ª edición. Ed. Sudamericana S.A. Argentina.

CALSAMIGLIA, Helena- TUSÓN Amparo. Las Cosas del decir (2007). Ed Ariel. España.

GARCÍA NEGRONI Ma. Marta- TORDESILLAS Marta (2001). La Enunciación en la Lengua. De la Deixis a la Polifonía. Ed. GREDOS. S.A. Madrid. Es.

DUCROT Oswald. El decir y Lo dicho (1984). Ed. Hachette. Bs. As. Argentina.

DUCROT Oswald. El decir y lo dicho. Polifonía de la enunciación (1986). Ediciones Paidós Ibérica, S.A. Barcelona.

Reintroducir la Prhónesis en el acto de la clínica psicológica

Guillermo Staaden Mejía

Y por otra parte esta experiencia particular que es la de nuestro trabajo de todos los días, a saber, la manera con respecto a la cual vamos a responder una demanda del enfermo, una demanda a la que nuestra respuesta da su significación exacta. Una respuesta con respecto a la cual es menester guardar la disciplina más severa, para no dejar que se adultere el sentido, profundamente inconsciente, de esta demanda." (Lacan, 2007, p. 3)

La Prudencia, objeto de valoración por la filosofía, la ética y el acto clínico demanda en los tiempos actuales, de su restitución en el hacer de la clínica psicológica. Prhónesis, virtud elevada que conmina a "los hombres cuyo saber esta ordenado a la búsqueda de los "bienes humanos" y que saben por ello reconocer lo que es beneficioso" (Aubenque, 1999, p. 17) alcanza su referencia ética, al consignar la contingencia como un aspecto nuclear de la atención clínica.

Si en un principio, la prudencia se asociaba con la sabiduría, Aristóteles, en su texto Ética a Nicómaco, la separa del saber de la ciencia, de la sophía, y la introduce en el vínculo de lo humano, en aquellas virtudes que caracterizó como dianoéticas, las cuales, estando del lado de la razón, establecen como principio, el actuar humano, el valor de lo perecedero, de lo contingente.

Resalto lo contingente, para demarcar un aspecto privilegiado de lo humano; de lo que se trata en la clínica psicológica, lo muestra el día a día, es de un cariz individual, circunstancial, histórico-biográfico, qué por su cualidad inextricable, no pertenece al registro de lo necesario. El listado de chequeo, los manuales diagnósticos son superados por el valor heurístico de los síntomas.

El acto clínico se sostiene en la singularidad; por lo menos, ese debería ser su valor constituyente. El hacer de la clínica psicológica, vela por la necesaria sustentación de que lo que allí se introduce, lo que gravita como acción, es de un orden tal, que no podría protocolizarse; hacer del ideal científico el norte de la atención clínica, es desposeer lo más intrincado del actuar humano: el deseo.

Aristóteles reconoce en la ciencia y por demás también en la Ley, un privilegio, la generalización; pero igualmente lo plantea como su mayor inconveniente. Al tratarse de asuntos, de proposiciones de orden general, se alejan consecuentemente de aquello que reviste la singularidad: el acto humano. Así, tanto la atención clínica que se demanda, como la apuesta por responderla se configuran en términos del deseo, eferente y singular.

Podemos, en aras de abreviar, enunciar la demanda como expresión de una falla, cualesquiera que esta fuese. Situando la falta como evento ontológico, conciliando con Aristóteles: "la falla no está en relación a una ley o al legislador, sino en la naturaleza de las cosas", y en tal sentido, no podrá ser la Ley o la Ciencia quien pueda dar cuenta de tal fisura. No hay en la demanda de atención un pedido a la Ciencia, en la medida que ella misma, la ciencia, es del orden de lo general y soslaya lo que es contingente.

La pretensión de una clínica psicológica de la evidencia, recurre a lo universal de los principios, las técnicas y la interpretación de lo humano, en términos de manuales y protocolos. Vázquez y Nieto (2003) afirman que "Una de la consecuencias prácticamente imparables de la implantación de una PBE (Psicología Basada en Evidencia) es que la decantación y cribado de datos conducirá hacia una progresiva estandarización y protocolización de tratamientos: es decir, la sugerencia de pautas más o menos estandarizadas para su uso por todos los profesionales de un campo" (Vásquez & Nieto, p. 3).

Me detengo en la afirmación, para dar cuenta de la pretensión que se postula con la PBE: estandarizar y protocolizar como los ideales de lo clínico.

La experiencia humana, tan particular como resulta, trata de ser integrada en estándares que son dictados por quienes consideran, serán lo mejor para el paciente. Una singularidad cae en el rango de lo común a lo cual, será posible responder ídem por todos los profesionales. Al fin, con el "cribado de datos" los profesionales tendrán información suficiente para dar respuestas a todos, respuestas que satisfagan los ideales de ciencia coligados en estándares cuidadosamente parametrizados.

Los principios de Eficiencia, Eficacia y Efectividad (EEE) pregonados para las ciencias y el hacer humano, invocan el ideal moderno del capitalismo, que denostó el acto humano como producto del deseo, sea este, el deseo, evidente o no. Guy Le Gaufey (Rev. Acheronta No. 23, p. 8) señala que "cuando hay una insistencia cualquiera sobre un concepto, se cuaja en una substancia".

La reiteración del modelo eficaz por sobre cualquier consideración, pone en el orden de la substancia, mandato mensurable, aquello que por antonomasia es del sinsentido, propio de la subjetividad: el síntoma. Desde Freud se reconoce que el síntoma es un intento del sujeto para resolver, restaurar algo del conflicto psíquico, en palabras de Vera Gorali (Rev. Acheronta No. 23, p. 28) el síntoma es una "respuesta del sujeto, como una solución", que tiene un carácter único, singular, pasarlo por la criba de los datos, es desmaterializarlo de su esencia particular.

La Psicología de la Evidencia como irrupción al sujeto; se pretende mirar y se privilegia la perspicacia y la pasión de lo evidente, que opera como tapón, para desestimar lo más precioso del sujeto; su decir, su palabra, que pueda operar como lo diligente del saber. La mirada/evidencia que obtura el saber íntimo, aún a costa de reconocer que algo del saber se hurta, se escapa a la palabra. La imagen entonces como encuentro entre DOS.

Sostener una clínica de la evidencia, representa una colusión con el Ideal moderno, establecido en lo reglado, lo protocolar como máxima de la ciencia; la evidencia establece como principio un saber puesto del lado del profesional, por el cual, la contingencia queda descartada en virtud a leyes apodícticas. Lo proveía Nietzsche:

Porque el hombre ha creído durante largo espacio de tiempo en las ideas y en los nombres de las cosas... se ha atribuido este orgullo... pensaba en realidad tener en el lenguaje el conocimiento del mundo... se figuraba... expresar por medio de las palabras la ciencia más alta de las cosas... La fe en la verdad encontrada es la fuente de donde derivan su fuerza los poderosos. (Nietzsche, 1986, p. 25)

Lo prudente emerge, en el punto medial de la experiencia clínica, que no es otra cosa, que el afloramiento de un pedido humano que espera su retorno, desde la postura de quien establece su hacer, en términos casi heroicos, sin que, por ello, se fenezca en el intento. Lacan reconoce que en tanto acto que introduce un intento por esclarecer la falla, "no se puede decir nunca que intervengamos en el campo de ninguna virtud. Abrimos vías y caminos y allí esperamos que llegue a florecer lo que se llama virtud." (Lacan, p. 19).

Permitir la escucha como elemento central de la clínica psicológica, resulta por momentos un pedido que pareciese desprovisto de razón; la psicoterapia encontró camino allí donde la medicina abandona la batalla; al dar al sujeto un lugar de valor representado por su palabra, fue posible el acto clínico.

Y el ideal actual hace caso omiso por sobre tal verdad: la evidencia, la imagen concentrada en el dato "puro" que ofrece las pruebas, enajenan un saber primario que puede escrutarse en y desde el sujeto. "cada vez se escucha menos al paciente... se va más directamente a la imagen" recalca Marie-Helen Brouse, y en tal consideración, el sujeto se volatiliza en términos y protocolos que constriñen su saber.

Entre la escucha y la mirada, J. Lacan (2006) nos recuerda que "el cuerpo tiene algunos orificios, entre los cuales, el más importante es la oreja, porque no puede taponarse, clausurarse, cerrarse... Lo molesto, por cierto, es que no está solo la oreja, y que la mirada compite notablemente con ella" (Lacan, p. 18).

"Hay que decir palabras mientras las haya, hay que decirlas hasta que me encuentren..." reclama Foucault (1992, p. 3), y en tal suplica exalta la extensión del discurso para quien aporta su palabra en la odisea del encontrarse, justo allí, en una relación que por su pertinencia ha de ser de lo más ética posible.

La palabra que se otorga, ubica el deseo de ser, justo en la dimensión que la clínica debería proveer. Aquel que, con su angustia, paga el alto precio de enunciar parte del deseo, deseo que siempre se escamotea. Foucault (1992, p. 4) avanza; "A este deseo tan común, la institución responde de una manera irónica... los rodea de un circulo de atención y de silencio y les impone unas formas ritualizadas".

Los nuevos preceptos, emanados del poder instalado por

las instituciones, deploran la palabra que pueda ser enunciada, para revertir el espacio de lo clínico, en formulas, dogmas etiquetas, las cuales acallan el atisbo de deseo que puede enunciarse en la consulta; "se trata de anular cada vez uno de los términos de la relación" en palabras de Foucault (1992, p. 15).

Cuan paradójico resulta, que en los tiempos de la comunicación y de los derechos de autor, se provee en nombre de la EEE, el aniquilamiento del orden comunicativo más profundo, más irremplazable como lo debería ser el acto clínico. Se aniquila el autor de la palabra debida, en pos de un rotulo que lo silencie. De la individualidad de la queja a lo homogéneo del diagnóstico; de lo singular del síntoma a la hegemonía de los manuales.La clínica de la etiqueta va sucumbiendo en lo ritual, y se vanagloria de su disciplinado actuar; "define los gestos, los comportamientos, las circunstancias…" (Foucault, 1992, p. 24).

La prudencia acomete del lado del deseo; si existe un deseo en el acto clínico, debe ir del lado de quien enuncia su demanda, en tanto está convocado como sujeto responsable. Argumentar un deseo para la ciencia o para el profesional, es dar cuerpo a quien no corresponde y establece un mandatorio más cercano a la sugestión. La prudencia como virtud intelectual establecida por Aristóteles, plantea una regla fundamental:

"El prudente sirve de criterio porque está dotado de una inteligencia critica. No solo es aquello según lo cual se juzga, sino el mismo que juzga; ahora bien… no se juzga bien más de lo que se conoce" (Aubenque, p. 62). Y sobre el deseo de aquel que consulta el clínico poco sabe, por tanto, no ha de juzgar, sino escuchar, su acto queda postergado.

Finalizo con una anécdota que refiere el ecritor Pierre Rey en su texto: Una temporada con Lacan.

"- ¿Existe el alma? (pregunta Pierre a Lacan)

En el mejor de los casos yo esperaba una sonrisa. Pero me obsequio con una respuesta:

La psique es la fractura, y esta fractura es el tributo que pagamos por el hecho de ser seres hablantes".

La prudencia en el acto clínico, resulta en parte, de permitir que la falla constitutiva del hablante, encuentre un espacio para ser interrogada; reintroducir la palabra a quien se ha dispuesto, aún sea en apariencia, un saber sobre sí. Exige para el clínico templanza; permitir la aparición de un deseo que regularice la demanda, en tal manera, que quien se dispone a la clínica; en palabras de Sampson (1998, p. 6) se "constituya como sujeto ético de su propia acción... se responsabilice de si... de la decisión, de la elección." Reitero el exergo: "Y por otra parte esta experiencia particular que es la de nuestro trabajo de todos los días, a saber, la manera con respecto a la cual vamos a responder..." (Lacan)

Referencias

Acheronta. Revista de Psicoanálisis y cultura. No. 23 de agosto de 2006. Cuerpo y síntoma. Disponible http://www.acheronta.org/sumarios/acheronta23.pdf

Aubenque, P. (1999) La prudencia en Aristóteles. Critica Grijalbo, Barcelona.

Foucault M. (1992) El orden del discurso. Tusquest editores, B.A.

Lacan J. (2006) El Seminario de Jacques Lacan. Libro 23. El Sinthome. 1975 – 1976. Texto establecido por J.A. Miller. Paidós, B.A.

Lacan, J. (2007) El seminario: libro 7. La ética del psicoanálisis. 1973. Paidós, B.A. primera edición, 10 reimpresión.

Nietzsche F. (1986) Humano demasiado humano. "Menslich allzu menslich". Editores Mexicanos Unidos 5a. edición.

Pierre Rey (1990) Una temporada con Lacan. Seix Barral, B.A.

Sampson A. (1998) Ética, moral y psicoanálisis. Revista Colombiana de Psicología. No. 7, año MCMXCVIII. Universidad Nacional de Colombia, Bogotá. Disponible http://www.revistas.unal.edu.co/index.php/psicologia/article/view/16055/16936

Vásquez C. y Nieto M. (2003) Psicología (Clínica) basada en la evidencia (PBE): una revisión conceptual y filosófica. En J.L. Romero (Ed.), Psicópolis: paradigmas actuales y alternativos en la psicología contemporánea. Barcelona, Kairos.

El Self del terapeuta en trabajo con maltratadores

Adriana Sofía Silva Silva

Introducción

La perspectiva sistémica considera el contexto y las pautas de interacción y comunicación con la interdependencia circular entre las familias y el contexto que les rodea; la familia es vista como clave en el desarrollo y mantenimiento de comportamientos funcionales y disfuncionales, esto quiere decir, que si dentro de una familia alguno de sus miembros tiene un comportamiento o asume actitudes disfuncionales, el terapeuta deberá observar las particulares que trae cada sistema consultante, su funcionamiento, organización, estructura y pautas transaccionales que mantienen dicha conducta.

Esta afirmación resulta interesante de tener en cuenta, cuando se intenta abordar una situación social como lo son las pautas de interacción violentas en la pareja, por lo que se planteó la elaboración, validación, aplicación y seguimiento de un protocolo de reeducación relacional para maltratadores.

Lo resultados más consistentes encontrados en las investigaciones sobre procesos de intervención con maltratadores, donde es necesario tener en cuenta que la tasa base de reincidencia de los maltratadores que no son sometidos a tratamiento es diferente para la medida de la misma, acorde a los Registros Oficiales (RO), que se cifra en el 21 %, y a los Informes de la Pareja (IP), en el 35 % (Babcock et al., 2004; O'Leary, Barling, Arias, Rosenbaum, Malone, y Tyree, 1989; Rosenfled, 1992).

Desde otra perspectiva, Arce y Fariña (2010), Lila, Oliver, Galiana y Gracia (2013) y McGuire, Mason y O'Kane (2000) realizan un metaanálisis de protocolos de intervención en penitenciarias, centrado más en variables del diseño, tal como experimental vs. Cuasi-experimental, de relevancia metodológica-científica, en la búsqueda de muestras consistentes de un tratamiento efectivo. Encontrando que las variables críticas en la implementación del tratamiento penitenciario, especialmente aquellos administrados en la comunidad, fueron: contenidos, amplitud y longitud, nivel de intervención, riesgo, adherencia y progreso en el tratamiento y la filosofía de la intervención.

En otro momento, frente a programas estándares de iguales contenidos para todos los maltratadores, resulta necesario el ajuste del programa a las necesidades específicas de cada maltratador donde se potencia la efectividad del mismo (Holtzworth-Munroe, Meehan, Herron, Rehman, y Stuart, 2000), al tiempo que incluso pueden resultar inconvenientes para aquellos maltratadores a los que no se ajusta la intervención a sus necesidades, lo que inicialmente es bastante probable (Bowen, Gilchrist, y Beech, 2005), los contenidos de los programas no pueden generalizarse a la población de maltratadores, sino que han de construirse específicamente para cada maltratador, sin embargo encontramos que en la realidad esta práctica no se lleva a cabo.

Por otra parte, la violencia de género según Maruna (2004), se sustenta en un pensamiento violento que forma parte de lo que se etiquetó como cogniciones tóxicas, que se caracterizan por ser internas, estables y globales. Por ello, intervenciones breves serán menos efectivas que aquellas más largas. Por breves no sólo se entiende en contenido, sino también que entre sesión y sesión de tratamiento ha de transcurrir un tiempo que permita la consolidación y generalización de las destrezas o habilidades adquiridas.

Si la violencia contra la pareja se sustenta en cogniciones internas, estables y globales que se asocian a la continuidad y reincidencia en el comportamiento violento (Collie, Vess, y Murdoch, 2007; Hutchings, Gannon, y Gilchrist, 2010), al tiempo que son altamente resistentes al tratamiento y dificultan la adherencia al mismo (Isorna, Fernández-Ríos, y Souto, 2010; Wormith y Olver, 2002).

Lo que explica que tradicionalmente la intervención se centra únicamente en el maltratador, resultando las intervenciones multimodales (comportamiento y cognición) las más efectivas (Beelman y Lösel, 2006; Redondo et al., 1999, 2001, 2002), dejando al margen la intervención en otros niveles críticos para la integración y competencia social del individuo como son la red social o la integración laboral.

Así, ambientes socio comunitarios inadaptados o la falta de integración laboral facilitan la continuidad en el ciclo de la violencia (Fariña, Arce, y Novo, 2008; Gracia, Herrero, Lila, y Fuente, 2009). Además, una intervención multimodal asentada en sesiones individuales (cogniciones) y grupales (ensayo conductual) da mejores resultados que la sostenida únicamente en sesiones grupales (Arce y Fariña, 2010; Novo, Fariña, Seijo, y Arce, 2012).

En las sesiones grupales no es viable un control exhaustivo de la adherencia y progreso en el tratamiento, al tiempo que no son propicias para la asunción real de responsabilidad por parte del maltratador. En suma, una intervención multimodal, asentada en sesiones individuales y grupales y multinivel es más efectiva que la únicamente centrada en el individuo.

Todo tratamiento necesita de una medida de los efectos del tratamiento mientras se está ejecutando; en el caso que nos ocupa, del progreso en el tratamiento. En ambientes ordinarios, tal como el sanitario, el objetivo de esta evaluación es únicamente conocer el progreso, pero en los contextos forense y penitenciario conlleva un diagnóstico diferencial de simulación (American Psychiatric Association, 2000)

La asunción de una filosofía de tratamiento terapéutica, común en los programas de tratamiento de maltratadores, supone un doble ataque a la efectividad del tratamiento. Así, tratar a un maltratador como un enfermo trae aparejado que la responsabilidad no es del propio maltratador, sino exógena, lo que dificulta la adherencia y progreso en el tratamiento, al tiempo que facilita la persistencia de la violencia (Maruna y Copes, 2006).

Adicionalmente, también supone que el terapeuta que implementa el tratamiento sea un profesional asistencial, esto es, al servicio del maltratador. Por el contrario, una filosofía de tratamiento adecuada para este contexto, es la de asumir un rol profesional al servicio de la justicia o sociedad y del maltratador o delincuente con responsabilidad directa y única en sus actos.

Como resultado observamos que no sólo resulta interesante comprender la violencia de pareja desde distorsiones cognitivas y comportamentales individuales, sino que los resultados de las investigaciones tienen una tendencia hacia circuitos exógenos que pudiesen estar interviniendo en las pautas de interacción violenta, por lo que abre un campo de investigación desde lo sistémico-relacional, que ha sido poco investigado en Colombia, precisamente por ser un tema culturalmente censurado y es aquí cuando resulta necesario que los terapeutas que puedan participar en programas de reeducación para maltratadores, puedan a su vez, reconocer los procesos autorreferenciales que se activan mientras se participa en estos programas.

Bronfenbrenner (1987), afirma lo siguiente:

En el centro mismo de una orientación ecológica, y diferenciándola bien de los enfoques actuales del estudio del desarrollo humano, está la preocupación por una acomodación progresiva entre un organismo humano en desarrollo y su ambiente inmediato, y la manera en que esta relación se produce por medio de las fuerzas que emanan de regiones más remotas en el medio físico y social más grande.

Lo planteado nos muestra que no es posible estar alejados del objeto que se observa, porque esa misma observación influye en ese ¨objeto¨ y a su vez el que es observado, también observa, y en esa relación hay movimientos, cambios, procesos, que son parte misma de la investigación, donde lo humano es lo que posibilita esa acción. Es lo que en consulta se denomina la conformación del tercer planeta, lo que ocurre en ese espacio terapéutico, unión de dos planetas diferentes: el de los consultantes y el de terapeuta y su resultado es el "tercer planeta".

Un espacio en el que no basta sólo con ¨armarse¨ de conceptos teóricos, formas gramaticales y discursos, sino que la actitud y los diversos intereses personales, profesionales se mezclan y orientan el quehacer profesional.

Investigaciones en España, muestran que no es posible separar la realidad del terapeuta de la realidad de los consultantes, por mucho tiempo en la práctica terapéutica se ha desconocido el ejercicio autorreferencial en el proceso terapéutico como un elemento fundamental en el desarrollo de los procesos de enfoque, hipotetización y planteamiento de la estrategia.

Molero (2010), en su trabajo "El Terapeuta Sistémico"

citando a Galfré, O y Frascino, G. (2007), menciona los factores que afectan a un terapeuta:

A nivel personal

- Cuánto se conoce el terapeuta así mismo

- Dificultades y anclajes que puedan provenir de su historia de vida

- En qué momento de su ciclo vital está: sus familias de origen y actual

- Capacidad de relación del terapeuta, la calidad de su red social

- Cómo se maneja con los conflictos

- Mitos del terapeuta, su cultura y experiencia de vida

En la práctica profesional

- Cómo se maneja con los pacientes, cercanía vs distancia, flexibilidad, alianza terapéutica, desarrollo de habilidades.

- Características de su formación y déficits de la misma

- Los distintos modelos que orientan su acción

- Claves para detectar los patrones interacciónales (propios y del paciente)

- Transformación de las debilidades del terapeuta en herramientas para determinados fines

- Relaciones y competencias con otros profesionales

En el contexto socio-cultural

- Cambios sociales que influyen en la terapia y las formas de la demanda

- Las nuevas patologías y sus desafíos

- Las cuestiones éticas y el tema de los valores en

psicoterapia

Estos elementos planteados por Molero (2010), se convierten en un llamado para todo psicólogo en cualquier campo de acción, ya que son objeto de su práctica.

"por ello, es importante para el terapeuta la toma de conciencia de la dinámica interaccional, los roles y la función de los miembros de su propia familia de origen con el fin de evitar posibles dificultades que puedan surgir en el desempeño y en la eficacia del rol del terapeuta". Molero (2010).

Método

Los objetivos orientadores de esta investigación fueron de manera general general describir los procesos autorreferenciales de terapeutas participantes en un programa de reeducación para maltratadores y para alcanzarlo se identificaron los conceptos que tienen los terapeutas sobre el trabajo con maltratadores, se describieron los sentimientos y acciones asociados al trabajo con maltratadores y se pudo conocer las principales autorreferencias en torno al trabajo con maltratadores.

Este proyecto se justifica desde un Paradigma Socio-crítico, con tipo de investigación Mixta o combinada, con diseño descriptivo, orientado desde una visión ecosistémica y con fundamento en técnicas de intervención terapéuticas de Brief Therapy de la MRI en Palo Alto (California) y estrategias de Inteligencia Emocional.

Las técnicas de recolección de información: La Asociación Libre, la Entrevista Estructurada, Estudios de Casos. Se trabajó con un grupo de psicólogos egresados y con 3 años de experiencia en el campo clínico, que fueron escogidos mediante la técnica de muestreo no probabilístico a conveniencia del investigador.

Los resultados obtenidos, surgen desde la técnica basada en la asociación libre, que consiste en la expresión espontánea de emociones y pensamientos -escrita en este caso- de palabras a partir de una palabra inductora.

Para el análisis de los resultados se utilizó como guía, el método propuesto por Pierre Vergés (1992,1994). "análisis prototípico y categorial", cuya hipótesis de partida es la existencia de un funcionamiento cognitivo donde ciertos términos son inmediatamente movilizados para expresar una representación. (Vergés, 1999, p: 235, citado por Navarro, 2004)

Resultados

Con los resultados obtenidos, podemos decir que se alcanzaron los objetivos de la investigación: Identificar las autorreferencias de los terapeutas sobre el trabajo con maltratadores: Conceptos, Sentimientos y Acciones. Se trabajó con un grupo de 37 psicólogos que decidieron por iniciativa propio ser parte del proyecto; los resultados obtenidos en la subcategoría de Concepto: Un 32% argumenta que un maltratador no puede ser reeducado y el 68% que sí puede serlo.

Gráfica 1. Puede ser reeducado un maltratador

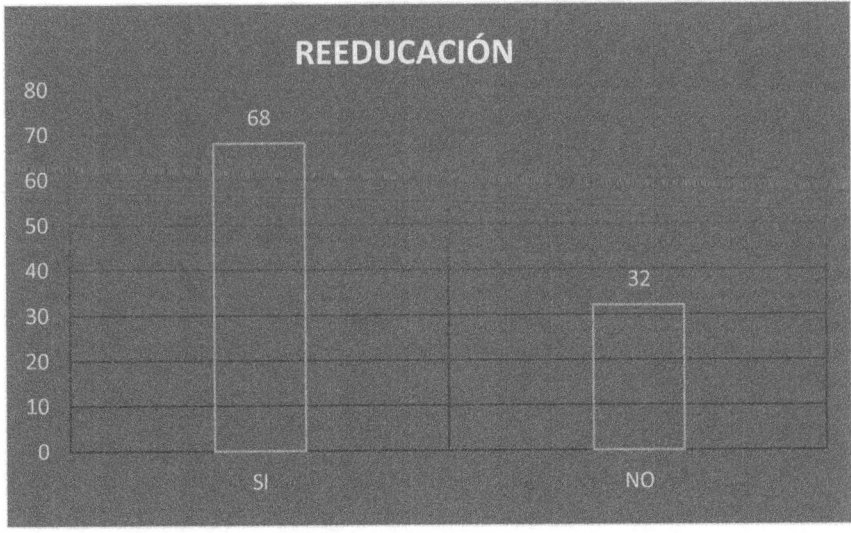

Frente a la acción de trabajar con un maltratador, un 86% de los psicólogos dicen que sí, mientras que un 14% plantea no trabajar con un maltratador (Gráfica 2). En este aparte, resulta interesante que la idea de trabajar con un maltratador genera en un 20% de psicólogos, sentimientos de confusión, 19% duda, 11% rabia y tristeza y temor en un 9%, pero también un 8% de esperanza.

Gráfica 2. Trabajaría con un maltratador

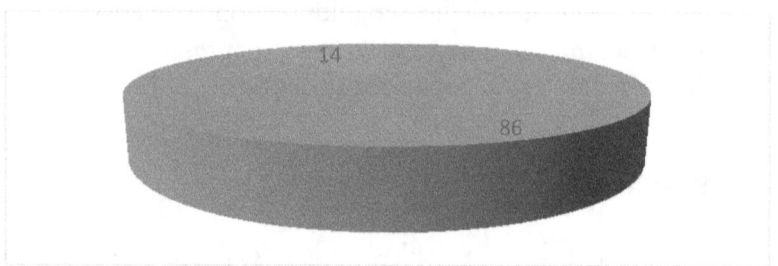

Seguidos en 5% de angustia, un 4% de optimismo e impotencia, Nostalgia y respeto 3% y 2% de inseguridad.

Gráfica 3. Sentimientos asociados al trabajo con un maltratador.

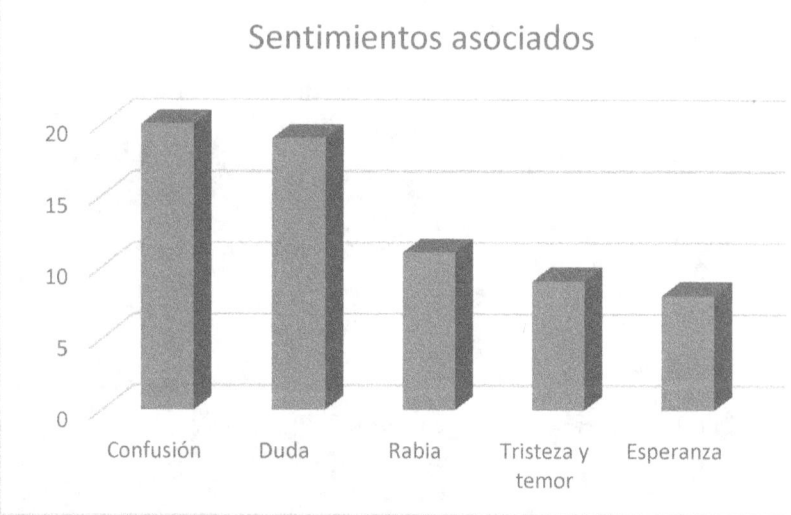

Al preguntarles si creen que un maltratador puede ponerse en el lugar de la otra persona, un 59% responde que sí, mientras un 41% no cree que pueda ponerse en el lugar de la víctima. Gráfica 4

Gráfico 4. Empatía con el maltratado

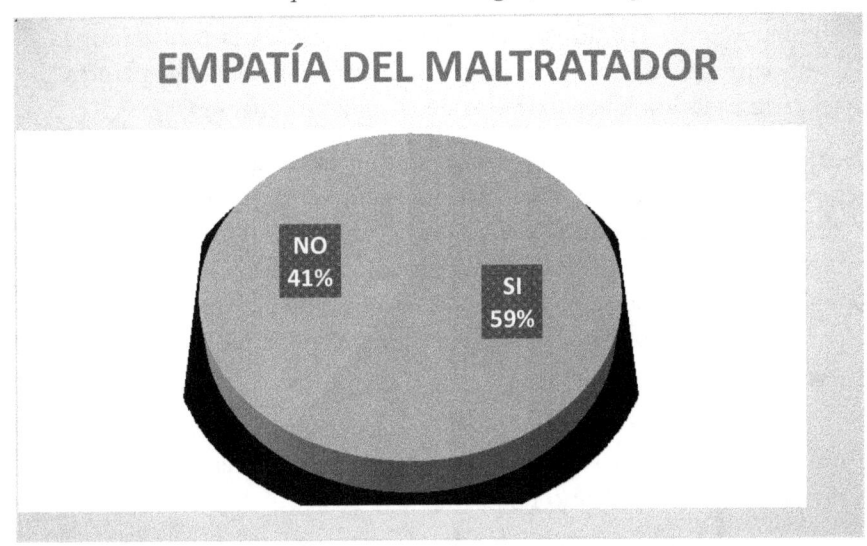

En la parte autorreferencial, frente a la pregunta si alguna vez, por alguna circunstancia de la vida, han pasado ellos de ser víctimas a maltratadores, un 19% respondió no y un 81%, responde que sí. Esta subcategoría evidencia, la capacidad que tienen los psicólogos para ubicarse en el lugar del otro, así como para observar sus procesos personales. Gráfica 5.

Gráfica 5. Capacidad de Autorreferencia

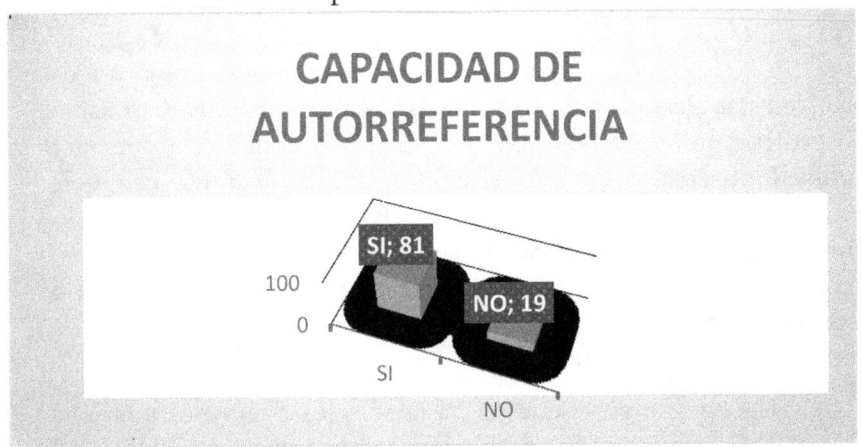

Conclusiones y prospectivas

La Teoría General de Sistemas -TGS- aplicada al campo psicológico, busca comprender las formas relacionales por medio de las cuales se establecen pautas de interacción; la terapeuta familiar Regina Giraldo Arias, Vicepresidente de la Red Europea y Latinoamericana de Escuelas Sistémicas -RELATES- plantea la relación maltratado-maltratador de la siguiente manera:

"El maltrato no ocurre únicamente por una condición personal/individual o sólo por un sistema de creencias sociales, sino también y además fundamental por y en una relación con el otro. El maltrato se consolida en un contexto relacional. Por eso un maltratador puede serlo en relación con una pareja A y no con una pareja B o al contrario, igualmente para la persona maltratada, que puede serlo o no con A o B"

Desde esta perspectiva sistémica- relacional, esta investigación plantea que un maltratador puede dejar de serlo, pues no es constitucional sino relacional.

Teniendo en cuenta lo anterior, si un 68% de psicólogos cree que un maltratador puede ser reeducado y un 86% plantea el deseo de trabajar con ellos, es de esperarse que a la vez manifiesten sentimientos de confusión 20%, 19% duda, 11% rabia, seguido de tristeza y temor en un 9%, pues es natural que en temas como los planteados en esta investigación, se generen sentimientos que de no ser trabajados, pueden afectar el éxito de la validación del protocolo de reeducación.

Desde el modelo sistémico, es necesario tener en cuenta lo que se denomina; Procesos Autorreferenciales, pues, no es posible estar alejados del objeto que se observa, porque esa misma observación influye en ese ¨objeto¨ y a su vez el que es observado, también observa y en esa relación hay movimientos, cambios, procesos, que son parte misma de la investigación, donde lo humano es lo que posibilita esa acción. Es lo que en consulta se denomina la conformación del tercer planeta, lo que ocurre en ese espacio terapéutico, unión de dos planetas diferentes: el de los consultantes y el de terapeuta.

Un espacio en el que no basta sólo los conceptos teóricos, formas gramaticales y discursos, sino que la actitud y los diversos intereses personales, profesionales se mezclan y orientan el quehacer profesional.

Por esta razón, resulta importante dar cuenta antes de iniciar el proceso de validación del protocolo, de los procesos autorreferenciales de los psicólogos que lo aplicarán. La pregunta inicial entonces estaría no tanto relacionada con la posibilidad de reeducar a un maltratador, sino a que es necesario reeducar primero a los psicólogos que harán parte del trabajo terapéutico, los resultados obtenidos así lo requiere. Marañon (2012) plantea en

"El Trabajo Psicoterapéutico con Fortalezas, Capacidades y Recursos. Un Acercamiento Teórico desde el Marco Sistémico Integrador", el "nacimiento" de los estilos terapéuticos y los cuales están estrechamente ligados con las experiencias de vida de quienes eligen la terapia familiar sistémica.

Los psicólogos participantes en el proyecto, deben ser conscientes de los procesos autorreferenciales que les genera trabajar con maltratadores. Los resultados de esta investigación nos plantean los siguientes retos:

-Resulta importante desarrollar la capacidad de autorregulación, aplicando un principio sistémico; el terapeuta se percibe a sí mismo, como parte del sistema consultante con el cual interactúa, sabe de sus propias presiones, expectativas, anhelos, deseos, por lo tanto las asume, es consciente de ellas y no se "empantana" en la supuesta neutralidad y omnipotencia terapéutica. Las reconoce, las asume y las trabaja. No es ajeno a su realidad ni a la realidad que el sistema consultante trae a ese espacio.

- Una vez reconocido los elementos autorreferenciales, se estará en la capacidad de trabajar con lo que el sistema consultante trae, no es tarea terapéutica ni mucho menos personal, entrar a juzgar la realidad que un sistema consultante trae, se respeta, se acepta y se trabaja con lo que hay en el momento y en el lugar.

- Se encuentra la posibilidad de reconocer sólo los recursos positivos, de toda persona, pareja, familia, grupo; se trabaja siempre desde la connotación positiva y se busca generar relatos emergentes y redefiniciones de historias de vida., teniendo en cuenta el contexto (lo cultural, social, espiritual, geográfico, económico, del sistema consultante)

Se puede visualizar la importancia que tiene empezar a potenciar estos procesos autorreferenciales desde la formación de psicólogos en pregrado y posgrado, que pueden verse en los siguientes niveles:

1. Formación profesional de psicólogos: Permitirá mejorar y/o plantear estrategias pedagógicas claras para potenciar las competencias profesionales de autoevaluación y autocuidado; Relaciones interpersonales e interdisciplinarias y Ética y valores.

2. Formación integral-personal: Se partirá del principio de importancia de la autorreferencia en la práctica en cualquiera de los campos de acción en los que un psicólogo opera. Será necesario que los psicólogos reconozcan que su formación no sólo debe ser teórica, sino también personal, reconociendo sus nudos emocionales, para trabajarlos; sus recursos personales, para potenciarlos y a nivel profesional reconocer sus capacidades y limitaciones.

3. Desarrollo de competencias profesionales: Permitirá identificar las competencias que deben tener los profesionales de la psicología según psicólogos expertos, neograduandos y estudiantes de psicología

4. La psicología como profesión: Reconocer que la psicología como ciencia y sus resultados no se enmarcan dentro de un ámbito de investigación científica, sino de desarrollo personal y de compromiso social.

5. Desde el compromiso con la formación profesional del psicólogo, a partir de estos resultados estamos trabajando hacia el diseño e implementación de programas de orientación profesional que tengan un impacto en la conformación del sentido identitario hacia la profesión, dirigidos a los estudiantes de psicología.

Referencias

Arias, E, & Otros. (2013). Programas de intervención con maltratadores: una revisión metaanalítica de la efectividad. Psychosocial Intervention, Vol. 22 No. 22. Recuperado de http://psychosocial-intervention.elsevier.es.

Arce, R. & Otro (2010). Diseño e implementación del programa Galicia de reeducación de maltratadores: Una respuesta psicosocial a una necesidad social y penitenciaria [Design and implementation of the Galician program for batterers' re-education: A psychosocial answer to a social and penitentiary need]. Intervención Psicosocial, 19, 153-166.

Arce, R. & Otros (2009). Creación y validación de un protocolo de evaluación forense de las secuelas psicológicas de la violencia de género [Creation and validation of a forensic protocol to assess psychological harm in battered women]. Psicothema, 21, 241-247.

Babcock, J. & Otros. (2004). Does batterers' treatment work? A meta-analytic review of domestic violence treatment. Clinical Psychology Review, 23, 1023-1053.

Babcock, J. & Otros.(1999). The relationship between treatment, incarceration and recidivism of battering: A program evaluation of Seattle's coordinated community response to domestic violence. Journal of Family Psychology, 13, 46-59

Barg, L. (2006). ¿Familia en riesgo o contexto en crisis?, Facultad de Ciencias Políticas.

Bonifaz, R. & Otro (2004). La violencia intrafamiliar, el uso de drogas en la pareja, desde la perspectiva de la mujer maltratada. Revista Latino-am Enfermagen, No. 12, Marzo-Abril, 433-8, Universidad de Sao Paulo-Brasil.

Bennett, L.& Otros.(2005). Program completion, behavioral change and rearrest for the batterer intervention system of Cook County, Illinois. Chicago, IL: Illinois Criminal Justice Information Authority. Retrieved from http://tigger.uic.edu/~lwbenn/DVPEP/cjia.pdf

Bennett, L.& Otro. (2001). Intervention program for men who batter. En C. Renzetti y J. Edleson (Eds.), Sourcebook on violence against women (pp. 261–277). Thousand Oaks, CA: Sage.

Bowen, E. &Otros. (2005). An examination of the impact of community-based rehabilitation on the offending behaviour of male domestic violence offenders and the characteristics associated with recidivism. Legal and Criminological Psychology, 10, 189-209.

Chereji, S.& Otros (2012). The relationship of anger and cognitive distortions with violence in violent offenders' population: A meta-analytic review. The European Journal of Psychology Applied to Legal Context, 4, 59-77.

Cohen, J. (1988). Statistical power analysis for the behavioral sciences (2a.

ed.). Hillsdale, NJ: LEA.

Collie, R. & Otros (2007). Violence-related cognition: Current research. En T. A.

Gannon, T. & Otros (Eds.), Aggressive offenders' cognition: Theory, research, and practice (pp. 179-197). Chichester, UK: John Wiley and Sons.

Corsi, J. (1994). Violencia intrafamiliar. Una mirada interdisciplinaria sobre un grave problema social. Editorial Paidós-Buenos Aires-Argentina.

Cortina, J. & Otro. (1997). On the logic and purpose of significance testing. Psychological Methods, 2, 161-172.

Coulter, M.& Otro.(2009). Reducing domestic violence and other criminal recidivism: Effectiveness of a multilevel batterers intervention program. Violence and Victims, 24, 139-152.

Davis, R. & Otros.(1998). Does batterer treatment reduce violence? A randomized experiment in Brooklyn. Justice Quarterly, 18, 171-201.

Dobash, R. & Otros.(1996). Reeducation programs for violent men: An evaluation. Research Findings, 46,309-322.

Dunford, F. W. (2000). The San Diego Navy experiment: An assessment of interventions for men who assault their wives. Journal of Consulting and Clinical Psychology, 68, 468-476.

Dutton, D. & Otros. (1997). Client personality disorders affecting wife assault post-treatment recidivism. Violence and Victims, 12, 37-50.

Echeburúa, E. (1999). Manual de violencia familiar, Siglo XXI Editores, Madrid-España.

Eckhardt, C. & Otros. (2013). The effectiveness of intervention programs for perpetrators and victims of intimate partner violence. Partner Abuse, 4, 196-231.

Expósito, F. & Otros. (2005). Violencia de género. En F. Expósito y M. Moya (Eds.), Aplicando la Psicología Social (pp. 201-227). Madrid: Pirámide

Fariña, F. & Otros. (2008). Neighborhood and community factors: Effects on deviant behavior and social competence. The Spanish Journal of Psychology, 11, 78-84.

Feder, L. & Otro (2004). Testing a court-mandated treatment program for domestic violence offenders: The Broward experiment. Washington, DC: National Institute of Justice. Retrieved from https://www.ncjrs.gov/pdffiles1/nij/199729.pdf

Galfré O.& Otro (2007) G. "El trabajo con la persona del terapeuta", en Perspectivas Sistémicas.

Jiménez, L. (2009). Crecer en familias en situación de riesgo. Análisis evolutivo durante la infancia y la adolescencia. Tesis doctoral no publicada, Universidad de Sevilla-España.

Marañón, D. (2012). El Trabajo Psicoterapéutico con Fortalezas, Capacidades y Recursos. Un Acercamiento Teórico desde el Marco Sistémico Integrador. http://www.avntf-evntf.com/imagenes/biblioteca/Trabajo%203%C2%BA%20BI%2011-12%20-%20Mara%C3%B1%C3%B3n,%20D..pdf

Minuchin, S & Otro (2000). Pobreza, Institución y Familia. Amorrortu, Buenos Aires.

Molero, I. (2010) El terapeuta sistémico. http://www.avntf-evntf.com/imagenes/biblioteca/Molero,%20Itziar.%20Tbjo.%203%C2%BA%20BI%2009-10.pdf -Argentina.

Navarro, O. (2004. Representación Social del Agua y Sus Usos. Rev. Psicología Desde el Caribe, Dic., Num. 014. Pp. 222-236, Universidad del Norte, Barranquilla-Colombia.

Rey, C. (2002). Rasgos sociodemográficos en historia de de maltrato en la familia de origen, de un grupo de hombres que han ejercido violencia hacia su pareja y un grupo de mujeres víctimas de este tipo de violencia. Revista Colombiana de Psicología, No. 11, Universidad Nacional. Bogotá-Colombia.

Gaxiola, J. & Otro (2008). Un modelo ecológico de factores protectores del abuso infantil: Un estudio con madres mexicanas. Revista Medio Ambiente y Comportamiento Humano. No. 9. Universidad de Sonora, México.

Rodrigo, M, et all (2005). El asesoramiento a familias con riesgo psicosocial.

Intervenciones psicosociales. Cronologías, contextos y realidades.
Editorial Craó, Barcelona-España

Rodrigo, M, et all (2008). Preservación familiar: Un enfoque positivo para la intervención con familias. Editorial Pirámide, Madrid-España.

Sousa, L, Ribeiro, C Y Rodríguez, S. (2007). Are practitioners incorporate a strengths-focoused approach when working with multi-problem families?. Journal of Community and Applied Pychology, No. 17, 53-66.

Vera, R.D (2008). Factores psicosociales que intervienen en la violencia intrafamiliar en la comunidad 5 y 6 de la ciudad de Cúcuta. Universidad de Pamplona, Facultad de Salud, Programa de Psicología, Colombia.

Vizcarra, M. et all (2001). Violencia conyugal en la ciudad de Temuco. Un estudio de prevalencia y factores asociados. Revista Médica de Chile, V. 129, XI 12, Santiago de Chile.

Del derecho a la memoria y a la construcción de una historia. Algunas contribuciones desde el Psicoanálisis.

Judith García Manjarrez

Introducción

Con la búsqueda de la finalización del conflicto armado colombiano, por parte del Gobierno y las Fuerzas Armadas Revolucionarias de Colombia (FARC) y para ello, con los afamados diálogos de paz llevados a cabo en Cuba, emergen propuestas de Ley que buscan la consecución de este logro, así como también la judicialización de manera particular de los actos violentos cometidos por las partes, dentro de la guerra vivida en Colombia.

A esta jurisdicción especial de la justicia, se la ha denominado internacionalmente, Justicia Transicional. Ella implica no sólo unos caracteres especiales en los que hay ciertas concesiones por parte del Estado para el grupo armado, sino que también se soporta en los pilares de conocer la verdad, perdonar los hechos y preservar del olvido la llamada memoria colectiva para así, dar lugar a la reparación, cuando esta es posible.

Pensar el asunto del postconflicto y estos pilares que soportan la Justicia Transicional en Colombia, implica entender que se trata justamente de una transición, pero que además ella, convoca no sólo a disciplinas como la Política y el Derecho, que formulan proyectos para judicializar a los actores del conflicto y hacer esto dentro de un marco de Ley posible; sino que también, este mismo asunto, toda vez que hace referencia al humano y sus matices, convoca a una de las disciplinas cuyo centro es el estudio del sujeto, a saber el psicoanálisis.

Si bien, la Justicia Transicional:

Hace referencia a un problema muy antiguo, relativo a qué debe hacer una sociedad frente al legado de graves atentados contra la dignidad humana, cuando sale de una guerra civil o de un régimen tiránico. ¿Debe castigar a los responsables? ¿Debe olvidar esos atropellos para favorecer la reconciliación? (Uprimmy y Safon, 2005, p. 214).

Esta postura, indica necesariamente que pensar el postconflicto colombiano sólo es posible, para el Derecho, desde los principios de la Justicia Transicional, surgida a su vez de la Primera Guerra Mundial (Teitel, 2003).

La transición señala el reconocimiento del dolor y de la vivencia del horror de la guerra, cosa que en Colombia, ha tenido sus matices particulares, en los que si bien parece que se buscara saber la verdad, también pareciera que esta se oculta a toda costa, así también ocurre con el asunto de la memoria. Sabido es que las leyes propuestas para el postconflicto, intentan preservar del olvido la memoria colectiva, se declara un día conmemorativo para tal fin, sin embargo, la pregunta por ¿qué hacer para preservar la memoria?, ¿qué implica esto para la nación y para los sujetos, toda vez que se trata de un tema que los convoca pero en el que se hace general, lo que incluso tiene que ver con lo particular?

Es por ello que el presente trabajo, intentará dilucidar, desde la teoría psicoanalítica, los efectos que la propuesta del postconflicto y el derecho a la memoria suponen en Colombia y sus nacionales, toda vez que la nación se ha visto afectada por una guerra de más de 50 años.

Métodos

En el presente trabajo se realiza, acorde al método que propone la exégesis, una lectura precisa algunas de las leyes en las que se enmarca el postconflicto y el derecho a la memoria. Paralelamente, leer estos a través de algunos planteamientos propuestos por la teoría psicoanalítica en referencia a la memoria y el olvido, así como también a la manera como estos procesos tienen su implicancia en la subjetividad, para realizar posteriormente una lectura interpretativa de ambos lugares y como el marco de ley que sobre memoria se propone para el postconflicto colombiano, impacta y se inscribe subjetivamente en los colombianos.

El presente trabajo, es entonces un intento por responder

algunos cuestionamientos sobre las formas como afecta particularmente los procesos de memoria y olvido referidos a la guerra, a los nacionales colombianos.

Un interrogante que aparece aunque día a día con más fuerza y que pareciera no cesar de no escribirse, ¿qué hacer para preservar la memoria?, ¿qué implica esto para la nación y para los sujetos, toda vez que se trata de un tema que los convoca pero en el que se hace general, lo que incluso tiene que ver con lo particular?, ¿Qué lectura puede hacerse desde la teoría psicoanalítica acerca de las propuestas de memoria y olvido que para el postconflicto colombiano propone el marco del Derecho y, como este es recibido por los sujetos?

Para intentar bordear la temática, se propone entonces una revisión bibliográfica sobre el marco del Derecho en el que se inscriben los procesos de memoria y olvido para el postconflicto, así como también las lecturas acerca de la temática que se pueden encontrar en la literatura psicoanalítica.

Si bien el psicoanálisis es un método terapéutico, también tiene otras dos definiciones. Su propio creador en 1923 lo describió como:

Método para investigación de procesos anímicos inaccesibles de otro modo; de un método de terapéutico de perturbaciones neuróticas basado en tal investigación y de una serie de conocimientos así adquiridos, que van constituyendo paulatinamente una nueva disciplina" (Freud, p. 2661).

Es decir que el psicoanálisis es también una disciplina constituida por conocimientos teóricos mediante los cuales se puede realizar investigación y dar una lectura desde allí a lo que acontece con los sujetos, siendo fiel a la teoría, también se puede interpretar desde allí.

La subjetivad permite entonces que desaparezca la línea divisoria entre lo social y lo individual. Siguiendo a Freud (1921):

La oposición entre psicología individual y psicología social o colectiva, que a primera vista puede parecernos muy profunda, pierde gran parte de su significación en cuanto la sometemos a más detenido examen. En la vida anímica individual aparece integrado siempre, efectivamente, el otro, como modelo, objeto, auxiliar o adversario, y de este modo, la psicología individual

Es al mismo tiempo y desde un principio psicología social, en un sentido amplio, pero plenamente justificado" (p. 2563).

Se trata entonces de un recorrido bibliográfico, desde lo cualitativo e interpretativo.

Conclusiones

El sujeto, como lo entiende el psicoanálisis responde de forma particular frente a la historia y las huellas que esta deja en él. Esto, propone Castoriadis (2004), no se trata de   "… la realización de la voluntad divida, el cumplimiento de las leyes de la historia o del destino de la raza, etc., sino la obra determinada por la actividad de los seres humanos, actividad en la cual participa él mismo…" (p. 191).

Es decir, aunque el sujeto es protagonista de su historia, esta a su vez, determina al sujeto y los modos como este responde fantasmáticamente frente a la vida. Al respecto dice Lacan: "algo cuenta, es contado, y en ese contado ya está el contador. Sólo después el sujeto ha de reconocerse a sí mismo como el contador" (1964, p. 28).

Esto da cuenta no sólo del doble juego en el que se deja ver lo determinante de la historia y el protagonismo del sujeto sino también de la importancia del lenguaje, de la palabra para poder asumir y asumirse en esa historia.

Lo anterior debe entenderse en la medida que para el psicoanálisis que un sujeto de cuenta con su memoria, de la historia que ha vivido, no implica que esta última remita a datos fechables, sino que el trabajo analítico, permite al humano dirigirse a su propio inconsciente y resignificar lo vivido

Es decir, si bien desde Freud (1904) se sabe que los procesos psíquicos, incluyendo memoria y olvido, no son posibles de dominar para el humano, no es menos cierto que a partir del trabajo de memoria con aquello que se siente en principio olvidado y la intervención sobre el mismo, hay efectos en la historia del sujeto que permiten a su vez una asunción diferente de aquello que pueda venir a partir de ese momento.

Esa construcción de memoria, es lo mismo a lo que refiere el Derecho con el intento, desde la Ley de promover la memoria histórica Lo anterior pone en evidencia que si bien es cierto que se pueden olvidar apartes de la historia.

Así, Psicoanálisis y Derecho tienen un punto de encuentro en el intento, el primero desde la propuesta de responsabilidad subjetiva y el cuestionamiento propio con respecto a memoria y olvido en tanto refieren al "saber que no se sabe" (Mannoni, 1998, p. 1) y, el segundo desde un derecho humano, enmarcado dentro de la Ley, que invoca tal cuestión, desde la pretensión de la justicia, en el que aparecen testigos y jueces que dan cuenta que la tarea de construcción de la memoria histórica, no puede ser ajena al conocimiento de la verdad ni mucho menos a la construcción de cuestiones simbólicas que permitan no olvidar, por lo menos no olvidar el horror de la guerra de cualquier manera.

El recuerdo se constituye así como aquel que posibilita nombrar y bordear lo vivido y con ello, abre paso a la posibilidad de construcción de la memoria histórica en la que el sujeto pueda reconocerse protagonista.

Referencias

Castoriadis, C. (2004). Sujeto y verdad en el mundo histórico - social. En: La creación humana I. Buenos Aires: Fondo de Cultura Económica

Freud, S. (1904) El método psicoanalítico de Freud. En: Obras Completas Tomo I [1973] (pp. 1003-1006) Madrid: Biblioteca Nueva.

Freud, S. (1921) Psicología de las masas y análisis del yo. En Obras Completas Tomo III [1973] (pp. 2563-2510) Madrid: Biblioteca Nueva.

Freud, S. (1923) Psicoanálisis y teoría de la libido. Dos artículos de enciclopedia. En Obras Completas Tomo III [1973] (pp. 2661-2676) Madrid: Biblioteca Nueva.

Lacan, J. (1964). Seminario 11 : Los cuatro conceptos fundamentales del psicoanálisis. Argentina: Editorial Paidós

Mannoni, M. (1998) Un saber que no se sabe: La experiencia analítica. Barcelona: Gedisa

Teitel, R. (2003, septiembre). Genealogía de la justicia transicional. Harvard Human Rights, 16, pp. 69-94

Uprimny, R & Saffon, M. (2005). Justicia transicional y justicia restaurativa: Tensiones y complementariedades. En Entre el perdón y el paredón, preguntas y dilemas de la justicia transicional (pp. 135-144). Bogotá: Uniandes.

Más allá de juegos psicológicos, guiones y relación terapéutica. Análisis transaccional.

Yosnel Torres Mellado.

En sus orígenes, el hombre solo tiene instintos; cuando más avanzado y corrupto, solo tiene sensaciones; cuando instruido y depurado, tiene sentimientos. El punto delicado del sentimiento es el amor, no el amor en el sentido vulgar del término, pero ese sol interior que condensa y reúne en su ardiente foco todas las aspiraciones y todas las revelaciones sobrehumanas. La ley de amor sustituye la personalidad por la fusión de los seres; extingue las miserias sociales. Dichoso aquel que, ultrapasando su humanidad, ama con amplio amor a sus hermanos...!

Dichoso aquel que ama, pues no conoce la miseria del alma, ni la del cuerpo. Tiene ligeros los pies y vive como que transportado, fuera de sí mismo.

Lázaro. (Paris, 1862.)

Introducción

La psicoterapia es un proceso de cambio para alcanzar un objetivo, pero ante todo es una relación que contribuye al cambio personal y a recuperar la salud y la autonomía. En ella, como en cualquier relación significativa, establecer y mantener el contacto mutuo es fundamental. Este contacto mantenido es la base de una relación de confianza que propicia el clima adecuado para establecer una relación que sea salutogénica, ya que sin contacto no hay terapia.

Solo en una relación de confianza es posible el análisis de las situaciones de la vida del cliente, de sus problemas, sus distintas manifestaciones, sus causas remotas e intrapsíquicas y las conductas que los refuerzan, aun aquellas que de manera inconsciente se han gestado.

Como señala Richard Erskine (1999): "(...) la cura del

Guion se produce en una relación sanadora y de pleno contacto entre cliente y terapeuta (…), contacto con el proceso intrapsíquico de la persona consigo misma, y contacto-en-relación con el proceso externo, con el proceso interpersonal". (p.61 – 63).

Este escrito es un acercamiento a la teoría de Eric Berne, autor y creador del Análisis Transaccional, detallando conceptos operacionalizados y basado en la experiencia profesional en psicoterapia usando este modelo de intervención, en el cómo se puede ser efectivo en el desarrollo del proceso y, el reconocimiento del terapeuta y sus juegos como factor decisivo en el "cambio" del otro.

Terminología base

Homeóstasis psicológica: fue introducido por W. B. Cannon en 1932, designa la tendencia general de todo el organismo o restablecimiento del equilibrio interno cada vez que este es alterado. Estos desequilibrios internos, que pueden darse al mismo tiempo en el plano fisiológico como en lo psicológico, reciben el nombre genérico de Necesidades.

De esta manera, la vida de un organismo se puede definir como la búsqueda constante del equilibrio entre sus necesidades y la satisfacción de las mismas, y en ese mismo orden, sobrevivir entendido como una acción tendiente a la búsqueda de este equilibrio es, en un sentido lato lo que llamamos Conducta.

Análisis Transaccional: es considerado una filosofía humanista, una teoría de la personalidad y de las relaciones sociales, y un sistema de técnicas para la intervención psicoterapéutica basado en el postulado básico: "Yo estoy bien, Tú estás bien".

Su padre y creador fue el Psiquiatra Eric Berne, a mediados de los 60 en Estados Unidos, de formación psicoanalista, fue rechazado cuando presentó su disenso antes lo que él consideraba la "no cura", y quien en su Best seller "Juegos en que participamos", inmortaliza gran parte de sus postulados.

El Análisis Transaccional (en algunos ocasiones del texto se usará la sigla "AT"), aporta una metodología clara y unos conceptos básicos expresados en un lenguaje sencillo. No obstante, pese a su lenguaje sencillo, a veces distorsionado, sobre-simplificado y comercializado, aporta un modelo profundo que permite trabajar desde niveles más superficiales como el coaching, hasta facilitar la reestructuración y el cambio personal en el escenario Psicoterapéutico.

Su alta efectividad, y su alta capacidad de integración con otros modelos y disciplinas de las ciencias humanas y sociales, le han dado una gran difusión de carácter mundial.

Podríamos anticiparnos a uno de los temas a tratar aquí, y atrevernos a decir que la meta terapéutica para el Análisis Transaccional, es dejar el Guión de Vida que decidimos en la infancia en situaciones de intensidad emocional, y que tenía como función comprender el mundo y sobrevivir, el cual puede que aún estemos siguiendo de forma inconsciente. Al dejar el Guión, dejamos también de jugar los juegos psicológicos que lo refuerzan, pudiendo entonces usar integradoramente nuestra capacidad de pensar, sentir y actuar al servicio de un vivir saludable.

Las técnicas del modelo permiten una intervención a nivel individual y grupal, siendo hoy día Latinoamérica, y en especial el Doctor Robert Kertesz, uno de sus mayores exponentes y expansión, a él se le atribuye el Análisis Transaccional Integrativo, respetando los preceptos de base, presenta a través de una manera pedagógica y amena el legado de Eric Berne por medio de 10 Instrumentos.

Estados del YO: es un sistema de pensamientos y sentimientos acompañados de un conjunto afín de patrones de conducta." (Berne 1964). Berne observó que los diferentes estados del Yo en que estamos las personas son de tres tipos, que denominó: Padre, Adulto y Niño. Los mismos son modelos (metáforas) para describir la personalidad y las relaciones humanas. Ver Fig. 1

Transacciones: según Kertesz (2006) quien es un discípulo directo del E. Berne y máximo exponente del modelo en Latinoamérica, (…) "la palabra interacción sería más apropiada en castellano para describir las comunicaciones humanas, pero el uso ha impuesto el término de transacción" (p. 74), son intercambios de estímulos y respuestas entre estados del yo de las personas.

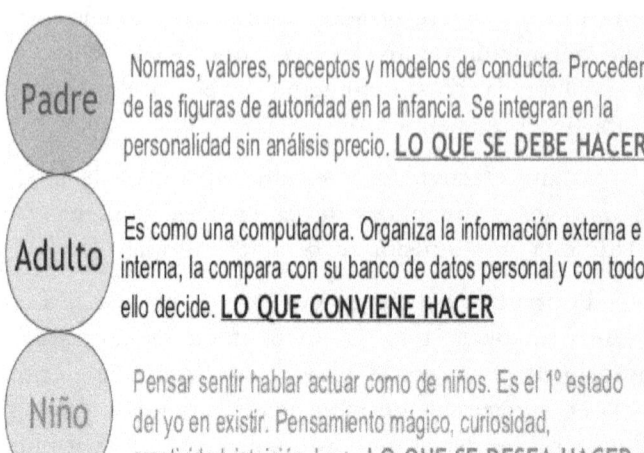

Posición existencial: desde la infancia se toman decisiones vitales que marcaran el "destino" de la existencia, una de ellos es el concepto que tenemos de nosotros mismos y del otro, esa valoración subjetiva, intuitiva, cargada de emoción, fundamentada en el reducido contexto familiar de la infancia.

Caricias: la forma más sencilla y compleja a la vez de definir es lo que Berne expresara en sus inicios (1964), "son estímulos sociales dirigidos de un ser vivo a otro, que reconocen la existencia de éste" (pag.74), es quizás el constructo y herramienta más potente del análisis transaccional.

Juegos psicológicos: Berne (1971) lo definió como: "unas series de transacciones ulteriores, superficialmente racionales, que progresan hacia un resultado previsible y bien definido" (…) O más simplemente, como una serie de transacciones con trampa, inconsciente para los participantes.

Según James y Jongeward (1971), para que dichas series de transacciones sean definidas como "juego" deben darse las siguientes condiciones:

1. La existencia de varias transacciones complementarias, aceptables al nivel social;

2. Elementos ulteriores (ocultos, a nivel psicológico), que constituyen el mensaje subyacente, más importante;

3. Un resultado o «beneficio» previsible, que se da al terminar el juego, siendo su propósito final.

Guión de Vida Berne (1971) afirma: "un plan preconsciente de vida basado en una decisión propia tomada en la infancia bajo la influencia del entorno (padres, familia, escuela, cultura) (...) reforzado por el mismo entorno, justificado posteriormente por medio de experiencias significativas y que culmina en una alternativa elegida." Podríamos resumir que son las "reglas o programación interna" que debe seguir y adoptar como directrices para guiar su conducta, para "Ser" y para "Sobrevivir".

Para Eric Berne, toda conducta que sigue esta fórmula es una conducta de guion (Berne, 1971): IPT + Pr + O + CI: Desenlace (Formula G), donde:

IPT = Influencia paterna temprana (o del entorno)

Pr = Programa (plan a seguir)

O = Obediencia (decisión de supervivencia)

CI = Conducta importante

• Matrimonio, divorcio,

• Educación de los hijos

• Forma de vivir y de morir (si la elije)...

D: Desenlace en relación con la conducta importante

El encuadre de la relación terapéutica

Toda actividad humana, pero en concreto la psicoterapia, es una relación a la que tanto el paciente como el terapeuta llegan con unos presupuestos y unas creencias en forma de principios y criterios que van a preconfigurar este encuentro y esta relación que tiene el objeto de ser terapéutica. Estos presupuestos y creencias incluyen una concepción del ser humano y la experiencia vital, un modelo de la salud y de la patología, y por tanto de las metas de la terapia y de los métodos para conseguirlas.

Obviar, ignorar o desconocer este precepto es caminar en la ineficacia, en la solución paliativa o placebo de signos y síntomas del mundo de la Psi, es como empezar una partida sin una de las

281

fichas o un jugador en la cancha.

Por ende, el desgaste emocional al que se puede ver expuesto el terapeuta es un hecho proclive, con tendencia a la frustración, a la confirmación de su propia posición existencial, desarrollo de juegos psicológicos y porque no decirlo, al desarrollo de guiones simbióticos en la relación terapeuta – cliente.

La concepción del ser humano y de la experiencia vital

La concepción del ser humano a la que se adhiere el Análisis Transaccional deriva de la Filosofía Humanista. Partimos en primera instancia del principio de que "todos nacemos bien". Berne (1966, 1972), decía metafóricamente "todos nacemos príncipes y princesas", básicamente partimos de la posición de que "Yo soy OK - Tú eres OK" como persona.

Considerando a cada uno como una persona valiosa y digna de una confían, de respeto básico hacia sí mismo y hacia los otros. Por lo tanto el terapeuta pone el énfasis en tratar a los pacientes como auténticas personas OK.

El segundo principio humanista en que se basa el Análisis Transaccional es que todos tenemos un cierto potencial humano determinado por los condicionamientos genéticos, circunstanciales de salud, y sociales de origen y procedencia, pero un cierto potencial humano, que podemos desarrollar, fortaleciendo la idea cognitiva y conductual que todos podemos desaprender, reaprender y aprender.

El tercer principio parte de la idea de que, si bien "todos nacemos príncipes y princesas", después, en nuestras relaciones con las demás personas de nuestro entorno, tomamos decisiones auto-limitadoras para sobrevivir que se pueden convertir en creencias con las que nos convertimos en "sapos o ranas encantadas" (Berne 1966). Sobre esas decisiones se constituye nuestro Guión de vida, de modo que la visión que tenemos de nuestro pasado condiciona nuestra autonomía en el presente.

Son esas limitaciones externas, y sobre todo las internas, al desarrollo de nuestro potencial humano junto con nuestras decisiones, producen la infelicidad y la iatrogenia, la autorrealización o salutogenia

Un corolario de este principio es que Yo soy responsable de mi vida y decido lo que es bueno o mejor para mí en cada momento. Parte del trabajo terapéutico será tomar consciencia del sentido que para la persona han tenido, y tienen todavía, estos patrones cognitivos, afectivos, comportamentales, fisiológicos y relacionales (Erskine et alt., 1999).

El cuarto principio en que basa su filosofía el Análisis Transaccional es que todos podemos cambiar, y tenemos los recursos necesarios para hacerlo, en pos de la autonomía. Estos recursos pueden ser personales o relacionales e incluyen la posibilidad de tomar nuevas decisiones no auto-limitadoras, sino auto-potenciadoras, y en concreto todos tenemos la capacidad de pensar por nosotros mismos y de tomar nuevas decisiones. Este potencial humano es parte del impulso natural a la salud y al desarrollo, el que Berne siguiendo a los clásicos pensadores grecos llamaba Physis.

Como se forma el guion de vida

El ser humano siempre ha tenido la mirada curiosa por conocer lo por venir, y para cumplir este cometido, apeló a los brujos y sacerdotes, oráculos, magia, astrologías y otros representantes de las divinidades o de lo oculto, productos quizás de la ignorancia, el miedo, o "simplemente" al deseo de superación.

Hoy día, grandes masas se movilizan y confían en astrólogos, numerologos, futurólogos, chamanes, charlatanes y videntes con los mismos fines: conocer su destino, la fecha de su muerte, cómo les irá en los negocios o el amor. Hasta altos cargos públicos de diferentes naciones fueron y siguen siendo influenciados en sus decisiones por este tipo de "asesores".

Es innegable que el pensamiento mágico del Niño predomina y predominará por mucho tiempo sobre el raciocinio del Adulto, por la autonomía que expresa el objetivo mismo del Análisis Transaccional. Un Adulto que en ausencia o inoperancia de valores éticos y morales, se encuentra interesado sólo en poder y dinero, algo que plantea otro tipo de amenazas para el género humano. Eric Berne reemplazó el concepto mágico de «destino» por la noción científica del Guion de vida: "un plan o programa concebido en la infancia, basado en las influencias parentales, y luego olvidado o reprimido, pero que continúa sus efectos de manera perenne.

Cuando nacemos, las necesidades e instintos del Ser animal (Niño Natural) imperan. Nacemos con necesidades a cumplir para sobrevivir, el cómo atenderlas nos será enseñado por nuestros cuidadores/educadores (Padres), formando el animal condicionado (Niño Adaptado) y el controlador interno (Yo Padre).

Esta información general y específica sobre nuestra realidad, se limita a la transmitida de nuestros cuidadores de manera directa o indirecta. (Yo Adulto incipiente), siendo así para el Infante su sobrevivencia depende de atender las expectativas, y cumplir las conductas enseñadas para atender sus propias necesidades ya sea internas o externas.

Creciendo comienza a percibir y recibir instrucciones e información de otros cercanos a los cuidadores principales ampliando la extensión del Guión de Vida nuclear, una etapa donde "aprenderá" las conductas que le permitirán atender sus necesidades de tipo social.

Será innegable que existan traumatismos, los que serán establecidos comparando las conductas de sus cuidadores principales y secundarios, con la recibida de sus pares y semejantes. Este mismo sujeto completa su personalidad, para defender su Ser Intimo del medio ambiente externo y desempeñarse en la sociedad para ser aceptado y poder actuar en coherencia a sus creencias y decisiones, poder ser "funcional" en contexto.

En el cenit de la pubertad, la madurez sexual, la búsqueda de información y los modelos para liberarse del núcleo dominante, formará una "Identidad propia". Una etapa que consolida todos los aspectos de su Guión, refuerza su posición existencial, impulsa el uso de sus juegos psicológicos, y las patologías que se manifiestan en función de la percepción de los efectos traumáticos por comparación con otras realidades.

Modelos de intervención en psicoterapia y at integrativo

Norcross (2005), autor de un manual sobre integración en psicoterapia, plantea cuatro formas distintas de integración en psicoterapia: el eclecticismo técnico, la integración teórica, los factores comunes y la asimilación integrativa. De ésta última podemos referenciar, no encajar, al Análisis Transaccional, y en palabras del Doctor Roberto Kertesz (2006): " (…)

El A.T. INTEGRATIVO es el modelo que hemos diseñado para posibilitar la combinación del Análisis Transaccional con estas disciplinas, esta modalidad consiste en adoptar firmemente un sistema de psicoterapia y desde allí tomar perspectivas y prácticas provenientes de otros modelos, Aquí no hay dudas respecto al modelo de psicoterapia adoptado, pero se conserva la posibilidad de "tomar prestado" recursos de otros modelos.

Precisamos que en este escenario, la cultura en psicoterapia Latinoamericana del analista transaccional es meta-teórica, holista e integrativo. No desconoce las manifestaciones, signos o "síntomas" en lo conductual, el tipo de transacciones que suscita, es decir lo social; el comportamiento del entorno de un hecho, producto, suceso o servicio en el plano de los fenomenológico, pero mucho menos el devenir histórico del sujeto en sí.

Siendo así, del Modelo de Salud en psicoterapia tomamos en Análisis Transaccional para orientar la terapia, los siguientes elementos:

• El desarrollo saludable supone que en la relación transaccional con el entorno, la persona satisfaga adecuadamente sus necesidades físicas, psico-emocionales, relacionales y espirituales o profundas.

• Para que así suceda el entorno donde la persona se desarrolla, ha de ser tal que le ofrezca o le permita encontrar para ella una base segura (Bowlby 1982, Ainsworth 1991).

• Las relaciones o transacciones en terapia han de ser de pleno contacto (Erskine 1999), lo que supone recibir del entorno: o empatía y sensibilidad hacia las necesidades y manifestaciones emocionales de la persona, o responsabilidad en el doble sentido de responder a esas necesidades de manera adecuada y de asumir la relación requerida para el desarrollo de la persona, o competencia "parental" para ofrecer las respuestas que requiere la crianza y el parentamiento de la persona en su desarrollo, o unas relaciones de interdepenencia en las fases sucesivas que propicien el desarrollo de la autonomía.

• Este modelo de salud presupone que una relación así, facilitará que las decisiones que tome la persona sean auto-potenciadoras de su desarrollo como persona autónoma y de su crecimiento saludable. Además en estas relaciones la persona tendrá un desarrollo por etapas sucesivas de manera que logre la integración de sus estados del yo en un Self integrado, plenamente consciente de sus sensaciones, respuestas, habilidades, esperanzas y sueños, temores y fantasías, de lo que es y de lo que puede ser.

En las inevitables situaciones de frustración y/o dolor, por medio de la regulación relacional de los afectos, adquirirá la auto-regulación que le permita la adecuada tolerancia a la frustración, el desarrollo de la sana autoestima y el desarrollo de relaciones de interdependencia propias de la persona autónoma.

Del Modelo Clásico de Adaptación, se parte del principio de búsqueda de una normatividad a la cual ajustarse, donde el dogma es que en toda distorsión se debe llevar a la adaptación del individuo. Las preguntas a realizarse es si la sociedad está bien? Es decir, ¿el marco de referencia de adaptación es recomendable o adecuado para el sujeto?

Del modelo Pragmático retomamos la necesidad de "resolver problemas", algunos quizás no les interesa la persona, simplificando el accionar, criticado por muchos porque "sino se toca la psiquis no hay cambios, y se vuelve a la consulta otra vez". Es necesario "auto-vernos", pues se corre el riesgo de ser el Salvador en los juegos psicológicos planteados por Berne.

Del Modelo de Patología se parte del supuesto de que toda patología supone un estancamiento en el desarrollo que lleva consigo que la persona no satisfaga adecuadamente para ella, alguna de sus necesidades actuales y por tanto sufra síntomas, trastornos del comportamiento, de la personalidad y limitaciones de su autonomía.

El origen de la patología, aparte de las limitaciones

estructurales genéticas o resultantes de traumatismos, tiene que ver con las adaptaciones homeostáticas autolimitadoras que la persona ha realizado mediante decisiones de supervivencia en las situaciones relacionales en las que ha vivido traumas puntuales o acumulativos, adaptaciones auto-limitadoras que se prolongan hasta el momento presente, ocasionalmente o de manera permanente, limitando su conciencia, sus opciones para resolver sus problemas y satisfacer sus necesidades actuales de una forma saludable.

Este modelo de patología presupone que estas reacciones y decisiones homeostáticas serán auto-limitadoras de su desarrollo autónomo y de su crecimiento saludable, pero se convierten en mecanismos de defensa y supervivencia frente al abandono, la humillación o la agresión del entorno.

El resultado previsible desde el Análisis Transaccional será:

•Un patrón de apego inseguro, evitativo o desorganizado.

•Un estancamiento del desarrollo.

•Unas reacciones de supervivencia inconscientes, unas convicciones o conclusiones sobre sí mismo, los otros o la vida distorsionadas o ilusorias que dificultan el procesamiento y el contacto consigo mismo, con los otros y con la realidad y que llamamos contaminaciones y exclusiones.

•Una no integración de las vivencias y del afecto que se traducen en síntomas disociativos, lo que en AT se conoce como "rebusque".

•Un deterioro de la autoestima o la elaboración de una máscara de falsa autoestima, o colección de cupones.

Estas decisiones y conclusiones auto-limitadoras contribuirán a formar las creencias de lo que llamamos el Guión de vida, y a adoptar emociones parasitas y patrones de comportamiento estereotipado, rígido y repetitivo que llamamos rackets, juegos psicológicos y juegos de poder que dificultan la autonomía, las relaciones saludables de pleno contacto, las opciones para resolver problemas y que potencien el guión.

Ahora bien, en coherencia con la filosofía Humanista del AT, se echa mano del Modelo Constructivista, un modelo que promueve la Physis mencionada anteriormente, el fenómeno auto-poietico, un neologismo con el que se designa un sistema capaz de reproducirse y mantenerse por sí mismo.

Es la apología al manto de Penélope, y a lo que en palabras de Petruska Klarson, tener Metanoia, entendida como la posibilidad real de cambiar de manera continua espiritual y psicológicamente, en búsqueda de armonía de vida.

Eduvolución de la relación terapéutica

La terapia es un encuentro entre dos personas iguales en cuanto a dignidad y valor como personas. La actitud de respeto supone reconocer las fronteras del paciente (sus límites y sus áreas de contacto) y las nuestras, desde una posición de "Yo soy OK – Tú eres OK". Es decir "Yo soy valioso y digno como persona y Tú también lo eres", no importa la conducta, el pensamiento, el sentimiento, las motivaciones o las funciones de esas manifestaciones de los estados del yo.

Pero la relación no es simétrica, el cliente busca ayuda para aliviar o resolver su situación actual y en el momento del encuentro inicial, esa situación es completamente desconocida para el terapeuta, este ofrece esa ayuda en forma de una relación humana, profesional y sanadora a cambio de unos honorarios, de cumplir con su Guión de vida también, de unas cuantas caricias, de reforzar y confirmar sus juegos o posición existencial.

El diagnóstico comprensivo del estado del yo del paciente (del otro) parte de una actitud de respeto, de ignorancia inicial y de auténtico interés por él o ella. La actitud de ignorancia inicial es una actitud de estar dispuesto a escuchar genuinamente al otro, limpios de nuestros prejuicios sobre "los demás", sobre las categorías preestablecidas. Es asumir que yo no sé nada de la vivencia, de la historia, de los motivos y de las funciones de su comportamiento en el momento de encontrarnos y durante nuestra relación.

Esta actitud va de la mano de la de auténtico interés por el otro, por conocerle, por comprenderle, por ayudarle en lo que necesita y/o desea para recuperar la salud, la integridad, su desarrollo, su autonomía y sus objetivos personales.

Por lo tanto, la mejor actitud terapéutica se puede resumir en "Yo no sé nada de ti, tú sabes todo de ti (consciente o inconscientemente), pero tengo un verdadero interés en conocerte, comprenderte y tratarte bien; de modo que esto te ayude a resolver lo que quieres resolver, a crecer en autonomía, a crecer en bienestar y a recuperar la salud".

Entrando en relación con la persona con esta actitud, hablando y observando podemos aumentar, nosotros y ella, la consciencia de su conducta, de sus motivos y de la función de su conducta. Eso es parte de la descontaminación del Adulto de la persona y la aclaración por nuestra parte de quién es y quienes somos nosotros y los demás para esa persona, esto es a lo que podríamos llamar

Eduvolución en psicoterapia.

Las metas y efectividad de la terapia en AT

A través de la relación terapéutica y por medios psicológicos específicos, ofrecemos a la persona la oportunidad de que experimente una serie de cambios internos y externos, elegidos por ella dentro de sus posibilidades, que le posibiliten la ampliación de sus opciones para la resolución de sus problemas, el alivio de sus síntomas, la aceptación de sus límites, la satisfacción de sus necesidades actuales y la consecución de sus metas en la vida.

Las metas de la terapia desde la perspectiva del Análisis Transaccional son la realización del contrato del cliente, el desarrollo de la autonomía, la integración de los estados del yo en un Self integrado, y de unas relaciones de pleno contacto interno, con la realidad y con los otros que potencie la resolución de los problemas y el desarrollo saludable u OK.

La autonomía, concepto importante en AT, según Berne se define por:

1.- La consciencia o capacidad de distinguir la realidad de la fantasía interna proyectada sobre lo que nos pasa o lo que sucede.

2.- La espontaneidad o capacidad de elegir libremente

expresar mis propios pensamientos, sentimientos y necesidades y de actuar en consecuencia, siendo quién soy hoy.

3.- La intimidad o capacidad de abrirme al otro, estar próximo, cercano y ser auténtico con el otro en pleno contacto. A estos elementos Carlo Moisso añadía un nuevo elemento:

4. La ética o capacidad de elegir actuar en cada contexto respetando los propios valores asumidos.

Pero cómo sabemos que nuestros clientes están avanzando, mejorando, alcanzando sus objetivos, curándose, o cualesquiera que sean los objetivos del tratamiento para las personas que están en terapia?

En el artículo publicado porTheodore B. Novey, Ph.D. (Química Física), MS (Psicología de Counseling), en el Transactional Analysis Journal, quien es un analista transaccional didáctico y supervisor en especialidades clínicas, educativas y de organización, presenta los resultados de un estudio internacional de clientes de 27 analistas transaccionales certificados en ocho países (Estados Unidos, Canadá, México, España, Australia, Suiza, Francia e Italia), utilizando cuestionarios idénticos en cuatro idiomas (inglés, español, francés e italiano), en la misma el investigador uso como referencia personas de Consumer Reports en un estudio de investigación, con Martin Seligman como consultor ("Salud Mental", 1995; Seligman, 1995).

El autor compara también los resultados con los de un grupo de psicoterapeutas psicoanalíticos (Freedman, Hoffenberg, Vorus, y Frosch, 1999).

Basándonos en el resumen del estudio, es posible concluir que:

(..) La efectividad de la terapia medida por la satisfacción del cliente es significativamente mayor para los analistas transaccionales certificados que para cualquiera de los grupos profesionales identificados por Seligman cuando examinó la base de datos de Consumer Reports psiquiatras, psicólogos, trabajadores sociales, consejeros matrimoniales y familiares, y médicos).

Los resultados también confirman los resultados presentados por Consumer Reports y Seligman según los cuales la terapia de largo plazo (6 meses) es más eficaz que la de plazo corto (menos de 6 meses).

Los resultados también confirman presentados por Consumer Reports y Seligman. Además, los resultados muestran un mayor nivel de efectividad que los resultados reportados por un grupo de psicoterapeutas psicoanalíticos en el estudio IPTAR."

Es menester destacar que en la investigación de T. Novey, el progreso de la terapia se mide, por lo general, por la satisfacción del cliente –según éste lo experimenta internamente–, ya sea porque informa verbalmente de una forma directa, o porque observamos su comportamiento, o administrando un instrumento de prueba validado.

Propongo que la esencia de lo que hacemos como Analistas Transaccional, sea Clínico, Organizacional, Coaching o Educacional, es lo mismo: "todos Informamos, Educamos, Reeducamos y Actualizamos nuestros clientes (pacientes/organizaciones/ejecutivos/ estudiantes)".

En todos los casos buscamos que nuestros consultantes consigan sus metas y sean Triunfadores, pudiendo disfrutar de su intimidad y logros. Ser triunfador significa evolucionar y vivir una vida autónoma, asertiva, feliz y atender sus necesidades de manera directa. Buscamos desarrollar la Autoestima y Amor Propio de nuestros consultantes para que puedan actuar de manera saludable.

Conclusiones

No hay terapia sin contacto pleno entre cliente y terapeuta, de manera que mantener el contacto con el cliente se convierte una prioridad.

El primer objetivo relacional de la terapia es conseguir la confianza mutua, pero no hay confianza sin respeto. La confianza se construye con las sucesivas transacciones desde la primera llamada hasta el momento actual del proceso, transacciones donde sea explícito e implícito el respeto a la persona y a sí mismo.

El contacto se mantiene con las transacciones empáticas que propician comprender y respetar el proceso interno del cliente y se consolida en la medida en que la relación crece en experiencias de contención y validación de las vivencias del cliente. Conforme la relación avanza vamos descubriendo las funciones y el sentido de las creencias, los procesos defensivos y las conductas desadaptativas que el cliente manifiesta en la relación o en sus relatos.

La relación terapéutica progresa proporcionando al cliente la protección y el Permiso necesitados para facilitar los duelos no resueltos, propiciar las redecisiones y la desconfusión que permitan a la persona ser ella misma y desarrollar sus potencialidades e incorporar nuevos modelos de afrontamiento y de resolución de problemas, ir en un constante proceso de Edu-volutivo.

De esta manera la relación terapéutica estimula y propicia el ensayo de nuevas opciones y el desarrollo de la autonomía.

La efectividad en relación tiempo – satisfacción del cliente es mayor en el Análisis Transaccional integrativo, sobre todo en pacientes o consultantes que tienen un periodo mínimo de 6 meses en terapia.

Referencias

Steiner, C., & Kerr, C. (2014). Eric Berne. Más allá de Juegos y Guiones. Una selección de todas las obras del creador del Análisis Transaccional. España: Editorial Jeder.

Kertesz, R. & otros. (2013). Análisis Transaccional Integrado. Buenos Aires-Argentina: UFLO Editorial.

Novey, T. (2011). La medición de la efectividad del Análisis Transaccional: Un estudio Internacional. Revista de Análisis Transaccional y Psicología Humanista, N° 64, pag 1, 22

Steiner, C. (2013). Educación Emocional. España, editorial Jeder.

Noriega, G. (2013). El guion de la codependencia en relaciones de pareja. Diagnóstico y tratamiento. Bogotá; Editorial Manual Moderno.

Steiner, C. (2010). El corazón del asunto. Amor. Información y Análisis Transaccional. España; Editorial Jeder.

Steiner, C. (2009). El otro lado del Poder. Análisis Transaccional del poder personal. España; Editorial Jeder.

Saez, R. (2001). Los juegos psicológicos según el análisis transaccional. Dos no juegan, si uno no quiere. España; Editorial CCS.

Roman, J. & otros. (1983). Análisis Transaccional. Modelo y aplicaciones. Perú – Barcelona; Ediciones CEAC.

Berne, E. (1975). Análisis Transaccional en psicoterapia. Una Psiquiatría sistémica, individual y social. Buenos Aires, Editorial Psique.

Berne, E. (1975). ¿Qué dice usted después de decir "hola"?. La Psicología del destino humano. España; Ediciones Grijalbo S.A.

Freed, A. M. (2001). Análisis Transaccional para Niños. 5 edición. (Gilbert Brenson, trad.). Colombia. (Obra original publicada en 1981).

Berne, E. (1998). Juegos en que participamos. Psicología de las Relaciones Humanas. México; Editorial Diana.

Seligman, M. (1995). The effectiveness of psychotherapy. American Psychologist.

Erskine, R.G., y Moursund, J.P. (1988). Integrative psychotherapy in action. Newbury Park, CA: Sage.

Berne, E. (1975). Hacer el amor. Buenos Aires; Editorial Alfa Argentina.

James, M. & Jongeward, D. (1975). Nacidos para triunfar. Análisis Transaccional con Experimentos Gestalt. Fondo Educativo Interamericano S.A.

El cuerpo en psicoanálisis: Una aproximación al estudio de la Subjetividad en los excesos de la Cultura Contemporánea

Leonardo Rafael Mass Torres

Introducción

Sigmund Freud (1923) en su texto Dos artículos de enciclopedia: "Psicoanálisis" y "Teoría de la libido", define el psicoanálisis como:

(...)1) (...) un procedimiento que sirve para indagar procesos anímicos difícilmente accesibles por otras vías; 2) (...) un método de tratamiento de perturbaciones neuróticas, fundado en esa indagación, y 3) (...) une serie de intelecciones psicológicas, ganadas por ese camino, que poco a poco se han ido coligando en una nueva disciplina científica. (p. 231)

Con base en esta definición podemos sostener que el psicoanálisis tiene relación con dos campos fundamentales: la "investigación" y la "clínica", y de estos campos, se establece la "teoría", como estructura de un proceso que no puede ser separado en sus componentes definitorios.

Puede decirse que el psicoanálisis es un método que opera clínicamente, "(...) que parte y culmina en la clínica es un hecho innegable (...)" (Assef, De Bortoli y Stechina, 2011, p. 53). Por otro lado, dice Freud (1927) que "(...) el psicoanálisis es un método de investigación, un instrumento neutral (...)". (p. 36). A este método no puede reprochársele finalidades destructivas, mal intencionadas, etc., su posición "neutral" es atenerse a los hechos clínicos.

El estudio de la subjetividad por parte del psicoanálisis, le brinda razón para consolidarse y desarrollarse como procedimiento acorde con la estructura propia de los procesos psíquicos humanos, en palabras de Freud: "(...) espíritu y alma son objeto de investigación científica exactamente como lo son cualesquiera otras cosas ajenas al hombre... su contribución a la ciencia consiste, justamente, en haber extendido la investigación al ámbito anímico". (Freud, 1933, p. 147).

Su abarcamiento investigativo le ha permitido comprobarse como terapéutica "singular", puesto que "(...) se interna a profundidad (...) en la estructura del mecanismo anímico y procura alcanzar unos influjos duraderos (...)" (Freud, 1913, p. 351).

Lo anterior pone también en consideración al campo "teórico", para indicar que todos sus conceptos: pulsión, represión, complejo edípico, etc., han sido rigurosamente formulados por la experiencia clínica: "Muchas veces hemos oído sostener el reclamo de que una ciencia debe construirse sobre conceptos básicos claros y definidos con precisión.

En realidad, ninguna, ni aun la más exacta, empieza con tales definiciones" (Freud, 1915, p. 113). La teoría del psicoanálisis jamás puede anticiparse al saber de los hechos clínicos, con los que siempre busca ponerse a prueba: en el uno por uno de los casos se define su desarrollo como estudio de la subjetividad.

El psicoanálisis representa un trabajo tan riguroso como el de otro campo científico que verifica sus hallazgos, con la especificidad de su procedimiento ha logrado ganar su estatuto como estudio de la vida psíquica (el sujeto y la cultura) al constatar ahí la participación de la sexualidad y el malestar humanos.

Sólo después de haber explorado más a fondo el campo de fenómenos en cuestión, es posible aprehender con mayor exactitud también sus conceptos científicos básicos y afinarlos para que se vuelvan utilizables en un vasto ámbito, y para que, además, queden por completo exentos de contradicción. Entonces quizás haya llegado la hora de acuñarlos en definiciones. Pero el progreso del conocimiento no tolera rigidez alguna, tampoco en las definiciones. (Freud, 1915, p. 113)

Jacques Lacan (1964) en su seminario Los cuatro conceptos fundamentales del psicoanálisis, plantea al respecto del modus operandi del psicoanálisis lo siguiente: "Como dijo una vez Picasso, para gran escándalo de quienes lo rodeaban: no busco, encuentro". (p. 15). No puede separarse al psicoanálisis de la clínica (Bustos, 2016), pues este método no trabaja con juicios a priori, ya que el sujeto al que se dirige, es quien le revela paso a paso sus descubrimientos clínicos.

También puede pensarse que el psicoanálisis no es un discurso amo (como aquel que oferte verdades únicas), ya que su estatus, como se ha indicado, le exige atenerse permanentemente a los hechos clínicos. ¿Qué lugar le concierne a la subjetividad al tener presente el modus operandi del psicoanálisis?, sin lugar a dudas, se ha indicado que el método psicoanalítico justifica su labor a partir de su doble asunción: "investigativa" y "terapéutica"; basado en los hechos clínicos es como puede contribuir como estudio de la subjetividad: la subjetividad como el conjunto de los procesos que integran la vida psíquica del sujeto, a la par que también lo hace la cultura.

La subjetividad para el psicoanálisis solo puede ser aproximada a través del discurso del sujeto que escucha con su clínica (sexualidad y malestar), acuñada a su vez, con los modos en que los sujetos se insertan en el "lazo social"; se ve, por ejemplo, que, tras la expresión de los fenómenos sociales, está la sexualidad humana (modos de gratificación) en la cultura: no es difícil no darse cuenta, como la vida de consumo tiene actualmente tanta participación en la expresión de la subjetividad, y percibir allí la oportunidad de promover contribuciones psicoanalíticas.

A esta subjetividad hay que agregar su distinción con la conciencia psicológica. Tal subjetividad (inconsciente) trasciende la conciencia misma que enarbolan disciplinas como la psicología. Lacan (1965) propone pensar la subjetividad con relación al lugar del sujeto de la praxis clínica: "(…) el sujeto tomado en su división constituyente." (p. 835).

Dicho sujeto no puede ser atrapado por el canon de la ciencia, que lo desaloja en su pretensión por objetivar la realidad, al respecto afirma Lacan (1965) que: "No hay ciencia del hombre, porque el hombre de la ciencia no existe, sino únicamente su sujeto." (p. 838). Es decir, que la subjetividad no puede ser tomada por "totalidad" y "síntesis", siempre emerge fragmentada como saber inconsciente para el propio sujeto.

Sin embargo, se sabe que la subjetividad involucra no solo al sujeto mismo, también a su cuerpo. El psicoanálisis ha sabido demostrar que lo psíquico toma por registro al cuerpo conforme a la sexualidad pulsional (Del Rocío, 2014; Amigo, 2013; Mass, 2014; Miller, 2010; Leibson, 2000). Se sabe que el cuerpo humano difiere de la vida animal instintiva. El psicoanálisis busca "(…) tratar las relaciones entre la vida psíquica y la somática, fundamento de cualquier tratamiento psíquico (…)" (Freud, 1919, p. 170). Por lo que no alcanza el plano orgánico para producir lo que propiamente es un cuerpo afectado por el psiquismo inconsciente.

El cuerpo ocupa por ende un lugar plenamente destacado en el campo psicoanalítico, con una participación esencial a lo largo de su desarrollo. En tanto el psicoanálisis sostiene su labor a partir del estudio de los procesos psíquicos, también lo hace con el lugar que ocupa clínicamente el cuerpo (Amigo, 2013; Harari, 2012). Soler (2013) señala que: "Todos los sujetos tienen un organismo, pero quizás no todos tienen un cuerpo, si tener un cuerpo es algo que se decide, según Lacan, en el nivel del uso que se puede hacer de él." (p. 209).

Otra manera de plantearlo es, que lo corporal refiere a la existencia de procesos psíquicos a los que debe su conformación: la subjetividad a la que el psicoanálisis consagra sus esfuerzos implica a su vez al cuerpo.

La episteme de un nuevo cuerpo.

Desde el estudio de Sigmund Freud con la histeria, el cuerpo ya ocupaba un lugar decisivo en los desarrollos del psicoanálisis. Con la diferencia entre el psicoanálisis y la medicina se establece la función corporal como problema clínico esencial en el campo de los procesos psíquicos:

La relación entre lo corporal y lo anímico (en el animal tanto como en el hombre) es de acción recíproca; pero en el pasado el otro costado de esta relación, la acción de lo anímico sobre el cuerpo, halló poco favor a los ojos de los médicos. Parecieron temer que si concedían cierta autonomía a la vida anímica, dejarían de pisar el seguro terreno de la ciencia. (Freud, 1890, p. 116)

El reconocimiento psíquico a través de las afecciones histéricas, logró comprobar la existencia de otro tipo de "anatomía" corporal por sobre los progresos de la ciencia médica. (Freud, 1910; Freud, 1905; Freud, 1896; Freud, 1894; Freud, 1893a; Freud,

1893b; Freud, 1893c; Freud, 1888).

La histeria le enseñó al psicoanálisis que los síntomas ponen en evidencia procesos que contravienen los principios del saber médico. Otra manera de enunciarlo sería que, tras los síntomas del enfermo, procesos psíquicos (conflictos, representaciones, etc.) determinantes del malestar y la sexualidad, hay además un plano corporal donde estos tienen lugar.

Freud supo dar cuenta como la época histórica en que vivimos refiere el modo de expresión del malestar psíquico y la sexualidad de los sujetos; es claro con esto suponer que las neurosis definieron las bases del psicoanálisis: la "investigación" y la "terapia" mancomunadas por la clínica, donde progresivamente las "experiencias infantiles" ganarían reconocimiento para entender la constitución subjetiva:

(…) los síntomas histéricos. Mientras más cuidado se ponía en rastrearlas, tanto más abundantemente se revelaba el encadenamiento de impresiones de esta clase, de importancia etiológica, pero tanto más se remontaban también hasta la pubertad o la infancia del neurótico. Al mismo tiempo iban cobrando un carácter unitario y, por fin, fue preciso rendirse a la evidencia y reconocer que en la raíz de toda formación de síntoma se hallaban impresiones traumáticas procedentes de la vida sexual temprana. Así el trauma sexual remplazó al trauma ordinario, y este último debía su valor etiológico a su referencia asociativa o simbólica al primero, que lo había precedido. (Freud, 1923, p. 239)

Las experiencias infantiles adquirieron el estatus clínico suficiente a la evidencia para ser definitivamente incorporadas en el seno de la teoría psicoanalítica.

(…) la seducción como fuente de las manifestaciones sexuales infantiles y germen de la formación de síntomas neuróticos. Este espejismo pudo superarse cuando se llegó a conocer la extraordinaria importancia que la actividad fantaseadora tiene en la vida anímica de los neuróticos; para la neurosis, resultó evidente, era más decisiva que la realidad exterior. Además, tras estas fantasías salió a la luz el material que permitió ofrecer el siguiente cuadro del desarrollo de la función sexual. (Freud, 1923, p. 240)

Es así como el estudio freudiano, tuvo argumentos a favor de la eficacia de la vida psíquica de los pacientes, al definir una nueva causalidad de los síntomas clínicos: "(…) Y enseguida quiero confiarte el gran secreto que poco a poco se me fue trasluciendo en las últimas semanas. Ya no creo más en mi "neurótica"". (Freud, 1897, p. 301). El campo psíquico gana un desarrollo importante gracias a las contribuciones psicoanalíticas y con ello, el discernimiento de un nuevo estatus del cuerpo; puede decirse que dicho estatus corporal ocupo la atención de Freud con la necesidad de justificar un nuevo dominio sexual para al ámbito de las neurosis:

Tomando como punto de inicio sus primeras observaciones clínicas con sus pacientes histéricas, Freud esboza una teoría que relaciona el sufrimiento psíquico con los traumas infantiles de carácter sexual, separando, y esto es lo más importante para esa época, la histeria de la genitalidad, y describiendo la causa en términos de trauma, ubicándola en el pasado psíquico. Es decir, tanto la teoría como la práctica del campo psíquico se constituyen a partir de una reflexión sobre la sexualidad.

Pero, desde entonces, la sexualidad pasa a ser algo que no tiene que ver con el saber de todos los días. Esto quiere decir que la indagación freudiana de la sexualidad delimita un campo donde el sexo quedara aislado del saber. (Santcovsky, 1999, p. 67)

La sexualidad pulsional domina a los sujetos; esto quiere decir, además, que no hay lógica orgánica que pueda demostrarla, pero, si, a través del cuerpo como efecto mismo de la vida psíquica.

Cuerpo pulsional y vida de consumo.

Entender la constitución del cuerpo humano implica reconocer la función que tiene la sexualidad en la vida de los sujetos, y para ello, es necesario reconocer la participación de las pulsiones como aquellas que "representan {repräsentieren} los requerimientos que hace el cuerpo a la vida anímica". (Freud, (1940 [1938], p.146).

La relación del cuerpo con las pulsiones caracteriza así el dominio de la sexualidad: "Hemos perseguido la "pulsión sexual" desde sus primeras exteriorizaciones en el niño hasta que alcanza la conformación final que se designa "normal", y la hallamos compuesta por numerosas "pulsiones parciales" que adhieren a las excitaciones de regiones del cuerpo (…)" (Freud, 1910, p. 212).

El cuerpo toma por fundamento la función pulsional que determina su estatus clínico. El estudio de los síntomas neuróticos, por ejemplo, con las afecciones histéricas, permitió dar reconocimiento a la irrecusable posición subjetiva del cuerpo a través de la sexualidad humana. Con base en el cuerpo pulsional se ha destacado el papel de la sexualidad que cumple efectos profundos y estructurales subjetivos.

Al justificar la prevalencia de lo corporal en la clínica psicoanalítica, es claro que se ha abonado con importantes desarrollos: la histeria, como objeto inicial del estudio freudiano, propició el campo de los procesos psíquicos donde el psicoanálisis aplica su labor.

Pero, como afirma Lacan (1953) es claro que el psicoanálisis cumple aun un papel protagónico "(…) en la dirección de la subjetividad moderna." (p. 272). Es decir, que los fenómenos sociales contemporáneos hacen parte de su interés. Consciente de que los tiempos han cambiado, porque la subjetividad así lo ha hecho, es claro el desarrollo de nuevas aproximaciones sobre la vida psíquica: con el estudio de los nuevos lazos sociales, es posible establecer nuevas formas donde la subjetividad ha tomado expresión (la sexualidad corporal de los sujetos) la búsqueda irrefrenable de la gratificación impetuosa de las pulsiones, se convierte en un tema acuciante.

La vida de consumo actual promovida por el discurso capitalista, ha llevado cada vez más a enaltecer el asunto del cuerpo con sus modos de gozar (Soler, 2013). Lacan (1953) dice: "Mejor pues que renuncie quien no pueda unir a su horizonte la subjetividad de su época." (p. 309). Advertir con el estudio de los fenómenos sociales, como la vida de consumo tiene inherencia subjetiva en los goces humanos, la vida pulsional, etc., es tarea del psicoanálisis. El cuerpo ha devenido con tanta fuerza en la vida de consumo de los sujetos, y el capitalismo ha introducido, así, en la sexualidad nuevos modos de gratificación.

La clínica toma contexto con la época que a su vez promueve, el estudio psicoanalítico supo comprobar este acontecimiento cuando reconoció además con la cultura el lugar de la subjetividad, de esta manera, "(…) clínica y época nos ubica de entrada en la encrucijada contemporánea. Sabemos que Freud atribuyó un papel importante a la civilización y su devenir". (Rostagnotto y Yesuron, 2011, p. 185). Se ha confirmado la pertinente articulación del psicoanálisis entre cultura y subjetividad, puede constatarse que:

(…) Freud establece una variable que interviene en la configuración de la sexualidad es el peso de la civilización, que entraña un rebajamiento general de los objetos sexuales. Esto quiere decir que, desde la civilización, lugar donde opera la prohibición del incesto, y desde donde interviene el factor normativo de limitación de la satisfacción, Freud ubica un peso para el sujeto que debe sujetarse a lo que dicha civilización le impone.

Se puede subrayar aquí, que hay una tensión entre la civilización y la satisfacción pulsional, modificándose la segunda por la presión de la primera; esta modificación, a su vez, no implica supresión -y en esto Freud se encargará en delimitar los destinos, las vicisitudes de la pulsión. De manera que, esa fuerza pulsionante no cesa de impeler su satisfacción, más allá del evento contingente que se le ofrezca para su cesación; y la civilización, como contrafuerza que intenta domeñar la pulsión, e imponer su "peso". (Rostagnotto, 2011, p. 185)

La preponderancia de la vida psíquica, equivalente al modo de "vida pulsional": la sexualidad del sujeto, la relación con su cuerpo, sus síntomas, denotan lo que podría, entonces, nombrarse como su subjetividad. Retomando la importancia que tiene el escenario cultural:

(…) el aspecto civilizante de la cultura (…) opera sobre la tendencia pulsional (…) es así que, la pulsión adquiere el carácter de sexual, de allí el término "pulsión sexual", en la medida en que adquiere una significancia relativa a la historización de la pulsión (…)". (Rostagnotto, 2011, p. 185)

Un miramiento por los fenómenos sociales nos lleva al auge y determinación del capitalismo en la subjetividad contemporánea, lo que concierne cada vez más con la lógica hedonista del consumo ilimitado de los sujetos, donde "(…) las mercancías ya no son adquiridas con base en su utilidad, sino para gozar la experiencia de su consumo (…)" (Castro, 2015, p. 14).

Este discurso singular para el psicoanálisis, afecta el lazo social, al insertar la subjetividad en su más cruda sintonía con el mundo del marcado que atrapa los deseos humanos. El capitalismo ha representado con la "globalización" de las relaciones humanas "(…) homogeneizar hasta las prácticas del cuerpo (…)". (Soler, 2013, p. 208).

Al cuerpo cultural de los seres humanos, se le da diversos empleos, "(…) tiene indicados sus lugares para la erogeneización." (Soler, 2013, p. 213). Hay que tener presente en cuanto a las condiciones que han hecho posible al funcionamiento del capitalismo, que "(…) este discurso necesita la satisfacción de los sujetos contemporáneos (…) el bienestar de los sujetos." (Soler, 2013, p. 223).

El mundo capitalista permea, por decir así, todas las esferas sociales, donde incluso, un sujeto desempleado no es excusa para no integrar el engranaje imperativo consumista; definiéndose de esta manera un nuevo comportamiento en las relaciones humanas:

"Los explotados no son sólo aquellos que producen o "crean", sino también (y todavía más) los que están condenados a no crear." (Žižek, 2016, p. 34). Lo que ofrece el capitalismo son nuevos procesos de subjetivación, basados en la vida de consumo que promueve el exceso de gratificación para muchos sujetos.

Muchas áreas sociales del sujeto son afectadas por el consumo, es así como:

La ideología neoliberal hegemónica se empeña en extender la lógica de la competencia de mercado a todas las áreas de la vida social, de manera que, por ejemplo, la salud y la educación - o incluso las propias decisiones políticas (votar) – se perciben como inversiones realizadas por el individuo en su capital individual.

De este modo, el trabajador ya no se concibe meramente como fuerza de trabajo, sino como capital personal que toma decisiones "de inversión" buenas o malas a medida que pasa de un trabajo a otro y aumenta o disminuye su valor de capital.

Esta reconceptualización del individuo como un "empresario del yo" significa un importante cambio en la naturaleza del gobierno: un alejamiento de la pasividad y reclusión relativas de los regímenes disciplinarios (la escuela, la fábrica, la cárcel), así como el tratamiento biopolítico de la población (por parte del Estado del bienestar) (…) el gobierno se ejerce ahora a nivel del entorno en el que la gente lleva a cabo sus decisiones aparentemente autónomas: los riesgos se externalizan de la empresas y los Estados hacia los individuos.

A través de la utilización de la política social y la privatización de la protección social, alienándola con las normas de mercado, la protección se vuelve condicional (ya no es un derecho) y se vincula a los individuos cuyo comportamiento queda así abierto a evaluación. (Žižek, 2016, p. 55)

Las consecuencias culturales no se han hecho esperar: el surgimiento de un nuevo lugar para el sujeto, lo convierte en un personaje entregado al "confort" que brindan las políticas que atrapan su vida al servicio del "crédito" sin límites.

Vemos por ejemplo a "este sujeto endeudado se ve constantemente expuesto a la inspección evaluadora de los demás: estimaciones individualizadas y cumplimiento de objetivos en el trabajo, clasificaciones crediticias, entrevistas individuales para aquellos que reciben beneficios de créditos públicos." (Zizek, 2016, p. 57).

Ahora bien, ¿Qué puede resaltarse específicamente con referencia a los alcances del capitalismo en la subjetividad contemporánea? el "(…) triunfo definitivo del capitalismo llega cuando cada trabajador se convierte en su propio capitalista, el "empresario del yo" que decide cuánto invertir en su propio futuro (educación, sanidad, etc.), y paga estas inversiones endeudándose." (Zizek, 2016, p. 58).

El sujeto contemporáneo por el "perfil" consumista que se le confiere, queda expuesto a los "(…) nichos de mercado, segmentos de público y bancos de datos." (Sibilia, 2010, p. 29). ¿Por qué insistir con la caracterización subjetiva de este sujeto que consume a gran escala, incluso, más allá de sus capacidades?

Si lo que se desea es comprender el impacto de las transformaciones más recientes en la producción de cuerpos y de subjetividades, una primera pista surge de la comparación entre las lógicas de funcionamiento del régimen disciplinario, por un lado, y de la sociedad de control, por el otro.

La primera opera con moldes y busca la adecuación a las normas, porque es al mismo tiempo masificante e individualizante. En un bloque único y homogéneo, la masa, se modelan los cuerpos y las subjetividades de cada individuo en particular. En cambio, en la sociedad contemporánea, tanto la noción de masa como la de individuo han perdido preminencia o han mutado. Emergen otras figuras en lugar de aquéllas: el papel de consumidor, por ejemplo, ha ido adquiriendo una relevancia cada vez mayor. (Sibilia, 2010, p. 28)

La identidad del sujeto pasa a ser dominada por la "capitalización" del mundo de mercado, es así, como:

Los métodos de identificación de personas ilustran esa transición del mundo analógico al universo digital. Por un lado, el documento de identidad representa, el impulso masificante e individualizante de la sociedad industrial como un elemento fundamental para fijar cuerpos y subjetividades en sus engranajes. Ese documento personal se refiere a un Estado nacional, detenta un número que ubica al individuo dentro de la masa, una foto, una huella del dedo pulgar y una firma de su puño y letra; todos datos analógicos.

Por otro lado, el sujeto de la sociedad contemporánea posee un sinnúmero de tarjetas de crédito y códigos de acceso; todos dispositivos digitales. Cada vez más, la identificación del consumidor pasa por su perfil: una serie de datos sobre su condición socioeconómica, sus hábitos y preferencias de consumo. Todas esas informaciones se acumulan mediante formularios de encuestas y fichas de inscripción que se procesan digitalmente; luego se almacenan en bases de datos con acceso a través de redes, para ser consultadas, vendidas, compradas y utilizadas por las empresas en sus estrategias de marketing. De este modo, el mismo consumidor pasa a ser producto en venta. (Sibilia, 2010, p. 29)

El mundo globalizado de servicios, créditos, beneficios, etc., abismal y sin restricciones, impacta la vida humana "(...) del consumo, al mandamiento de goce de la sociedad." (Leguil, 2001, p. 124). No se pone en duda que se han acortado las distancias físicas y predominan las relaciones virtuales, con el uso de mecanismos tecnológicos y altamente sistematizados: "(...)

Vivimos un enorme entrelazamiento del mundo por el capitalismo actual – todos somos consumidores globales, usuarios de internet, compradores de mercancías que se mueven por el planeta increíblemente rápido (…).” (Groys y Vittorio, 2014, p. 42).

Se adquiere si o si, un compromiso consumista bajo la egida de los intereses capitalistas, que se comprueba en mayor medida cuando el sujeto tributa con su vida (familiar, laboral, etc.) al mercado de las más variadas compras y adquisiciones:

La lógica de la deuda sugiere algunas características interesantes de las nuevas modalidades de formateo de cuerpos y subjetividades. A diferencia de lo que ocurría en el capitalismo apoyado con todo su peso sobre la industria, en su versión más actual el endeudamiento no constituye un estado de excepción sino una condena permanente.

Convertida en una especie de moratoria infinita, la finalidad de la deuda no consiste en ser saldada sino en permanecer eternamente como tal: flexible, inestable, negociable, continua. Aunque suene paradójico, hoy puede ser una señal de pobreza no tener deudas: no disponer de acceso al crédito, carecer de credibilidad en el mercado. (Sibilia, 2010, p. 32)

En la cultura se dan dominios que se operativizan a través del consumismo donde “(…) toma cuerpo el sólido engarzamiento entre subjetividad y economía capitalista (…) la subjetividad contemporánea corriendo (…) la economía de mercado corriendo (…)”. (Molleda, 2010, p. 135). Lo anterior se conecta con la siguiente situación:

La falta constitutiva del sujeto encuentra su nicho en el mercado productor de infinitos objetos que prometen la satisfacción. A través de la adquisición incansable de objetos el sujeto recorre una y otra vez el mismo triste circuito: se fascina con un objeto que se convierte en la causa de su deseo, lo adquiere y casi de inmediato pierde su valor privilegiado para ser sustituido por un nuevo objeto que debe ser adquirido desde la ilusión renovada de que este sí que es el objeto que le faltaba.

La subjetividad de nuestros días al servicio del mercado se ofrece a adquirir insaciablemente todo nuevo espejismo de satisfacción final: el viaje maravilloso, el coche imprescindible, el orgasmo más intenso, la piel más joven, la seguridad para el futuro, etc. Y, por otro lado, el mercado al servicio de la subjetividad inventa y produce nuevos objetos que alientan nuestra convicción de que la falta en ser en un estado salvable tan sólo con encontrar el objeto adecuado que la colme. Esta es la modalidad de relación entre sujeto y objeto (…) del discurso capitalista. (Molleda, 2010, p. 135)

El ritmo acelerado que caracteriza a los acontecimientos sociales contemporáneos ha promovido otro tipo de condiciones en beneficio de la inclusión "igualitaria" de los sujetos ¿Qué quiere decir esto?

Ciertamente existe una afinidad entre ideología igualitaria, ideología de la paridad -digamos, la de los derechos humanos, que ahora incluyen también a los derechos de la mujer y del niño- y la expansión del capitalismo. La afinidad consiste en que los dos reducen al otro al estatus de individuo, dejándole como porvenir su realización como individuo; así se produce un efecto que se denomina, y con justicia, masificación, porque cada cual se queda solo con sus objetivos. (Soler, 2011, p. 446)

Tenemos con el auge del consumo lo que, por decir así, arroja con fuerte impulso a los sujetos a los nichos de mercado, al respecto dice Molleda (2010) que:

Ciertamente es a partir del consumismo como se construye el esqueleto de la vida en sociedad en el capitalismo tardío. Por un lado, la identidad individual, el semblante -como diríamos los psicoanalistas-, se modela a partir de la manera de consumir y del tipo de objetos que se consumen.

La elección de ropa, de muebles, de coche, de libros, de viajes, de ocio va haciendo nuestro ser ante los demás. Pero también nuestra relación con el consumo en sí marca nuestra identidad: si nos gusta consumir o no, si nos gusta alardear de los chollos que encontramos o de lo listos que somos al encontrar aquel objeto que nadie más encontró (…). (p. 136)

La posición corporal del sujeto (posición individual) acorde con su singularidad sexual, entra a ser parte de los nuevos ordenamientos culturales, para entender esto, ha sido reiterado identificar la subjetividad que constituye al cuerpo humano:

(…) Es preciso dimensionar que existe una fábrica del cuerpo, de nuestros cuerpos socializados. Este cuerpo no es un producto de la naturaleza: es más bien un producto del arte. Y no cabe duda de que lo que denominan educación es, ante todo, una tentativa -exitosa, por lo demás- de domar el cuerpo, de introducirlo en prácticas colectivizadoras de cuerpo. Se le enseña al niño como comer y cómo regular sus excreciones, a qué hora, en que forma y como presentarse, etc.

Se le trasmiten las posturas socializadas admisibles. Y, en lo que respecta a las buenas costumbres, se lo somete a habitus, para tomar un término, también aquí muy apropiado, de Pierre Bourdieu. A la pregunta por el modo de lograrlo, se alegan, primero, la operación de los significantes amos en función de imperativos, los breviarios de buena conducta, pero también el contacto imaginario y la inducción de modelos, pues está probado que los niños son transitivistas, tienen tendencia a "actuar como".

En este sentido, el cuerpo socializado no lo es solamente para las "buenas sociedades". Los niños de la calle, de los barrios marginales, de los países subdesarrollados, sufren también la inducción de modelos corporales. (Soler, 2013, p. 207)

A este ritmo acelerado, los sujetos experimentan con exceso sus gratificaciones, el consumo "(…) ha hechizado con sus encantos prácticamente todos los hábitos socioculturales". (Sibilia, 2010, p. 22). Quizá, el principio consumista cumple su hegemonía cultural cuando solidariza tan profundamente con la ideología que capitaliza al cuerpo:

Las grandes empresas especializadas en el "comercio de pieles", vale decir, aquellas dedicadas a vender servicios personales para el cuerpo de sus clientes, van por ese camino. Lo que publicitan más ávidamente y venden con mayores beneficios financieros son los servicios de extracción, remoción y eliminación: de grasa corporal, arrugas faciales, acné, olores del cuerpo, depresiones pos esto y pos aquello, o toda impureza remanente y misteriosa (…). (Bauman, 2010, p. 59)

El dominio consumista sobre el cuerpo tiene su respaldo con el control capitalista que define el mundo de los mercados:

Gracias a esta conjunción entre utilitarismo y progreso, son muchos los logros conseguidos en las sociedades capitalistas: un aumento notable del bienestar material, una capacidad efectiva a la hora de controlar y manipular el medio físico, la posibilidad de definir un sentido a toda acción. (Molleda, 2010, p. 142)

El interés del psicoanálisis por los fenómenos sociales, en virtud de la subjetividad, le ha llevado a poder establecer "(…) en la economía de la libido individual, el arreglo impuesto por la sociedad de las pulsiones primarias humanamente vigorosas." (Dahmer, 1983, p. 186). El capitalismo ha promovido una singular relación entre los sujetos y sus modos de gratificación (las relaciones del sujeto consigo mismo y a su vez con los otros).

La vida de consumo como efecto del discurso capitalista, ejemplariza su afectación del lazo social contemporáneo que ha dejado al sujeto concernido con su propia gratificación, deshaciendo sus formas de empatía social. El sujeto queda de una u otra manera "(…) a ser "un individuo" (…)" (Alemán y Gimbel, 2014 p. 35). Es en este contexto donde el cuerpo se muestra imprescindible. Tenemos al sujeto inserto, por su parte, en la globalización del cuerpo (Lipovetsky, 2014; Sibilia, 2010): tras este principio que define el mercado, están las pulsiones sexuales que ponen en primer plano la economía libidinal.

La inclusión del sujeto en el mercado (vida de consumo) encuentra en lo corporal un medio idóneo de expresión subjetiva, por cuanto "(…) la sociedad de consumo no se detiene ante la morfología del cuerpo humano. Esta también puede tratarse como una mercancía. Así nos convertimos en objeto de consumo de nosotros mismos". (Zamora, 2010, p. 125)

El cuerpo expresa la subjetividad, con el culto al cuerpo, hay "(…) un culto al poder de la mente, capaz no solo de traspasar ese cuerpo, sino, incluso, de crearlo (…) el mundo actual, por un lado, nos constriñe, infundiéndonos miedo; pero, por otro lado, nos hace creer que no hay límites". (Ons, 2012, p. 105).

Ha podido comprobarse la relevancia del cuerpo en el campo de la subjetividad contemporánea, para lo cual fue necesario partir con las contribuciones psicoanalíticas al respecto de las vicisitudes clínicas que traza la sexualidad. Quizá el mayor mérito que parte con el descubrimiento freudiano, es el siguiente:

El hecho de que se pueda mover el goce del síntoma mediante el verbo, primer paso de la experiencia analítica, permite suponer que es en "el encuentro de las palabras con [el] cuerpo donde algo se perfila". Precisamente, es necesario suponer cierta coherencia entre el método que opera sobre el síntoma y el momento en el cual este se constituye. Se trata de enlazar la circunstancia de que, por un lado, los síntomas se cristalizan en una época precoz de la infancia y de que, por otro lado, no analizamos sin las asociaciones del sujeto. (Soler, 2013, p. 50)

Si con el estudio de la histeria de Freud pudo destacarse la función del cuerpo en los síntomas clínicos, denotando su constitución pulsional: la diferencia del psicoanálisis del saber médico, con la interdicción cultural sobre las pulsiones; ahora, en cambio, puede constarse con el cuerpo, la participación desmesurada de nuevos procesos de subjetivación, toda vez, que la cultura ha promovido con la capitalización del consumo, excesos en la gratificación sexual.

Conclusiones

Son importantes las contribuciones del psicoanálisis sobre el ámbito de la subjetividad. Sus esfuerzos consagrados a la clínica le han hecho merecedor de su "estatus" alcanzado como método investigativo y terapéutico de los procesos psíquicos.

A este desarrollo del método psicoanalítico, fue pertinente haber destacado, dentro de sus contribuciones, en especial con la histeria, el discernimiento de un cuerpo inaprensible por la "episteme" de la medicina. Freud reconoció plenamente este problema, acuciante de la clínica: tras los síntomas se revelaba la condición sexual de las pulsiones, además, del estatus que respaldaba la existencia de lo corporal como efecto de la vida psíquica.

El cuerpo que por tanto toma relación con la sexualidad, constituye un tema vigente en el análisis de los fenómenos sociales: se sabe que el cuerpo cumple una función determinante en la clínica de los sujetos, y más aún, reconocer, que este contribuye con la caracterización de la cultura contemporánea. Estos acontecimientos, no pueden ser identificados por la ciencia médica, para quien el cuerpo del ser humano presenta un estatus solamente orgánico. Hay un cuerpo con el cual el sujeto goza inconscientemente.

Dentro de la gama de fenómenos sociales que ponen en perspectiva el lugar de la subjetividad, se revela la impetuosa vida de consumo de los sujetos "Los acontecimientos de la era postmoderna se reflejan como organizaciones de lo efímero, en virtud de pensamientos, creencias, ideologías y formas en las que el hombre concibe su vida social." (Mass, 2013, p. 160).

La promoción exacerbada del cuerpo humano en el seno de la afectación capitalista de los lazos sociales, ha podido ser constatada por el estudio psicoanalítico. Con el capitalismo la vida ha tomado diversos procesos, para destacar, su empuje en la subjetividad hedonista por el consumo: la promoción de sujetos "gratificados", no ha sido ajena a la promoción idealizada del cuerpo, como terreno donde pueden "resolverse" los conflictos humanos: el ideal de que el ser humano se sienta "pleno" y "feliz", no deja de ser una ilusión seductora de la vida de consumo.

No podría entenderse las condiciones subjetivas en la cultura contemporánea, si suponemos al sujeto y a la cultura de manera separada, más aún, si se cree que la subjetividad tenga relación con el dominio psicológico de la conciencia. La subjetividad reclama precisarse de manera fragmentada, cuando el sujeto al que atendemos con su cuerpo, porta los efectos del psiquismo inconsciente.

En este orden de ideas, resulta que, jamás renunciar al estudio de la subjetividad contemporánea, tiene para el psicoanálisis el compromiso de discernir en el lazo social las vicisitudes clínicas que traza el cuerpo pulsional.

El consumo capitalista ejerce su hegemonía a través del cuerpo. Las tendencias psíquicas por la gratificación sintonizan con la oferta del mercado, en este sentido, los sujetos son definidos a partir de la "economía" libidinal. No hay que creer que los sujetos se comportan orgánicamente, y que sus problemas solo pueden ser medidos por el racero de la medicina, que cura los males con medicamentos: los conflictos psíquicos subjetivos comportan una lógica distinta al cuerpo que enferma físicamente; los síntomas clínicos de la histeria enseñaron paradigmáticamente que la causa de tales conflictos, son expresión de los reclamos de la sexualidad.

Si bien es cierto, que los síntomas clínicos desde Freud, han permutado por la expresión de otros, también lo es, que sigue habiendo sexualidad en cada uno de los sujetos, y, por ende, en la cultura.

El psicoanálisis tiene su claro compromiso con el estudio de la subjetividad, apoyado en la clínica del cuerpo, ha podido dar cuenta que la sexualidad, más que nunca, reclama su lectura singular con la cultura de nuestros días, y, además, su expresión que toma forma con las pulsiones. Lo anterior, hace sin duda pertinente al psicoanálisis para afrontar profundamente las vicisitudes del consumo, en tiempos de hegemonía capitalista.

Referencias

Alemán, J. y Gimbel, M. (2014). En la frontera. Sujeto y capitalismo. Barcelona: Editorial Gedisa.

Amigo, S. (2013). Clínicas del cuerpo. Lo incorporal, el cuerpo, el objeto a. (pp. 81-105). Buenos Aires: Letra Viva.

Assef, J., Bortoli, L. y Stechina, M. (2011). Las series pulsionales en Freud. Diferencias y articulación. En: El campo psicoanalítico. 33-56. Córdoba: Editorial Brujas.

Bauman, Z. (2010). Vida de consumo. Buenos Aires. Fondo de Cultura Económica.

Bustos, V. (2016). Deseo el analista, la transferencia y la interpretación: una perspectiva analítica. Revista Psicología desde el Caribe. 33 (1): 97-112.

Del Rocío, B. (2014). El concepto de pulsión de Freud a Lacan. En: Carmen L. Díaz (Ed.), Imaginario, simbólico, real. Aporte de Lacan al psicoanálisis. 123-157. Bogotá: Editorial Universidad Nacional de Colombia.

Freud, S. (1940 [1938]). Esquema del psicoanálisis. En: Sigmund Freud. Obras completas. Tomo XXIII. 133-209. Argentina: Ediciones Amorrortu.

Freud, S. (1933 [1932]). 35ª conferencia: En torno de una cosmovisión. En:

Sigmund Freud. Obras completas. Tomo XXII. 146-1689. Argentina: Ediciones Amorrortu.

Freud, S (1927) El porvenir de una ilusión. En: Sigmund Freud. Obras completas. Tomo XXI. 5-55. Argentina: Ediciones Amorrortu.

Freud, S. (1923 [1922]). Dos artículos de enciclopedia: "Psicoanálisis" y "Teoría de la libido". En: Sigmund Freud. Obras completas. Tomo XVIII. 227-254. Argentina: Ediciones Amorrortu.

Freud, S (1919 [1918]). ¿Debe enseñarse el psicoanálisis en la universidad? En: Sigmund Freud. Obras completas. Tomo XVII. 169-171. Argentina: Ediciones Amorrortu.

Freud, S. (1915). Pulsiones y destinos de pulsión. En: Sigmund Freud. Obras completas. Tomo XIV. 105-134. Argentina: Ediciones Amorrortu.

Freud, S (1913). Introducción a Oskar Pfister, Die Psychanalytische Methode. En: Sigmund Freud. Obras completas. Tomo XII. 351-353. Argentina: Ediciones Amorrortu

Freud, S. (1910). La perturbación psicógena de la visión según el psicoanálisis. En: Sigmund Freud. Obras completas. Tomo XI. 205-216. Argentina: Ediciones Amorrortu.

Freud, S. (1905). Fragmento de análisis de un caso de histeria (1905 [1901]). En: Sigmund Freud. Obras completas. Tomo VII. 1-108. Argentina: Ediciones Amorrortu.

Freud, S. (1896). La etiología de la histeria. En: Sigmund Freud. Obras completas. Tomo III. 185-218. Argentina: Ediciones Amorrortu.

Freud, S. (1894). Las neuropsicosis de defensa (Ensayo de una teoría psicológica de la histeria adquirida, de muchas fobias y representaciones obsesivas, y de ciertas psicosis alucinatorias) (1894). En: Sigmund Freud. Obras completas. Tomo III. 41-68. Argentina: Ediciones Amorrortu.

Freud, S. (1893a). Sobre el mecanismo psíquico de los fenómenos histéricos. En: Sigmund Freud. Obras completas. Tomo IIII. 25-40. Argentina: Ediciones Amorrortu.

Freud, S. (1893b). Estudios sobre la histeria (Breuer y Freud). En: Sigmund Freud. Obras completas. Tomo II. 1-313. Argentina: Ediciones Amorrortu.

Freud, S. (1893c). Algunas consideraciones con miras a un estudio comparativo de las parálisis motrices orgánicas e histéricas (1893 [1888-93]). En: Sigmund Freud. Obras completas. Tomo I. 191-210. Argentina: Ediciones Amorrortu.

Freud, S. (1890). Tratamiento psíquico (tratamiento del alma). En: Sigmund Freud. Obras completas. Tomo I. 111-132. Argentina: Ediciones Amorrortu.

Freud, S. (1888). Histeria. En: Sigmund Freud. Obras completas. Tomo I. 41-66. Argentina: Ediciones Amorrortu.

Harari, R. (2012). ¿Qué dice del cuerpo nuestro psicoanálisis?: Problemática de índole clínica, metapsicológica y de inserción del psicoanálisis en la polis. Buenos Aires: Letra Viva.

Lacan, J. (1965). La ciencia y la verdad. En: Jacques Lacan, Escritos 2. 834-856. Madrid: Siglo Veintiuno Editores.

Lacan, J. (1964). Seminario 11: Los cuatros conceptos fundamentales del psicoanálisis. Buenos Aires: Ediciones Paidós.

Lacan, J. (1953). Función y campo de la palabra y del lenguaje en psicoanálisis. En: Jacques Lacan, Escritos 1. 227-310. Buenos Aires: Siglo Veintiuno Editores.

Leibson, L. (2000). Notas sobre el cuerpo. La falla epistemo-somática. El cuerpo en la clínica. Psicoanálisis y hospital. Publicación semestral de practicantes en instituciones hospitalarias. Verano. Año 9-N°18, 8-12.

Lipovetsky, G. (2014). El crepúsculo del deber. La ética indolora de los nuevos tiempos democráticos. Barcelona: Editorial Anagrama.

Mass, L. (2014). El sujeto y la estética corporal en la sociedad contemporánea (algunas relaciones teóricas con el capitalismo y plus de gozar). Revista Psicogente, 17 (31), 155-162. Recuperado: http://publicaciones.unisimonbolivar.edu.co:82/rdigital/psicogente/index.php/psicogente/article/viewFile/428/393m

Miller, J. (2010). Conferencias porteñas. Buenos Aires: Editorial Paidós.

Molleda, E. (2010). Las dos caras de la ideología del capitalismo tardío. En: Triunfo y fracaso del capitalismo. Política y psicoanálisis. 129-144. Málaga: Miguel Gómez Ediciones.

Ons, S. (2012). Comunismo sexual. Buenos Aires: Editorial Paidós.

Rostagnotto, A. y Yesuron, M. (2011). Época y síntoma. En: El campo psicoanalítico. 185-191. Córdoba: Editorial Brujas.

Santcovsky, M. (1999). Sexualidad. En: Salud mental y psicoanálisis. 67-71. Buenos Aires: Editorial Universidad de Buenos Aires.

Sibilia, P. (2010). El hombre postorgánico. Cuerpo, subjetividad y tecnologías digitales. Buenos Aires: Fondo de Cultura Económica.

Soler, C. (2013). Lacan, lo inconsciente reinventado. Argentina: Ediciones Amorrortu.

Soler, C. (2011). Incidencias políticas del psicoanálisis 1. Barcelona: Ediciones S&P. Ediciones del centro de investigación psicoanálisis y sociedad.

Zamora, J. (2010). Ideologías del capitalismo tardío. En: Triunfo y fracaso del capitalismo. Política y psicoanálisis. 115-128. Málaga: Miguel Gómez Ediciones

Žižek, S. (2016). Problemas en el paraíso. Del fin de la historia el fin del capitalismo. Barcelona: Editorial Anagrama.

Cultura de supervivencia. Una manera escondida de experimentar la vida

Kevin Staaden Garavito

> La completa deificación moderna de la supervivencia en sí misma, la supervivencia retornando a sí misma, supervivencia desnuda y abstracta, con la negación de cualquier excelencia sustantiva en "qué" sobrevive, exceptuando la capacidad para mayor supervivencia, es seguramente el paradigma intelectual más extraño jamás propuesto de un hombre a otro.
>
> William James (Traducción propia)

Introducción

Me gusta considerar al lenguaje como un arquetipo, donde las palabras son cuencos llenados de valor y significado. Pues el lenguaje antecede a todo ser humano, al menos los que se encuentran con vida actualmente, por ende, algún sentido de la palabra permea sobre cada individuo.

El lenguaje sui generis es obsoleto, debería tener algún significado, algún sentido que tenga la potestad de someternos. Considerando a las palabras como cuencos, son susceptibles a ser rellenadas uno y otra vez; el ser paulatino, no elimina sus características maleables.

Hay una palabra en particular que ha captado mi atención, Supervivencia. Seguramente este término suscitara diferentes reacciones, algunas profundas, otras banales. Entiendo el individualismo, y creo en el uno por uno, sin embargo, la excesiva banalización de esta palabra podría estar conllevando a una cultura de excesiva victimización.

Hernan Kahn pregunta ¿Los supervivientes llegarían a envidiar a los muertos?

Esta pregunta permite entrever nuestra continua relación con el pasado; podríamos pensar que tal pregunta hace referencia a un hecho tan doloroso, que el permanente recuerdo es insoportable. Entonces, si los muertos se han adueñado de una posición considerablemente más cómoda, ¿Dónde ha quedado nuestro sufrimiento?

Existen personas que niegan rotundamente los sucesos ocurridos en el holocausto nazi; el pasado provoca tanta nostalgia que la emoción debe ser negada fervientemente, reprimida y desmeritada. La adquisición de estas formidables herramientas, capaces de desmentir un hecho, diría Hannah Arendt, tan malvado que sobrepasa cualquier categoría convencional de pecado, que vence los intentos de otorgar responsabilidad o de imaginar un castigo pertinente; se la otorgó a la deificación del termino supervivencia en la sociedad actual.

Betty Friedan, a través de una exageración retórica, denomina al hogar de clase media como un campo de concentración cómodo para las mujeres. Considero excesiva esta invitación, donde podría asociar de manera implícita una de las molestias más comunes y compartidas, con una verdadera tragedia histórica.

Habrán sido expuestos a la banalización de esta palabra; quizá hayan leído un libro de cómo sobrevivir en el mundo de las ventas, posiblemente han escuchado el programa de televisión llamado "Survivor", algunas instituciones académicas incluso consideran algún enlatado, un rollo de papel sanitario, y unas cuantas gazas como Kit de Supervivencia.

Pues es evidente mi incapacidad para tolerar el sufrimiento ajeno, si soy por derecho un superviviente. La cultura ante la cual he decidido someterme me ha convertido en víctima y victimario, es un supuesto que sobrevivo a mis propias pequeñas batallas, no habría entonces que preocuparme por las batallas ajenas.

Existe aún una pesquisa de sensibilidad ante las tragedias, pues al percibir tantas a través de los medios produce malestar, produce un constante temor acerca de la dirección por la cual ha optado la humanidad. Sin embargo, esta se traduce quizá en una oración, o un comentario fugaz dentro de una conversación; las cuales, por el momento han demostrado ser suficientes para aliviar lo real.

Habrán notado la naturaleza efímera de las tragedias

contemporáneas, un par de semanas de duelo deberían bastar para acallar a la mayor parte de los testigos, podrían ser menos si los medios nos presentan una más novedosa. Es importante aclarar la distinción entre participe y testigo de la tragedia, es cierto que la vivencia es irrepetible, imposible de emular, aun así, resulta doloroso la banalización del sufrimiento, más cuando, paradójicamente, el sufrimiento no deja de estar presente, es velado sin embargo insidioso.

De lo afirmado hasta aquí, se establece la subestimación del lenguaje en contextos masivos. Al ser nombrado, algo profundamente doloroso puede ser tratado, elucidado, justo en la dimensión que le resulte tratable para un individuo. Reitero la masificación del término Superviviente; la expresión ya no otorga una significación que pretenda curar, aliviar, o mínimamente expresar una posición subjetivada. Diría, se encuentra en lo contemporáneo, más cercano a un texto que reclama el requerimiento de un bienestar rápido e impostergable, como imperativo ex/céntrico

En teoría podríamos afirmar que todos poseemos la característica de supervivientes, algunos se han encontrado de frente con el crudo rostro de la guerra, otros hemos superado un día de resaca. El sentido opta por características incuantificables; pues siempre las ha tenido, lo que ha variado es lo incuantificable, siendo para algunos el sufrimiento, y para otros la amplitud dentro de la lógica que permite el uso indiscriminado del rasgo.

Es indiscutible la relevancia del pasado en las conductas diarias, y me encuentro lejos de sugerir deberíamos mantenerlo constantemente presente, sin embargo, el ideal que pretende olvidarlo por completo promueve la inmediatez en la vida común. Seguramente se han encontrado con libros, o más bien manuales de cómo ser exitoso, de haber uno que guardara algo de coherencia los demás serian innecesarios, generalmente dichos manuales ofertan el uso de listas diarias, la importancia de la planificación, la importancia de objetivos claramente delimitados, y la vital importancia del aquí y el ahora.

Estos manuales representan una de las tantas ofertas que promueven la incesante atención a la inmediatez, una necesidad falsa de lucha constante con el más mínimo obstáculo diario. Como buenos seres exitosos se encuentran armados únicamente con su lista, ¿Qué ocurriría si algo inesperado ocurriera?

Seguramente se habrán ganado el derecho de considerarse supervivientes.

Comprendamos a lo que estamos expuestos; desde hace varios años se ha venido desarrollando una tendencia televisiva, me refiero a los programas donde el objetivo es "Sobrevivir", o al menos demostrar lo incomodo que ahora resulta el haberle dado la espalda a la naturaleza. A diferencia de muchos otros, este tipo de programas ha sobrevivido, debido a mínimos cambios en el guion que otorgan cada vez más algo de dificultad para aquellos considerados supervivientes.

¿Acaso no resulta evidente el engaño? Contemplamos a estos hombres y mujeres, con evidentes capacidades superiores al ser capaces de iniciar fuego con las mínimas herramientas, ahora desnudos, supondría eso aumenta el rating, como los héroes de nuestra época. Sin embargo, el arquetipo ha disminuido en grave medida su exigencia; el héroe ético ahora es un héroe comercial.

Aprovecho para rendir mis respetos a los antiguos griegos; en la tragedia griega se presenta al hombre con temibles escenarios, participan ambas fuerzas, siendo una el conflicto y la otra el espíritu propio del ser. En los decisivos momentos, en las horas más oscuras, y ante lo monstruoso la tragedia otorga una lección, no siempre triunfante, no siempre carente de sentido.

Rodríguez Adrados alcanza a describirlo con gran entereza:

El héroe de la tragedia griega es un ejemplo de humanidad superior que se nos ofrece como un espejo de la vida humana en sus momentos decisivos. Es más que un tipo ideal directamente imitable, pero con aspiraciones limitadas; es el hombre mismo elevado a la culminación de su ser hombre, tratando de abrirse paso en situaciones no elucidadas antes, en riesgo de chocar con el límite divino.

Esperaría, luego de esta definición, considerable dificultad para comparar al héroe en épocas griegas, junto al héroe moderno. Entiéndase, hago referencia a la posición, más que al título. En lo planteado por Rodríguez Adrados, algo resulta de suma importancia; connota un ideal, y que aquel hombre es más que esto, imposible de imitar. Ante la falacia ética del héroe moderno entra en escena el apelativo propuesto: lo comercial.

La pretensión del espíritu capitalista, difícilmente la llamaría de esa manera, más bien la certeza del espíritu capitalista radica en la proposición de ideales. Pues en el discurso es notable la respuesta ante todo; para cada malestar significante existe una posible solución, y pues, coincidencialmente son alcanzables mientras exista moderada cantidad de dinero. Entonces la calidad de héroe es alcanzable, evidentemente solo para algunos, es un ideal que, aunque sostiene, maltrata debido a su naturaleza obsoleta.

Tenemos entonces la idea insulsa del nuevo héroe, todos podrían ser alguno, y a diferencia del héroe ético el cual tanto en su caída como en su triunfo persiste el dolor, el héroe comercial lo forcluye.

Resulta ahora más evidente la banalización de la tragedia, no a través de la sustracción del sufrimiento de aquellos sometidos a esta, sino de la promoción de una vida simple entendida como trágica.

Cada vez más en nuestra vida personal permean las características comportamentales observadas en situaciones extremas, demostramos desinterés por el bienestar ajeno, respondemos únicamente de manera contingente a las demandas, como si estas fueran inmediateces que dictaminaran nuestra supervivencia, anestesia emocional y amnesia selectiva. Pareciera que nos comportáramos como si la tragedia ya hubiese ocurrido, y no preparándonos para esta.

Es un vivir insoportable, cuyos costos pueden no ser conscientes, pero siempre vivenciales. Entonces surge una pregunta, este vivir no es utilitario, lejos de ser evolucionista, ¿Por qué se mantiene? La respuesta puede hallarse en conceptos del psicoanálisis; debe haber algo, quizá desde un punto de vista económico, que haga valer la pena el pésimo tratado que optamos por seguir.

No podemos incriminar al discurso capitalista como único responsable, mucho menos metaforizarlo como un grupo de perversos hombres cuya doctrina se presenta tras bambalinas. El discurso es lo suficientemente popular porque apela directamente a la falta; aquella que negamos entender, aquella sombra insoportable, la conductora en direcciones aparentemente arbitrarias. Pues es nuestro mandamiento, si somos incapaces de destruir la realidad, pues la mejor manera de llevarla resulta bajo la creencia que después de ella habrá algo que merezca la pena.

Existe algo romántico en esto de sobrevivir a la vida común; quizá esto suscite alguna imagen, personalmente recuerdo alguna frase que se dice haber sido encontrada en las paredes de un campo de concentración Nazi: "Si existe un Dios, él debe pedirme perdón". Fuerte afirmación si eres creyente. Traigo esto a colación debido al uso que se le ha dado a esta frase; hablando de la versatilidad del lenguaje, esta oración, sin duda originada de un intenso dolor, ahora se traduce como un momento que poco ínsita sufrimiento más que romanticismo.

Cada vez cobra mayor sentido la premisa, y probablemente sí envidiemos a los muertos, pues no tienen que sobrevivir una y otra vez a merced de la incertidumbre.

Otro claro ejemplo del uso excesivo de una palabra se encuentra en el término Holocausto; invito nuevamente a ponderar sobre la imagen que este acarrea en cada uno de ustedes. Christopher Lasch comenta como el término solo llegó a nacer a mediados de los sesenta. El término pretendía acarrear consigo la implicación única acerca de lo que los Nazis les hicieron a los judíos. Además, registraba una protesta en contra de la retórica política que, por tendencia, asemeja toda injusticia como genocidio, y todo genocidio como holocausto.

Lasch comenta como las palabras fallan en la representación de un mal a tal escala. Muchos supervivientes del holocausto aseguran que el silencio es lo más cercano a expresar tan enorme sufrimiento, la palabra sin duda es escasa, sin embargo, es necesario hablar. El lenguaje pronto pierde su fuerza al referirse a eventos traumáticos, esto debido a la inflación y a la repetición de la palabra; facilita lo que busca evitar, la normalización de lo atroz.

El termino genocidio, en la época de los genocidios, ya había perdido la capacidad de elucidar, de significar el intenso dolor de semejante tragedia. Siguiendo el pensamiento de Hannah Arendt, las tragedias protagonizadas por Hitler y Stalin resultan imposibles de estructurar en el lenguaje, esto es debido a la temible pauta que instauraron. La maldad sin precedentes de la cual fueron participes introdujo una nueva era; una era donde lo inefable pudo ser actuado, donde lo horroroso fue materializado, y donde el dolor se presentó sin miramientos.

Es cierto que la violencia fuera de los estándares biológicos ha estado presente desde el inicio de la humanidad, esta es irremplazable, irremediable. Sin embargo, la distancia entre un hombre y un ser malévolo en pocas ocasiones es visible.

Bajo cierta perspectiva los principales actores dentro de los sucesos traumáticos difieren en mínima medida los unos de los otros, incluso, al ser escuchados podríamos llegar a la conclusión que son espeluznantemente normales. Pues en esos momentos trágicos cumplían un simple objetivo, completar la labor impuesta por la administración política del momento, de un modo u otro habrá tenido sentido en la época. De lo que son estrictamente culpables es de una tendencia al pensar lo que no merece ser pensado.

Referencias

Arendt, H. 2003. La condición humana. Paidós Ibérica. España.

Forte, A. 2014. La cultura del narcisismo y el deseo de ser siempre joven. Un fenómeno sociocultural sutil y perverso. PUCP. Perú.

Lasch, C. 1984. The minimal self. Psychic survival in troubled times. W.W. Norton & Company.

Rodríguez, A. El héroe trágico. Tomado el miércoles, 19 de abr. de 17, de http://univirtual.utp.edu.co/pandora/recursos/0/855/855.pdf

El estado en materia de ciencia y tecnología

Dougglas Hurtado Carmona, Jorge Vengoechea Orozco

La ciencia, la tecnología e innovación como un problema de políticas públicas

Para los nuevos modos de producción de conocimiento el Estado debe tener el papel de financiador, en donde, para las primeras etapas del desarrollo de capacidades de ciencia, tecnología e innovación, el Estado cumple un papel central fundamental como financiador de estas actividades, teniendo como porcentajes de financiamiento, en una primera etapa, según Sagasti (2013), el Estado debería financiar alrededor del 75% de las inversiones en investigación y desarrollo, pero cuando ya se ha logrado una capacidad muy desarrollada, el Estado termina financiando alrededor del 20 o 25% y el porcentaje restante, el sector privado.

Adicionalmente, el Estado para poder propiciar una forma de producción de conocimiento que sea transdisciplinario, heterogéneo, responsable socialmente y reflexivo y en un contexto de aplicación debe actuar como conductor y orientador central, basado en el apoyo al recurso humano de alto nivel, teniendo la directiva que a medida que va creciendo la capacidad del país en CTI, el sector privado va asumiendo la responsabilidad tanto de financiar como de orientar el desarrollo productivo, científico y tecnológico.

Lo anterior, no debe desplazar al Estado de su responsabilidad de orientar estratégicamente e invertir en aquellas áreas que son muy costosas, que requieren mucho tiempo y que no son rentables en la etapa inicial para el sector privado.

Lo planteado anteriormente, ha sido muy difícil implementarlo en América Latina, ya que el Estado no ha podido aún ceder espacio, ante los niveles de inversión del sector privado en investigación y desarrollo, porque simplemente no se han creado las capacidades, las organizaciones, ni las prácticas necesarias para que eso suceda. Esta tarea no es fácil debido a una serie de prejuicios, barreras y actitudes, que se han creado con el tiempo y que es necesario superar.

El estado como conductor y orientador central

Cumple con el papel de conductor y orientador central, basado en el apoyo al recurso humano de alto nivel. A medida que va creciendo la capacidad del país en CTI, el sector privado va asumiendo la responsabilidad tanto de financiar como de orientar el desarrollo productivo, científico y tecnológico. Lo anterior, no debe desplazar al Estado de su responsabilidad de orientar estratégicamente e invertir en aquellas áreas que son muy costosas, que requieren mucho tiempo y que no son rentables en la etapa inicial para el sector privado.

En América Latina ha sido muy difícil, ya que el Estado no ha podido aún ceder espacio, ante los niveles de inversión del sector privado en investigación y desarrollo, porque simplemente no se han creado las capacidades, las organizaciones, ni las prácticas necesarias para que eso suceda.

En adición, a lo expuesto, se considera que la ciencia, la tecnología y la producción han estado separadas en estos países, donde las perspectivas de unión se ve un poco confusa, ya que, esta tarea no es fácil debido a una serie de prejuicios, barreras y actitudes, que se han creado con el tiempo y que es necesario superar. Hay que vincular progresivamente la investigación científica, el desarrollo tecnológico y las ingenierías, de una manera mucho más estrecha con el sector productivo.

Marco normativo - Colombia

El Artículo 2o, Ley 1286 (2009) promueve fortalecer una cultura basada en la generación, la apropiación y la divulgación del conocimiento y la investigación científica, el desarrollo tecnológico, la innovación y el aprendizaje permanentes.

Con ello, se vislumbra las acciones pertinentes a definir las bases para la formulación de un Plan Nacional de Ciencia, Tecnología e Innovación, en una parte, y por otra, incorporar la ciencia, la tecnología y la innovación, como ejes transversales de la política económica y social del país.

Con esto nacen los nuevos retos del Departamento Administrativo de Ciencia, Tecnología e Innovación, Colciencias (2013), como lo son el de coordinar el Sistema Nacional de Ciencia, Tecnología e Innovación-SNCTI. Además, crear sinergias e interacciones para que Colombia cuente con una cultura científica, tecnológica e innovadora. De igual forma, debe asegurar que sus regiones y la población, el sector productivo, profesionales, y no profesionales, estudiantes y docentes de básica, media, pregrado y posgrado, hagan presencia en las estrategias y agendas de investigación y desarrollo.

La política errática de los gobiernos ha minado y restringido los avances durante los 50 años de existencia de Colciencias. Con esta preposición surge la pregunta, según Zuluaga (2013), ¿Ciencia por un lado, innovación por otro? Un ejemplo reciente es la creación de INNpulsa Colombia, la nueva agencia estatal encargada de impulsar el emprendimiento y la innovación. Con los recursos destinados a esta institución, ¿por qué no se fortaleció más bien a Colciencias? ¿Por qué no se amplió su campo de trabajo hacia la innovación y el emprendimiento y se reestructuró de verdad?

La dicotomía que se presenta es preocupante, ya que se presenta un divorcio entre los "policy-makers" orientados a la competitividad, entendida como capacidades empresariales, emprendimiento, innovación (en un sentido amplio); y los que están manejando el desarrollo de capacidades en ciencia, tecnología e innovación. Se hace necesario vincularlos efectivamente, de manera urgente. Como por ejemplo, la Dirección de Colciencias no debería ser de libre nombramiento y remoción presidencial ni constituir una cuota partidista. Debe ocuparla alguien independiente, con experiencia gerencial, pero sobre todo con conocimiento profundo — ojalá una formación de nivel doctoral — en el diseño, la formulación y la gestión de la política de CTI a nivel internacional.

Finalmente, se hace necesario formar una tecnocracia profesional y meritocrática en todas las áreas relacionadas con la política de Ciencia, Tecnología e Innovación, que no esté sujeta a cambios de ministros ni a caprichos del gobierno de turno.

Además, desde el punto de vista de Zuluaga (2013), es preciso dar una oportunidad al aprendizaje organizacional de los funcionarios públicos y diseñar los incentivos necesarios.

Conclusiones

Todos los países, para poder hacer ciencia, deben estructurar un sistema que fomente la cultura del desarrollo de la ciencia y de la tecnología para mejorar la vida de sus conciudadanos. En esencia, El sistema nacional de ciencia y tecnología es una corporación soportada por el gobierno, destinada a promover el desarrollo de las actividades científicas y tecnológicas dentro del país. Esta entidad pretende dar a conocer los resultados y procesos investigativos con el fin de que la sociedad pueda beneficiarse de ellas.

De hecho, en los países que se han implantado este tipo de sistemas han avanzado, ya que al realizar desarrollos de tecnologías nuevas, se crece en lo económico y un mejor posicionamiento del país a nivel mundial, ya que hoy en día el estatus de un país viene condicionado a su nivel de desarrollo tecnológico. Por esta razón se hace vital apoyar a las instituciones que ayudan a dicho desarrollo. Los SNCyT son diseñados para fortalecer la investigación, el conocimiento científico y todo tipo de tecnologías para ayudar al desarrollo económico y social del país adscrito.

Los Sistemas nacionales de ciencia y tecnología tienen una gran influencia hacia el logro del desarrollo tecnológico de los países. La dirección y financiamiento del estado, son elementos fundamentales para que pueda cumplir con sus cometidos y ser parte integral de la mejora del bienestar de los habitantes de un país. Razón por la cual, en la actualidad, los países tienden a invertir más en la ciencia y en la tecnología. Como medio de fortalecimiento de sectores neurálgicos que le darían ventajas competitivas en el mundo globalizado.

Referencias

Artículo 2o, Ley 1286. (2009). Diario oficial Congreso de la República de Colombia. Bogotá, Colombia.

Acosta Valdeleón, W., & Carreño Manosalva, C. (s.f.). Modo 3 de producción del conocimiento. Revista de la Universidad de la Salle.

Colciencias. (2013). Sobre Colciencias. Obtenido de Colciencias: http://www.colciencias.gov.co/sobre_colciencias

Sagasti, F. (2013). Observatorio Colombiano de Ciencia y Tecnología.

Zuluaga, J. (17 de Junio de 2013). ¿Liquidar a Colciencias?: Ciencia, Tecnología e Innovación en Colombia. Obtenido de Razonpublica: http://www.razonpublica.com/index.php/econom-y-sociedad-temas-29/6901-iliquidar-a-colciencias-ciencia-tecnologia-e-innovacion-en-colombia.html

Sexualidad en la mujer

Norella Ortega Ariza

Para el deseo sexual hay múltiples reacciones metabólicas, tales como las dadas por los neurotransmisores, las hormonas sexuales y numerosas causas culturales, biológicas y psicosociales, que influyen para que haya una sexualidad saludable.

Durante la vida reproductiva activa de la mujer, se ven involucradas una serie de hormonas, que preparan al cuerpo para una buena relación sexual.

En el deseo sexual normal, se encuentran involucradas hormonas tales como los estrógenos, en especial el Estradiol, liberada por los ovarios, en asocio con los andrógenos tales como la Dehidroepiandrosterona (DHEA), sulfato de Dehidroepiandrosterona, androstenediona, testosterona y Dihidrotestosterona estas luego permiten la excitación, lubricación, sensibilidad de los pezones, turgencia, erección del clítoris, elasticidad del introito vaginal y el orgasmo es el primer paso para darle inicio a una relación sexual de pareja, preparando el endometrio para anidar un posible huevo o embrión.

Hay que tener en cuenta el nivel del Sistema Nervioso Central, las hormonas hipofisiarias con la liberación de la Hormona Estimulante del Folículo, (FSH), y la Hormona Luteinizante, (LH)., estas estimulan dentro del ciclo menstrual el proceso ovulatorio, (Fig 1) teniendo su pico máximo en la mitad del ciclo, para que se produzca la ovulación. (Tabla 1)

Tabla 1. Valores hormonales en la mujer

	Periodo Reproductivo
FSH	1 – 30 mU/ml
LH	1 – 27 mU/ml
Estradiol	50 – 500 pg/ml
Testosterona	0.3 – 0.8 ng/ml

Fuente: Tomado de Espitia 2018 modificado por el autor

Figura 1. Ciclo Ovárico menstrual

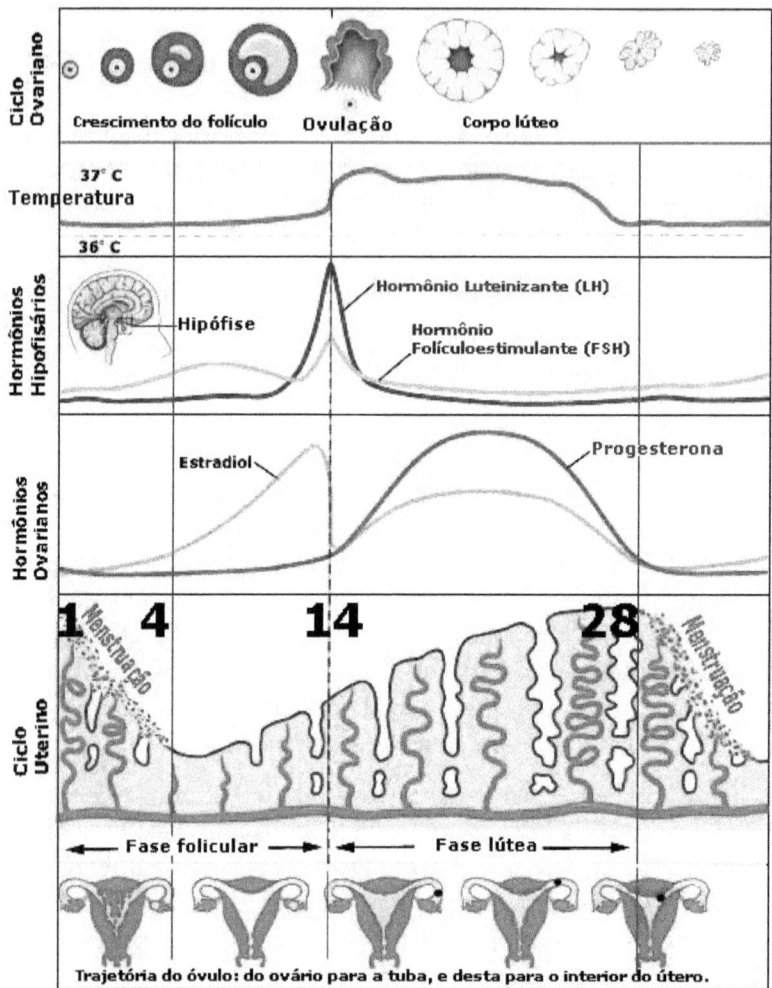

Fuente: Ciclo menstrual tomado de internet ciclo-menstrul.JPG (516x638)

Masters y Johnson, en su libro "Respuesta Sexual Humana" (1966), dividieron la respuesta sexual en cuatro fases: En la primera fase de la excitación, donde se presenta la lubricación vaginal. Según Mas (2007), los estrógenos facilitan la lubricación en todo el área vaginal, y esto se da por la estimulación en las células basales, provocando el bombeo de protones, transfiriendo los líquidos y acidificando la vagina.

Hoyle (1996), la vagina tiene una lámina propia, donde se encuentran terminaciones nerviosas, de tipo vasomotor, las cuales contienen muchos neurotransmisores, tales como el neuropéptido Y (NPY), el péptido histidina metionina (PHM), péptido intestinal vasoactivo (VIP), óxido nítrico (NO), etc.

La pared anterior de la vagina, en el segmento inferior, se encuentra altamente inervada, que junto a la fascia de Halban y la uretra , tiene una sensibilidad erótica elevada, conocida como "completo erótico de la pared anterior" el llamado punto G. Levin (2004).

Deliganis AV (2002), La fase de Excitación se presenta cuando se aumenta el flujo sanguíneo, se da la vasodilatación a nivel genital. El clítoris sufre una erección, aumentando al doble su volumen, de la misma manera la pirámide vulvar, y la vagina sufren una vasocongestión, hay elevación del glande y el cuerpo del clítoris, con tumescencia.

Los labios mayores por el influjo hormonal le dan la elasticidad a estos más el tejido adiposo, produciendo una elevación como respuesta a la tensión sexual. En los labios menores se produce una congestión intensa, engrosamiento o tumescensia, con cambios en el color de la piel con "rubor sexual"; extra genitalmente se presenta eritema en la cara y las nalgas, algunas veces. Hay ingurgitación de las areolas de las glándulas mamarias, erección de los pezones y aumento de la tensión muscular, ventilación pulmonar, frecuencia cardíaca, y tensión arterial.

En la vagina se produce una dilatación y alargamiento del fondo de saco de Douglas, produciéndose una elevación del útero.

La segunda fase de la "Respuesta Sexual Humana", Master y Johnson (1966), meseta o Plateau, seguida de esta se da la tercera fase que es el orgasmo, en esta última, se presentan contracciones de la vagina, por los músculos bulboesponjoso y pubococcígeo (o elevador medio del ano, o músculo sexual de kegel), contracciones a nivel anal, salida de secreciones mucosas de las glándulas de Skene y de las glándulas de Bartholino, seguido de contracciones inconstantes uterinas. Además se presenta liberación de oxitocina, prolactina, voz jadeante, se da un pico de frecuencia cardíaca, de presión arterial, cambios en la percepción temporal, con umbral del dolor elevado. Contracciones musculares a nivel abdominal, cuello y miembros inferiores, debido a todos estos cambios fisiológicos, pueden darse de tres a cuatro orgasmos consecutivos.

La cuarta fase es la Resolución. Lentamente disminuye la congestión pélvica, cesa la lubricación, retornan a su estado normal las areolas mamarias, la frecuencia cardíaca, la presión arterial, se mantiene la liberación de prolactina entre 20 – 60 minutos, y por último queda es un estado de sudoración. Si se cumplen todas las etapas adecuadamente se da la Respuestas Sexual Humana de manera completa. (datos modificados por el autor, tomado de Mas. (Figura 2)

Figura 2. Respuesta Sexual Humana en la Mujer. Master y Johnson (1966)

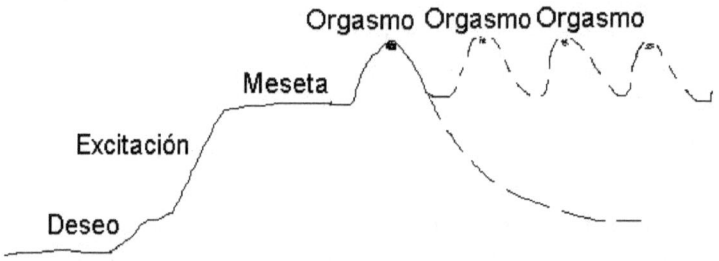

Fuente: Imagen tomada de internet 538 × 250Images may be subject to copyright Psicólogos en Badajoz.

De acuerdo a los resultados entregados por Masters & Johnson, de sus investigaciones, donde expresan que la mujer es multiorgásmica, puede llevar a la mujer a pensar que si tiene un solo orgasmo, es porque presenta una disfunción sexual, y esto no es cierto, e incluso donde no llegue a presentarse el orgasmo, no quiere decir que su pareja, en este caso el hombre, sea incompetente sexualmente. Para Masters & Johnson se afianzó el concepto que durante una relación sexual satisfactoria, había que tener la presencia del orgasmo.

El clítoris se convirtió en su momento como absolutamente necesario para conseguir la satisfacción sexual. Es muy importante para generar satisfacción sexual, pero no imprescindible para conseguir llegar al orgasmo. Por videos para evidenciar la respuesta muscular del clítoris, este se retrae y no se pone en contacto con el pene.

Figura 3. Respuesta Sexual Humana en el Hombre.

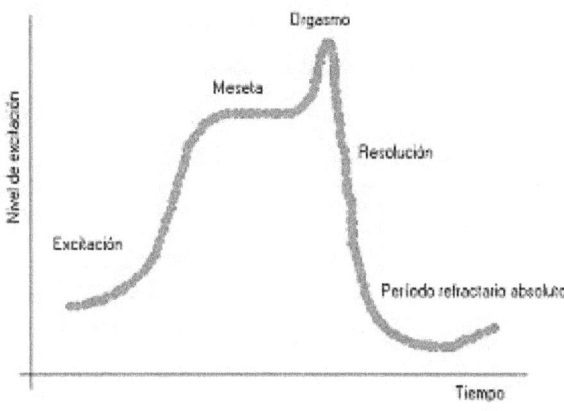

Fuente: Masters y Johnson (1966)

Figura 4. Respuesta Sexual Humana en el Hombre y en la Mujer. Según Helen Kaplan (1979)

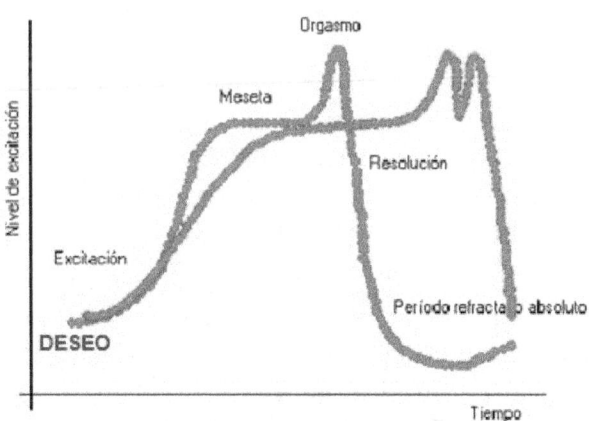

Fuente: Kaplan (1979), Respuesta Sexual Humana donde se inicia con el deseo.

Kaplan (1979), a las cuatro fases expuestas inicialmente por Masters y Johnson, le antepuso una previa a la excitación, que es el DESEO, que se da como preámbulo antes de inicio a un contacto sexual. Habla de tres fases: Deseo, Excitación, Orgasmo. Además enfatizó que "el cerebro es principal órgano sexual."

Mas (2007), En el cerebro se activan áreas tales como, el

núcleo caudado (que hacen parte de los ganglios basales, que se encuentran en la parte más interna de los hemisferios cerebrales), el claustrum (ubicado en la superficie lateral, dentro de la cisura de Silvio), y la circunvolución del cíngulo anterior, ubicado a nivel frontal), son áreas cerebrales que se activan dando una respuesta sexual, durante la excitación y el orgasmo.

Levin (2002) y Basson (2004), el apetito sexual, deseo o libido es una condición mental motivada por un impulso erótico causando una respuesta para complacerse, que antecede el acto sexual. Esta se encuentra condicionada por las emociones, respuesta neurohormonal, y el estado cognitivo. Puede ser de carácter "espontáneo, o "reactivo", dependiendo del tiempo y calidad de los estímulos proporcionados por la pareja.

De acuerdo a la curva de Respuesta Sexual Humana, existen diferencias en cuanto al tiempo, para que se cumplan las diferentes fases, debido a que el hombre en menor tiempo puede cumplir con sus cuatro fases, mientras que la mujer dependiendo de los estímulos suministrados por su pareja, necesita casi siempre más tiempo.

Esto lleva a pensar que si el orgasmo se da primero en el hombre, y la mujer se encuentra en la fase de meseta, no alcance Ella a llegar al orgasmo, porque en la fase de resolución del hombre, el pene queda flácido, y no permite que haya una satisfacción completa en la mujer. Para esto es importante educar al hombre a que prolongue un poco más su fase de meseta, y así logre llegar al orgasmo casi al mismo tiempo que el de su pareja.

El hombre que padezca de eyaculación precoz, donde antes de los 5 minutos cumple con la tercera fase que es el orgasmo, genera una insatisfacción completa y absoluta en su pareja. De hecho, hay mujeres que nunca en su vida han tenido un orgasmo, sin tener ninguna alteración funcional, ni de carácter mental, y la pareja no la ayudan a completar las fases de la Respuesta Sexual Humana.

La progresión sexual en la mujer no es lineal sino circular, el orden de las fases es variable y no llevan un orden. En el inicio de la relación hay similitud en la mujer como en el hombre, pero luego la mujer necesita ser más estimulada para poder completar su respuesta sexual.

La mujer en su fase de deseo, se llena de pensamientos, y fantasías sexuales, con la urgencia de tener un placer sexual absoluto. Esto se da cuando comienza una relación de pareja, como una obligación que le permita afianzar esa necesidad "sexual".

La intimidad y el deseo emocional de contacto de proximidad, es una fuerza inicial que busca para tener el acto sexual. La mujer necesita tener estímulos para mantenerse sexualmente activa, más aun cuando ya tiene una relación de pareja estable, por lo tanto el apetito sexual se vuelve poco frecuente.

Existen unos factores de riesgo que alteran el curso normal de la Respuesta Sexual Humana. Los hay de tipos biológicos, psicológicos, socioculturales, de pareja.

Los de **carácter biológicos** están dados por:

Alteraciones hormonales por aumento en la Hormona Folículo Estimulante FSH, Hormona Luteinizante LH, disminución del Estradiol, y valores normales en la Testosterona.

Alteraciones urológicas tales como incontinencia urinaria, infecciones urinarias, falta de lubricación vaginal, reducción del soporte pélvico, produciéndose descenso de la pared vaginal anterior y posterior. Algún tipo de cáncer.

Enfermedades neurológicas, tales como la demencia., enfermedad cerebrovascular.

Medicamentos, tales como diacepán, antihistamínicos, alfa-metildopa, barbitúricos, propanolol, cimetidina, clonidina, espironolactona, clorpromacina, antidepresivos tricíclicos, anticolinérgicos, haloperidol, metoclopramida, tiapride, sulpiridina. Todos estos fármacos alteran la función sexual.

Enfermedades cardiovasculares, no se deben suspender las relaciones en la pareja, solo evitar la disnea, y en el angor pectoris.

Enfermedades reumatológicas, donde hay alteración osteoarticular, que generan dolores, deformidades.

Los de **carácter psicológico**, tales como:

Abuso de sustancias psicoactivas, cuando existe el antecedente de abuso sexual, stress fatiga, temor de quedar embarazada, primera relación sexual no satisfactoria, autoestima disminuida, no aceptación de la imagen corporal, relaciones no satisfactorias, ansiedad, depresión.

Los de **carácter sociocultural**, tales como:

Tabúes y mitos, conflictos religiosos, experiencias sexuales inadecuadas, no conocimiento de la fisiología y anatomía corporal, escolaridad baja, prejuicios sexuales, carencia de educación sexual, conflictos familiares y personales, falsas expectativas, familia con trastorno sexual.

Los de **carácter dados por la pareja**, tales como:

Decepción, rencor, resentimiento, infidelidad, monotonía, mala comunicación, conflictos personales y familiares, pareja poco hábil durante la relación sexual, trastornos sexuales en la pareja, sin privacidad, ausencia de pareja, experiencia negativa, decisiones de vida no compartidas.

Para la mujer es muy importante tener un acercamiento emocional, que se traduzca en un sentimiento positivo, y pueda llegar a una intimidad sexual. Este deseo íntimo se ve disminuido si su pareja es disfuncional o ya la relación se ha vuelto rutinaria y distante.

Según Chang-Silva (1997), la disfunción sexual femenina, está dada por:

I Desórdenes del Deseo Sexual: A. Deseo sexual hipoactivo: "Deficiencia o ausencia persistente o recurrente de fantasías sexuales y/o de DESEO para la actividad sexual o receptividad sexual que causa angustia personal". B. Aversión sexual: "aversión fóbica persistente o recurrente hacia o evitar el contacto sexual con una pareja sexual, que causa angustia personal".

II Desórdenes de la Excitación sexual: "incapacidad persistente o recurrente para conseguir o mantener una excitación sexual; se puede manifestar como una falta subjetiva de excitación o FALTA DE LUBRICACION o alguna otra respuesta somática"

III Desórdenes Orgásmicos: "dificultad persistente o recurrente, demora o ausencia para conseguir, obtener un orgasmo, después de un estímulo sexual o excitación, que causa angustia personal".

IV Desórdenes sexuales por Dolor:

A. DISPAREUNIA: Dolor durante la relación sexual, donde hay penetración del pene a nivel vaginal.

B. VAGINISMO: "espasmo involuntario recurrente o persistente de la musculatura del tercio externo de la vagina QUE INTERFIERE CON LA PENETRACION, que causa angustia personal".

C. DOLOR SEXUAL NO COITAL: "dolor genital recurrente o persistente producido por estimulación no coital"

Una buena manera de sostener el deseo es aprender a reservar un tiempo preferencial para la pareja, para la intimidad no sexual, lo que mejoraría la cercanía y el deseo sexual (teniendo en cuenta lo establecido por R. Basson).

La intimidad para ser mantenida se debe evitar caer en la rutina y aburrimiento, por lo tanto siempre hay que tener presente que hay que dedicarle tiempo a la pareja, en algún momento del día. En la semana escoger un día, para salir los dos con una actividad, sea esta salir a cenar juntos, que permita el diálogo, y comunicación abierta y espontánea. Al finalizar el día, buscar el espacio para hablar de los dos fomentando la intimidad, no simplemente conversar de la cotidianidad (trabajo, hijos, etc). Buscar los espacios para dedicarse tiempo, tener privacidad, y ser creativo.

Basson (2000) en la mujer la parte no genital del encuentro sexual, como parte de la sensualidad para aproximarse, y la lleven a la intimidad, son de carácter prioritario para la satisfacción, que el mismo orgasmo.

Referencias

Basson R., et al (2000). Report of the International Consensus Development Conference on Female Sexual Dysfunction: definitions and classifications. J Urol.163:888-893.

Basson R. (2004). Recent advances in women's sexual function anddysfunction. Menopause.11:714-25.

Basson R. (2005). Women's sexual dysfunction. Revised and expanded definitions. CMAJ.;172:1327-33.

Basson R, Brotto LA, Laan E, et al. (2005). Assessment and management of women's sexual dysfunctions: problematic desire and arousal. J Sex Med.;2:291-300.

Chang-Silva Augusto W. (1997). Ethical Aspects in Human Reproduction in New Horizons in Reproductive Medicine. The Parthenon Publishing Group. New York. London.

Deliganis AV, Maravilla KE, Heiman JR, Carter WO, Garland PA, Peterson BT, et al. (2002). Female genitalia: dynamic MR imaging with use of MS-325. Initial experiences evaluating female sexual response. Radiology.225:791-9.

Espitia F. (2018). Fisiopatologái del trastorno del deseo sexual en el climaterio. Rev. Méd. Risaralda; 23: 58-60.

Hoyle CHV, Stone RW, Robson T, Whitley K, Burnstock G (1996). Innervation of vasculature and microvasculature of the humanvagina by NOS and neuropeptide containing nerves. J Anat.188:633-44.

Kaplan HS. (1979). Disorders of Sexual Desire and Other New Concepts and Techniques in Sex Therapy. New York, NY: Brunner/Mazel Publications.

Kegel A.H. (1952). Sexual functions of the pubococcygeus muscle. Western J. Surg. 60:521-524.

Kegel A.H. (1966). Comunicación personal.

Levin RJ. (2002). The physiology of sexual arousal in the human females: a recreational and procreational synthesis. Arch Sex Behav.31:405-11.

Mas M. (2007). Fisiología de la respuesta sexual femenina: actualización. Rev Int Androl; 5:11-21

Masters W.H., Johnson V.E. (1966) Human Sexual Response. Boston, Mass: Little, Brown.

Pragier, U. (2013). Sexualidad en la posmenopausia: aspectos anatomofuncionales y psicosexológicos. Revista SAEGRE.3: 41-46

Epílogo

Ha sido una motivación en los autores de cada capítulo que conforman las tres partes de este libro, el haber evidenciado la importancia de lo psicosocial, una actividad que ubica como objetivo central del quehacer al ser humano. Se otorga desde esta perspectiva un valor sólido a las técnicas, estrategias y alternativas para el abordaje e intervenciones participativas, contextualizadas y particulares del discurrir de la existencia humana, individual y colectivamente.

Equivale a asumir lo psicosocial como una búsqueda incesante de la esencia humana (las debilidades, oportunidades, fortalezas y amenazas) y su subjetividad hasta lo intersubjetivo o relacional, que es la bidireccionalidad realimentadora en lo social, vale connotar: lo contextual y, a partir o desde este enfoque, aportar, estimular y/o catalizar los factores protectores (o tesoros, aspectos positivos y saludables) de cada persona y de cada comunidad, que posibilite(n) la mejora, identificación y reconocimiento de las potencialidades creativas que nutren los estilos de vida funcionales y saludables cotidianos de una forma más positiva y benéfica para los colectivos (grupos, asociaciones, comunidad) así como en y para cada persona que los conforma.

Es importante destacar la importancia de los espacios y modalidades de socialización investigativa posibilitadas por el Congreso Internacional e Interinstitucional de Estudiantes y Profesionales de Psicología (CINEPSI), que en su sexta versión, realizada en el auditorio "Pablo Oliveros Marmolejo" de la Fundación Universitaria del Área Andina - Sede Valledupar, propició que el contenido de la presente compilación fuese visibilizado y realimentado.

Este encuentro humano en que se ha constituido este congreso, cuya casa matriz, sede y origen se data en 1998 desde el Programa de Psicología de la Universidad Metropolitana (Barranquilla-Colombia) ha resultado ser novedosa, en un medio acostumbrado al direccionamiento disciplinar y al "profesionalismo", que desde el ámbito universitario se ha entronizado pretendiendo portar el saber y llevarles a las comunidades o poblaciones las soluciones o fórmulas para "mejorar" sus problemáticas. Desde el Cinepsi y este tipo de publicaciones, se pretende construir en conjunto, a partir de una relación horizontal, con respeto, con dignidad entre el/los profesional(es) gestores, dinamizadores, facilitadores, posibilitadores o puente-enlace con las personas o los colectivos específicos, objeto de las acciones y abordaje psicosocial.

El CINEPSI, como escenario, para lo que se ha denominado desde el Caribe Colombiano, una fiesta de la Academia Viva, se genera, gestiona y lidera desde la Cátedra Psicología & Sistemas Sociales, que cuenta con el apoyo y concurso de la Dirección Institucional de Investigaciones (y sus coordinaciones de Investigación Productiva y Publicaciones Científicas), del Programa de Psicología y el Seminario de Psicoanálisis, dependencias y espacios humanos, académico-investigativos y de extensión o proyección social universitaria de la Universidad Metropolitana.

Asimismo, con el apoyo y cooperación de diferentes universidades y entidades, entre las que se cuentan: La Universidad del Magdalena (Santa Marta), la Universidad de Santander - UDES (sede Valledupar), la Corporación Universitaria del Caribe-CECAR (Sincelejo), la Fundación Universitaria del Área Andina - sede Valledupar, la Fundación para la Terapia Relacional (FUNDATERAPIA - Bogotá), la Escuela de Innovación Técnica de Colombia-EINCOL (Valledupar) y el Círculo Psicoanalítico del Caribe, abiertos a nuevas alianzas estratégicas institucionales y profesionales, en pro de ulteriores versiones del Cinepsi en asocio con otros eventos.

De acuerdo con lo anterior, los autores de esta compilación se han comprometido, con distintos pares investigativos y autores de trabajos producto o resultados de investigación a estar atentos y vigilantes al desarrollo de nuevas investigaciones y sus productos para ser puestos en circulación y compartirlos con la comunidad académico-científica, que se nutre del conocimiento con rigor, seriedad y contextualizado (tales como artículos, capítulos de libro, libros, revistas).

En aras de dar respuestas a las necesidades y procesos humanos desde muy diversos matices, ámbitos y ethos socioculturales, mediados por el espacio-tiempo en el cual se presentan y se dan las posibilidades para abordarlos / aportar cuanto sea positivo y posible.

Queda pues a consideración de los lectores, establecer o darle la utilidad, importancia o aplicabilidad que estos contenidos ofrecen para humanizar el tejido social y el quehacer personal-profesional-institucional. Gracias.

Martha Silva Pertuz,
Adriana Silva Silva,
Guillermo Staaden Mejía

www.ingramcontent.com/pod-product-compliance
Lightning Source LLC
Chambersburg PA
CBHW071356170526
45165CB00001B/74